高校 これでわかる

生物

文英堂編集部 編

JN056371

文英堂

基礎からわかる！

成績が上がるグラフィック参考書。

1 ワイドな紙面で，わかりやすさバツグン

2 わかりやすい図解と斬新レイアウト

3 イラストも満載，面白さ満杯

4 どの教科書にもしっかり対応

▶ 学習内容が細かく分割されているので，どこからでも能率的な学習ができる。

▶ テストに出やすいポイントがひと目でわかる。

▶ 方法と結果だけでなく，考え方まで示した重要実験。

▶ 図が大きくてくわしいから，図を見ただけでもよく理解できる。

▶ 生物の話題やクイズを扱った ホッとタイム で，学習の幅を広げ，楽しく学べる。

5 章末の定期テスト予想問題で試験対策も万全！

もくじ

3編 遺伝情報の発現と発生

1編

編

生物の進化と分類

1章 生物の起源と進化

1 生命の起源

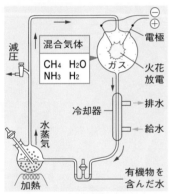

図1. ミラーの実験

ミラーの実験は現在考えられている原始大気の成分で行っても有機物が生成することがわかっている。

■ 生命のもととなる有機物はどのようにしてでき，原始生命体はどのようにして生まれたのであろうか。

1 化学進化——生命誕生の準備

■ **原始地球**　地球は約46億年前に誕生したと考えられている。**原始大気**は，**二酸化炭素（CO_2），窒素（N_2），水蒸気**などからなり，現在の大気では20%を占める酸素（O_2）は含まれていなかったと考えられている。高温であった原始地球の表面が冷えるにつれて，水蒸気は雨となって降り注ぎ，**原始海洋**を形成していった。

■ **原始大気から有機物**　1950年代前半，ミラーは原始大気の主成分を**メタン（CH_4），アンモニア（NH_3），水素（H_2）**，水蒸気と考え，これをガラス容器に封入して加熱・放電・冷却の操作を続けて**アミノ酸**などの生物を構成する有機物が生成することを確認した。

■ **熱水噴出孔での有機物**　海洋底にある**熱水噴出孔**付近で，熱水とともに噴出する**メタン（CH_4）・硫化水素（H_2S）・水素（H_2）・アンモニア（NH_3）**などが，高温・高圧の条件下で有機物になったとする説もある。

■ **隕石起源の有機物**　地球に飛来する隕石にはアミノ酸や塩基などを含むものもあることから，有機物の起源は地球以外の天体であると考える説もある。

■ **化学進化**　原始海洋中に蓄積したアミノ酸・塩基・糖などの有機物は互いに反応して，より複雑な有機物である**タンパク質・核酸・炭水化物**が生じた。このような生命誕生への準備段階を**化学進化**という。

ポイント 〔化学進化〕

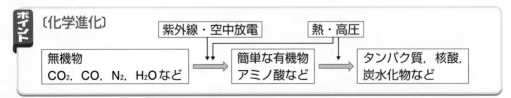

無機物
CO_2，CO，N_2，H_2Oなど
→（紫外線・空中放電）→
簡単な有機物
アミノ酸など
→（熱・高圧）→
タンパク質，核酸，炭水化物など

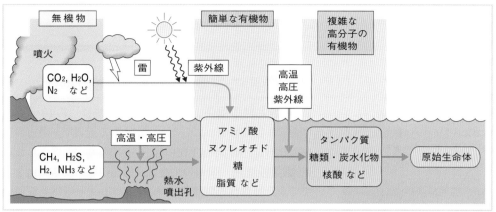

図2. 原始地球で最初の生命が誕生するまで

② 原始生命体

■ **細胞の形成** 化学進化の過程において，リン脂質の二重膜が形成され，その中にDNAやタンパク質が取り込まれることで代謝を行う細胞が生じたと考えられている。[2]

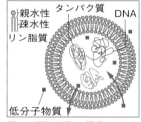

図3. 原始細胞の構造

■ **生命体の条件** これらの構造物では外界との境界面を通じて物質の取り込みや放出が起こる。また，内部に酵素となるタンパク質や基質となる物質が存在すると，代謝に似た化学反応が起こる。このように代謝や成長・分裂・自己増殖能力をもつ原始生命体から生物が誕生したと考えられている。[3]

> **ポイント** 生命活動とは…代謝・成長・増殖

■ **RNAワールドとDNAワールド** 近年，RNAがタンパク質合成(⇒p.120)のほか触媒の働きももつことがわかり，RNAが生命活動の中心を担う原始生物の時代(**RNAワールド**)があったと考えられている。その後，遺伝情報の保持は安定した2本鎖のDNAに，触媒機能はタンパク質(酵素)が担うようになっていったと考えられている。現在のように「DNA ⟶ RNA ⟶ タンパク質 ⟶ 生命活動」という流れで生物が活動する世界をDNAワールドという。

🔧 **2.** リン脂質の二重膜に選択的透過性(⇒p.71)をもつタンパク質などができ，現在見られるような細胞ができていったとされる。

🔧 **3. 生命体として必要な3つの条件**
①まとまりの形成　外界との境界をもち，生命活動に必要な物質を取り込んで確保する。
②代謝能力
③自己増殖能力

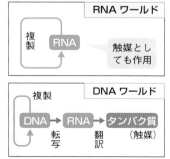

図4. RNAワールドとDNAワールド

2 生物の誕生

1 最初の生物——原核生物の時代

■ **原始生物の誕生** 最古の生物の痕跡は，約40〜38億年前に生物を構成していたと考えられる炭素で，最古の生物の化石は，約35億年前の**原核生物**のものと考えられる。

■ **嫌気性細菌** 最初の生物は，海洋中で，化学進化などでできた有機物を発酵で分解してエネルギーを得る従属栄養生物の嫌気性の細菌と考える説がある。

■ **独立栄養生物の誕生** 海水中の有機物を消費するだけではやがてエネルギー源が尽きてしまう。深海底の熱水噴出孔付近では，水素や硫黄を酸化して化学エネルギーを得る独立栄養生物の**化学合成細菌**が誕生していたと考えられている。また，光エネルギーを利用して炭酸同化を行う**光合成細菌**が出現した。現在でも，従属栄養生物の嫌気性細菌と独立栄養生物の光合成細菌のどちらが先に誕生したかは明らかでない。

■ **シアノバクテリアの出現と酸素の大量発生** 約27億年前には，クロロフィルをもち，無尽蔵にあるH_2O（水）を分解して生じるH^+でCO_2を還元して炭酸同化を行う**シアノバクテリア**[1]が現れた。シアノバクテリアが水を利用して光合成を始めると，大量のO_2（酸素）が生じた。

■ **酸素の消費と広がり** まず酸素は海水中の鉄や硫黄などの酸化で消費された[2]。数億年かけてこれらの物質がほとんど酸化されると，大気中にも酸素が徐々に増していった。

■ **好気性細菌の出現** 水中や大気中に増加していったO_2はもともと生物にとっては猛毒であったが，この酸化力を逆に利用し，同じ呼吸基質で発酵の19倍（最大）ものエネルギーを得られる**呼吸**を行う細菌が出現した。

✿ 1. 古代のシアノバクテリア

シアノバクテリアは群生してストロマトライトという塊をつくった（写真は西オーストラリアに現生のもの）。

これの化石が約27億年前の地層から層状の石灰岩として多量に発見されており，これもストロマトライトと呼ばれている（下）。

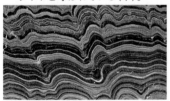

✿ 2. 鉄の酸化

シアノバクテリアの光合成によって生じた酸素は海水中の鉄を酸化し，大量の酸化鉄の沈殿を生じた。これはオーストラリアの赤い大地や約20億〜25億年前の地層に存在する大規模な鉄鉱床に見ることができる。

ポイント 〔原始生物の進化〕

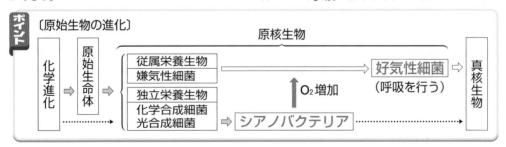

② 真核生物の出現

■ **真核生物の出現**　真核生物の出現は，化石から，約20億年前と考えられている。真核細胞は核膜に包まれた核をもつことでより多くのDNAを安定的に保持することができ，ミトコンドリアや葉緑体などの細胞小器官でさまざまな代謝や生命活動を効率的に行えるようになった。

■ **細胞内共生**　真核生物がもつ細胞小器官の起源について，現在は大形の嫌気性細菌に好気性細菌が共生してミトコンドリアとなり，シアノバクテリアが共生して葉緑体となったと考えられており，これを**細胞内共生**という。

✿3. 核膜の起源
真核生物の核（核膜）については，細胞膜がDNAの付着した部分から陥入して，DNAを包み込んでできたとする説（膜陥入説）が唱えられている。

✿4. 細胞内共生の根拠
ミトコンドリアや葉緑体は核とは異なる独自のDNAをもち，細胞内で分裂して増殖するため，もとは別個の生物であったと考えることができる。

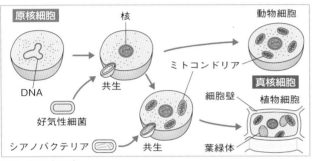

図5. 細胞内共生

〔細胞内共生──真核細胞の起源〕
大形の嫌気 ┌ 好気性細菌が共生 ⇒ ミトコンドリア
性細菌に　 └ シアノバクテリアが共生 ⇒ 葉緑体

③ 多細胞生物の出現（先カンブリア時代）

■ **多細胞動物**　多細胞生物の出現は，10億年ほど前と考えられている。各細胞が役割を分担するため，多様な機能をもつ細胞への分化が可能になり，さまざまな種類の生物が進化した。

■ **全球凍結**　約7億年前には，厚い氷河が赤道付近まで覆う**全球凍結**という寒冷期があり，多くの生物が絶滅した。

■ **エディアカラ生物群**　やがて気候は温暖になり，生物は多様化した。約6億年前のオーストラリアの地層からはこの頃の多細胞生物の化石が見つかっている。この化石は扁平な体をもつものが多く，養分の吸収や排出は体表から行っていたと考えられている。これらの生物は，発見された地名から**エディアカラ生物群**と呼ばれている。

図6. エディアカラ生物群

ディッキンソニア

チャルニア

スプリッギナ

3 生物の変遷

☪1. 地球上に最古の岩石ができてから現在までを**地質時代**といい，化石をもとに，5.4億年前までを先カンブリア時代，それ以降を古生代→中生代→新生代に分けている。また，各代をいくつかの紀に細分している。

- 古生代 ：カンブリア紀→オルドビス紀→シルル紀→デボン紀→石炭紀→ペルム紀
- 中生代 ：三畳紀→ジュラ紀→白亜紀
- 新生代 ：古第三紀→新第三紀→第四紀

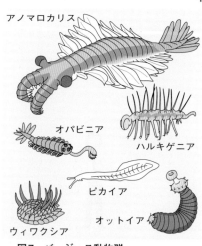
図7. バージェス動物群

アノマロカリス
オパビニア
ハルキゲニア
ピカイア
ウィワクシア
オットイア

☪2. 頁岩とは堆積岩（泥岩）の一種で，薄く層状に割れやすい性質をもつ。

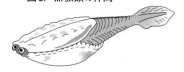
図8. 無顎類の仲間

■ 多くの地質時代の終わりには生物の大量絶滅が起きており，そのたびに生物は多様に進化してきている。

1 水中で藻類や無脊椎動物が繁栄—古生代

■ **カンブリア大爆発** 古生代初期の**カンブリア紀**には，海中で藻類が繁栄し，多種多様な大形の動物が急速に増加した。これを**カンブリア大爆発（カンブリア紀の大爆発）**という。

■ **バージェス動物群，チェンジャン動物群** カナダのロッキー山脈のバージェス頁岩からカンブリア紀中期（約5億年前）の動物の化石が多数発見され，**バージェス動物群**と名付けられた。また，中国雲南省の澄江からも同様の動物群が見つかり，**チェンジャン動物群**と呼ばれている。これらの動物には，対応する現存の動物が不明なものや独特の形態をもったものも多い。

■ **カンブリア紀の生物** カンブリア紀には，アノマロカリスのように，他の動物を捕食する動物が出現し，被食者−捕食者相互関係が始まったことで，捕食者から身を守り，からだを支える殻をもつなど，さまざまな進化が見られるようになった。**三葉虫**（➡p.12）などの節足動物，オウムガイなどの軟体動物など，いろいろな**無脊椎動物**が繁栄した。また，脊椎動物の祖先と考えられるピカイアもこの時代に出現した。

■ **シルル紀** 初期の脊椎動物は，硬い甲殻をもち，あご・胸びれ・腹びれをもたない**無顎類**の仲間であったが，シルル紀になると，あご・ひれをもつ原始的な**魚類**が出現した。その後，遊泳能力の高いサメのような**軟骨魚類**，現生の多くの魚類が属する硬骨でできた骨格をもつ**硬骨魚類**が出現してシルル紀からデボン紀にかけて，海中で繁栄した。

> **ポイント**
> カンブリア大爆発…古生代初期に，動物の種類が急速に増加した。バージェス動物群など。

② 酸素の増加と地球環境─古生代

■ **酸素の増加** シアノバクテリアの光合成による酸素の放出に続き，カンブリア紀には，紅藻類・褐藻類・緑藻類などの藻類が繁栄し，その光合成によって多量の酸素が放出され，大気中の酸素が飛躍的に増加していった。

■ **オゾン層の形成** オルドビス紀において，上空の成層圏で，太陽からの**紫外線**を受けた酸素がオゾン

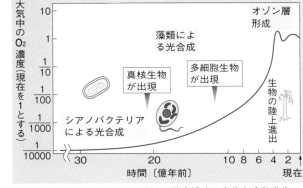
図9. 酸素濃度の変化と生物進化

(O_3)に変化して**オゾン層**を形成した。オゾン層によって，有害な紫外線は減少し，生物の上陸が可能となった。

〔酸素の増加と地球環境の変化〕
藻類の繁栄 ⇨ 酸素(O_2)の増加 ⇨ オゾン層の形成
⇨ 有害な紫外線の減少 ⇨ 生物の上陸

③ 植物の陸上への進出─古生代

■ **陸上植物の出現** 有害な紫外線の減少で生物の陸上への進出が可能となり，約4億年前には，**クックソニア**やリニアなどの植物が陸上に進出した。

■ **シダ植物の発展** シダ植物は**維管束**をもつなど陸上生活に適応して急速に発展した。**石炭紀**には，ロボク・リンボク・フウインボクなどの**木生シダ**が高さ数十mの**大森林**を形成したが，古生代末のペルム紀には衰退した。

■ **裸子植物の繁栄** デボン紀に出現した裸子植物は，ペルム紀において衰退したシダ植物にかわって繁栄した。

④ 動物の陸上への進出─古生代

■ **節足動物の陸上進出** 植物の進出により，それを食べる動物の陸上進出が可能になり，**シルル紀**には外骨格によってからだを重力から支え，気管を使って呼吸できる**昆虫類**や**クモ類**，**ムカデ類**などの節足動物が陸上に進出した。

■ **両生類の陸上進出** デボン紀には，肺魚のような硬骨魚類から**イクチオステガ**のような**両生類**が誕生して陸

✿3. クックソニアは維管束をもたない。リニアは根・葉の分化は見られないが，維管束をもつので，シダ植物の祖先だと考えられる。

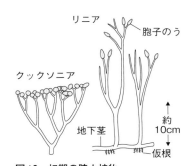
図10. 初期の陸上植物

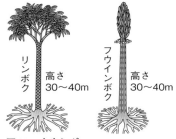
図11. 木生シダ

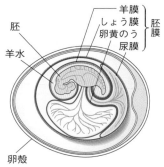

羊膜
しょう膜
卵黄膜
尿膜
｝胚膜

胚

羊水

卵殻

図12. ハ虫類の卵の胚膜

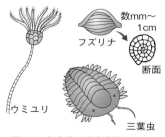

数mm〜1cm

フズリナ

断面

ウミユリ

三葉虫

図13. 古生代の海生生物

☆4. ペルム紀末，つまり古生代から中生代の境で起きた大量絶滅は，過去5億年間で最大規模のものだと考えられている。また，大規模な大量絶滅はオルドビス紀末，デボン紀末，三畳紀末，白亜紀末（⇨p.38）にも起こったことが明らかになっている。

図14. アンモナイト

上に進出した。両生類の成体は四肢をもち，肺呼吸を行うが，皮膚は耐乾性に乏しく，体外受精を行い，発生過程で胚膜を形成しないため，受精や胚発生は水中で行う必要があり，水辺で生活した。

■ **ハ虫類の出現** 石炭紀には，ハ虫類が出現した。ハ虫類は次のような，陸上生活に適した特徴をもっている。
① 体表が厚いうろこで覆われて乾燥に耐えられる。
② 外部の水を必要としない体内受精を行う。
③ 卵は卵殻や胚膜で包まれて乾燥から保護されている。

■ **ハ虫類・昆虫類の多様化** ペルム紀には，ハ虫類や昆虫類は多様化して繁栄した。

■ **古生代の海の生物** 海中では，初期にはサンゴやウミユリ，その後フズリナなどが繁栄したほか，古生代を通して三葉虫が繁栄した。また，魚類が進化・発展した。

■ **大量絶滅** 古生代の終わり（ペルム紀末）にはシダ植物が衰退し，三葉虫などの生物が大量に絶滅した。☆4

> **ポイント** 〔古生代〕
> カンブリア紀…藻類の繁栄，無脊椎動物の繁栄
> オルドビス紀…オゾン層の形成
> シルル紀…植物の上陸，魚類の出現，昆虫類の上陸
> デボン紀…両生類の出現（脊椎動物の上陸）
> 石炭紀…木生シダの大森林，ハ虫類の出現
> ペルム紀…シダ植物の衰退，三葉虫の絶滅

⑤ ハ虫類と裸子植物の時代—中生代

■ **中生代と大陸の分裂** 古生代には1つの塊であった大陸は，中生代になると2つに分かれて移動を開始し，しだいに現在の7つの大陸へと分散が始まった。この頃，海中では軟体動物のアンモナイトが繁栄した。

■ **種子植物の発達** シダ植物に代わって，受精の過程で外部の水を必要とせず，種子をつくるイチョウやソテツなどの裸子植物が増加してジュラ紀に栄えた。その後，白亜紀には胚珠を子房で包んで保護する被子植物が急速に繁栄して多様化し，被子植物の森林を形成していった。

■ **ハ虫類の繁栄** 動物ではハ虫類が乾燥した地域にも分布を広げて繁栄した。三畳紀には原始的な哺乳類も出現していたが，中生代の間は目立った発達や繁栄はしなかった。

■ **恐竜の繁栄と絶滅**　ジュラ紀には恐竜類などの大形ハ虫類が繁栄し，始祖鳥なども出現した。続く白亜紀には恐竜類はさらに発展したが，白亜紀末には恐竜類は絶滅し，羽毛恐竜の仲間から鳥類が誕生した。海で繁栄していたアンモナイトも白亜紀末に突然絶滅した。

■ **大量絶滅の原因**　白亜紀末に大量絶滅が起きたのは，小惑星が衝突したからだと考えられている（⇨p.38）。

図15. 始祖鳥

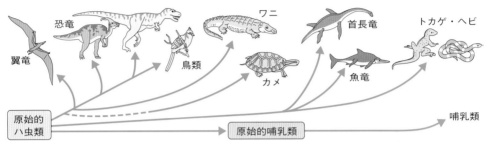

翼竜　恐竜　ワニ　首長竜　トカゲ・ヘビ　鳥類　カメ　魚竜　哺乳類

原始的ハ虫類　原始的哺乳類

図16. ハ虫類の進化

〔中生代〕
　三畳紀…ハ虫類の発達，哺乳類の出現
　ジュラ紀…裸子植物と恐竜類の繁栄，鳥類の出現
　白亜紀末…恐竜類やアンモナイトの絶滅

図17. 羽毛恐竜の一種

⑥ 新生代—哺乳類と被子植物の時代

■ **新生代**　約6600万年前，中生代白亜紀末に恐竜類やアンモナイトは絶滅した。次に始まった新生代は温暖な時期（間氷期）と寒冷な時期（氷期）がくり返される気候変動の激しい時代で，古第三紀，新第三紀，第四紀に分けられる。

■ **被子植物の繁栄**　新生代は，乾燥化のため森林が衰退し，イネ科やキク科の草本が出現して乾燥地や寒冷地に進出して分布を拡大した。また，昆虫により花粉が媒介される虫媒花が発達し，きれいな花をつけるようになった。

■ **哺乳類の時代**　気候変動の激しい環境下でも，体毛でからだをおおい，胎生と哺乳によって子孫を残すことができる哺乳類が発達し，恐竜類の生態的地位を受け継いで繁栄し，人類も出現した（⇨p.60）。第四紀の氷河期には，マンモスのような大形哺乳類も出現した。

〔新生代〕
　古第三紀，新第三紀…被子植物と哺乳類の繁栄
　第四紀…草原の拡大，大形哺乳類や人類の繁栄

真獣類

有袋類

単孔類

原始的哺乳類

図18. 哺乳類の発達

地質時代		〔年前〕	おもなできごと	動物	植物
先カンブリア時代		46億	地球の誕生 化学進化 ⇩	無脊椎動物の時代	藻類の時代
		40億?	生命の誕生		
		27億	シアノバクテリアの出現⇨光合成によりO₂発生		
		20億	真核生物の出現 細胞内共生		
		10億	多細胞生物の出現 藻類の出現・繁栄 海生無脊椎動物の出現・繁栄 呼吸による使用可能なエネルギーの増加，細胞の複雑化・多様化		
		6.0億	エディアカラ生物群		
古生代	カンブリア紀	5.4億	藻類の発達 三葉虫の出現 バージェス動物群，チェンジャン動物群 脊椎動物の出現（無顎類） カンブリア大爆発		
	オルドビス紀	4.9億	オゾン層の形成 植物の陸上進出 大量絶滅	魚類の時代	シダ植物の時代
	シルル紀	4.4億	魚類（あご・ひれをもつ）の出現 節足動物（昆虫類など）の陸上進出		
	デボン紀	4.2億	大形シダ植物の出現 裸子植物の出現 両生類の出現（脊椎動物の陸上進出） 大量絶滅		
	石炭紀	3.6億	木生シダが大森林を形成 両生類の繁栄 ハ虫類の出現	両生類の時代	
	ペルム紀（二畳紀）	3.0億	シダ植物の衰退，裸子植物の発達 三葉虫の絶滅 大量絶滅		
中生代	三畳紀（トリアス紀）	2.5億	ハ虫類の発達 哺乳類の出現 大量絶滅	ハ虫類の時代	裸子植物の時代
	ジュラ紀	2.0億	裸子植物の繁栄 ハ虫類（恐竜類など）の繁栄 鳥類の出現		
	白亜紀	1.4億	被子植物の出現 恐竜類の発達 アンモナイト類の発達 恐竜類とアンモナイトの絶滅 大量絶滅		被子植物の時代
新生代	古第三紀	6600万	被子植物の繁栄	哺乳類の時代	
	新第三紀	2300万	哺乳類の多様化と繁栄 人類の出現（700〜300万年前）		
	第四紀	260万	草本植物の発達と草原の拡大 ヒトの出現（20万年前）		

4 遺伝子の変化

■ 生物の進化の要因と進化のしくみは，現在ではどのように考えられているのだろうか。

1 突然変異

■ **突然変異と進化** 同種の個体間で見られる形質の違い（変異）のうち，遺伝子や染色体が変化して起こるものを**突然変異**という。突然変異には，DNAの塩基配列が変化する**遺伝子突然変異**と染色体が変化する**染色体レベルの突然変異**がある。突然変異の確率は低いが，個体群内の遺伝子のバランスが崩れるきっかけとなりうるので，生物進化の原因の1つとなる。

■ **遺伝子突然変異** 遺伝子突然変異は，DNAの複製の過程で，塩基の置換・欠失・挿入などの誤りが起こって DNA修復ができなかったとき，DNAの塩基配列が変化し，コドン，アミノ酸配列が変化することで起こる。

例 鎌状赤血球貧血症（⇨p.16），アルビノ

■ **染色体レベルの突然変異** 染色体の構造的な異常による欠失や転座，重複，逆位などと，染色体数の異常による倍数性と異数性がある。

①**倍数性** 染色体数がゲノム（生殖細胞の染色体数）の単位で変化して，$3n$，$4n$，$6n$といった染色体構成になることを**倍数性**という。倍数性の個体を**倍数体**と呼ぶ。

例 種なしスイカ（三倍体），パンコムギ（六倍体）

②**異数性** 染色体数が$2n \pm a$のように，ふつうの体細胞 $2n$に対して染色体数が1本単位で増減する場合を**異数性**という。異数性の個体を**異数体**という。

例 ヒトのダウン症候群（21番染色体が1本多い）

ポイント

突然変異
- 遺伝子突然変異
  - DNAの塩基配列の変化
    - …塩基の置換，欠失，挿入
- 染色体レベルの突然変異
  - 染色体の構造の変化
    - …欠失，転座，重複，逆位
  - 染色体の数の変化…倍数体，異数体

☀1. フレームシフト
塩基の挿入や欠失によってコドンの読み枠がずれること。

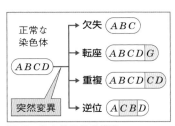

図19. 染色体の異常構造

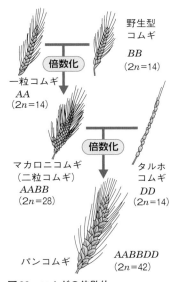

図20. コムギの倍数体

2 鎌状赤血球貧血症と塩基配列の変化

✿2. 鎌状赤血球貧血症の異常ヘモグロビン

これらの異常は，ヘモグロビン分子どうしが結合して結晶化してしまうことによって起こる。

■ 構造タンパク質をつくる遺伝子の場合，その塩基配列の異常の例として**鎌状赤血球貧血症**が知られている。

■ **鎌状赤血球貧血症とは** ヘモグロビンのアミノ酸組成が一部変化したことによって，赤血球が鎌状(三日月状)に変形して溶血しやすくなったり，毛細血管につまったりするなどして，酸素の運搬能力が著しく低下して重い貧血症状をもたらす遺伝病である。

✿3. 塩基の置換と形質

このようにDNAの塩基配列は1個が変わっただけで形質が大きく変化することがあるが，塩基が1個変わっても同じアミノ酸を指定する場合や，アミノ酸が変わってもタンパク質の性質が大きく変わらない場合もある。

■ **塩基配列の変化** 鎌状赤血球貧血症は，ヘモグロビンをつくるポリペプチドの6番目のアミノ酸が，正常なヒトではグルタミン酸であるのに対して，鎌状赤血球貧血症のヒトではバリンに置きかわっていることで起こる。

　これは，グルタミン酸を指定するmRNAのコドンが，GAGからGUGに，わずか1塩基変化した**遺伝子突然変異**によるもので，分子病の1つである。

■ **鎌状赤血球貧血症とマラリア** 感染症の一種であるマラリアが流行している地域では，鎌状赤血球をもつヒトの割合が高い。これは，マラリアに対する抵抗性をもつ(マラリアの病原体で赤血球内で増殖するマラリア原虫が鎌状赤血球内では増殖できない)ためである。

鎌状赤血球貧血症にはこのほかにも，変化する塩基の異なるいくつかの種類が知られているよ。

ポイント
〔鎌状赤血球貧血症が発現するしくみ〕

	DNA	mRNA	アミノ酸(6番目)
正常	CTC	GAG	グルタミン酸
鎌状	CAC	GUG	バリン

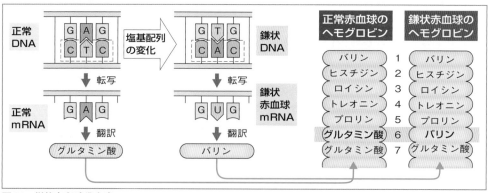

図21. 鎌状赤血球貧血症

③ 一塩基多型とゲノムの多様性

■ **遺伝的多型**　同種の集団内に1%以上の割合で存在する塩基配列の個体差を**遺伝的多型**という。遺伝的多型には，1塩基のみの違いである**一塩基多型**や，数塩基から数十塩基の配列の繰り返し回数の違いなどがある。

■ **一塩基多型**　同種の個体間で見られる塩基配列1個単位の違いを**一塩基多型(SNP)**といい，ゲノム(ある生物の生存に必要な1組の塩基配列)中に多く見られる。鎌状赤血球貧血症のように，1個の塩基の変化により指定するアミノ酸が変化して形質が変化することもあるが，多くの場合は，1個の塩基が異なっても指定するアミノ酸は変化せず，タンパク質の立体構造や機能に影響が出ない。

■ **ゲノムの多様性**　一塩基多型はヌクレオチドの置換によって生じ，ヒトの場合，約10^3塩基対に1個の割合で存在する。一塩基多型は生物のゲノムに多様性を与えていると考えられる。

■ **SNPと医療**　SNPには，薬の効き目と関連性のあるものも見つかっており，SNPの違いによって患者1人1人に合った薬を処方する研究が進められている。

> **ポイント**
> 一塩基多型…個体間での塩基配列1個単位の違い。
> ⇨ ゲノムに多様性をもたらす。

✿**4.** 1%未満のものは変異と呼ばれる。

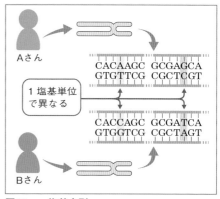
図22．一塩基多型

④ 配偶子が合体する有性生殖

■ **配偶子**　生殖のための細胞を**生殖細胞**といい，そのなかでも，精子や卵のように合体することによって新個体をつくる細胞を**配偶子**という。

■ **有性生殖**　配偶子が合体して新個体をつくる生殖方法を**有性生殖**という。

■ **受精**　運動性のある小形の配偶子と運動性のない大形の配偶子の合体を**受精**といい，その接合子を**受精卵**という。

> **ポイント**
> 〔有性生殖とその例〕
> 受精…運動性のある小形の配偶子(精子)と，養分を蓄積した大形の配偶子(卵)との合体。

✿**5.** 有性生殖の利点と遺伝子
有性生殖では，親と新個体(子)で遺伝子構成が変わるので，形質が変化する可能性があり，環境変化に対する適応力が高い。

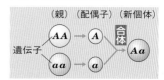

5 遺伝子と染色体

■ 遺伝子は染色体上の特定の遺伝子座に存在する。有性生殖を行う生物は遺伝子を両親から受けついだ相同染色体上にある対立遺伝子の組み合わせとしてもつ。ヒトなどの性は性染色体の組み合わせで決まり，性決定にはXY型，ZW型などがある。

1 遺伝子と染色体の構造

■ **クロマチン繊維** 真核細胞では，遺伝子の本体であるDNAは**ヒストン**(タンパク質)に巻きついて**ヌクレオソーム**を形成している。ヌクレオソームが数珠状につながった繊維状の構造を**クロマチン繊維**という(⇨ p.68, 115)。

■ **染色体の構造** 細胞分裂のときには，クロマチン繊維が何重にも折りたたまれて太く短い染色体の構造をつくる。DNAは分裂前に複製されるため，分裂期の前期には２本の染色体が動原体で接着したトンボの羽のような構造の染色体となる。

✿1. 核内の染色体の組の数で示した細胞のようすを核相という。体細胞のように２組($2n$)の染色体をもつ細胞の核相を複相といい，生殖細胞(卵や精子)のように１組(n)の染色体をもつ細胞の核相を単相という。

2 相同染色体と遺伝子座

■ **相同染色体** 有性生殖をする生物では，父方の染色体は精子(精細胞)，母方の染色体は卵(卵細胞)によってもたらされるので，子の体細胞($2n$)は同形同大の１対の染色体をもっている。これを**相同染色体**という。

■ **遺伝子座** 染色体上の遺伝子の位置を**遺伝子座**といい，各遺伝子の遺伝子座がどの染色体のどの位置にあるかは生物種によって決まっている。

■ **対立遺伝子** １つの遺伝形質に対して複数の異なる遺伝子が相同染色体の同じ遺伝子座に存在するとき，それらをたがいに**対立遺伝子**であるという。

■ **ホモとヘテロ** AAやaaのように同じ対立遺伝子が対になっている状態を**ホモ接合**，Aaのように異なる対立遺伝子が対になっている状態を**ヘテロ接合**という。また，ある対立遺伝子に着目したとき，ホモ接合である個体を**ホモ接合体**，ヘテロ接合である個体を**ヘテロ接合体**という。

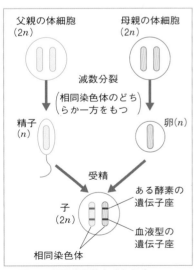

父親の体細胞
($2n$)　母親の体細胞
($2n$)

減数分裂

(相同染色体のどちらか一方をもつ)

精子
(n)　卵(n)

受精

子
($2n$)

相同染色体

ある酵素の遺伝子座

血液型の遺伝子座

図23. 相同染色体と遺伝子座
　　　($2n＝2$の生物の場合)

> **ポイント** *A*と*a*のような対立関係にある**対立遺伝子**は，相同染色体上の同じ遺伝子座にある。

③ 性を決める性染色体

■ **ヒトの性染色体**　ヒトの体細胞は46本の染色体をもつ。そのうちの44本は男女共通で，これを**常染色体**という。残る2本は男女で異なるので**性染色体**という。性染色体のなかで男女に共通して存在する染色体を**X染色体**，男性のみがもつ小形の染色体を**Y染色体**という。女性の性染色体はホモ型(XX)であるが，男性はヘテロ型(XY)である。

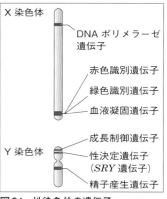

図24. 性染色体の遺伝子

■ **ヒトの性決定**　ヒトの22本の常染色体をAで示すと，ヒトの体細胞は2セットもっているので，2Aで示される。したがって，ヒトの女性は2A+XX，男性は2A+XYで示される。このような性決定様式を**XY型性決定**という。

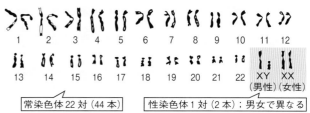

図25. ヒトの染色体構成(2*n*=46)

> **ポイント** 〔ヒトの性決定様式…XY型性決定〕
> 男性：2A+XY ⇨ 精子はA+X, A+Y(Aは常染色体)
> 女性：2A+XX ⇨ 卵はA+Xのみ

■ **性決定の様式**　性決定様式には，次のようなものがある。

図26. 性決定の4つのタイプ

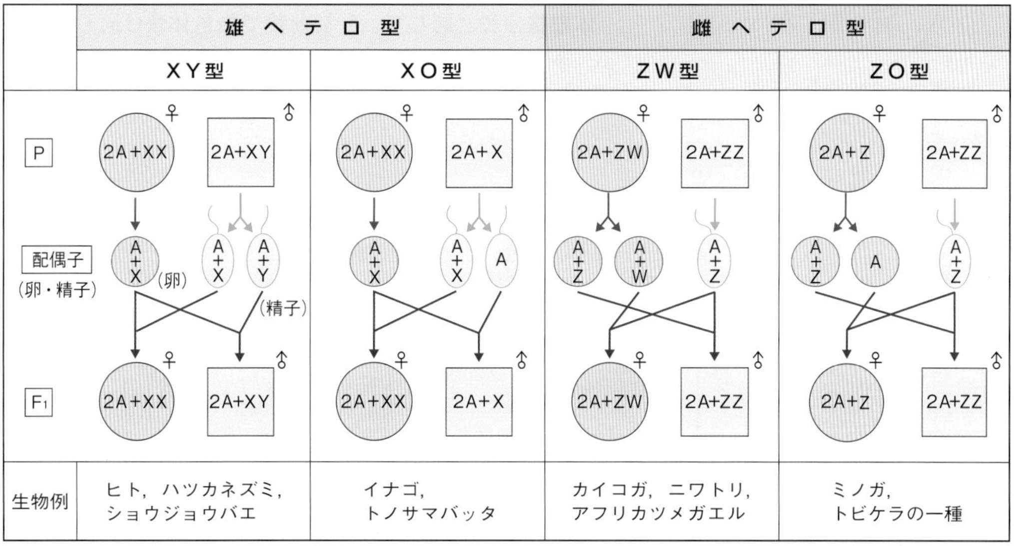

	雄 ヘ テ ロ 型		雌 ヘ テ ロ 型	
	X Y 型	X O 型	Z W 型	Z O 型
P	♀ 2A+XX　♂ 2A+XY	♀ 2A+XX　♂ 2A+X	♀ 2A+ZW　♂ 2A+ZZ	♀ 2A+Z　♂ 2A+ZZ
配偶子 (卵・精子)	A+X (卵)　A+X A+Y (精子)	A+X　A+X A	A+Z A+W　A+Z	A+Z A　A+Z
F₁	♀ 2A+XX　♂ 2A+XY	♀ 2A+XX　♂ 2A+X	♀ 2A+ZW　♂ 2A+ZZ	♀ 2A+Z　♂ 2A+ZZ
生物例	ヒト, ハツカネズミ, ショウジョウバエ	イナゴ, トノサマバッタ	カイコガ, ニワトリ, アフリカツメガエル	ミノガ, トビケラの一種

6 減数分裂

図27. 減数分裂のしくみ
（動物細胞の場合）

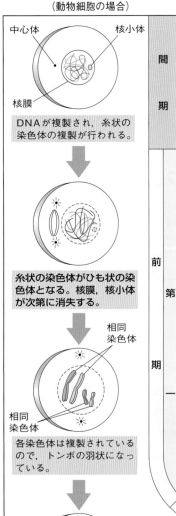

間期

DNAが複製され，糸状の染色体の複製が行われる。

前第期

糸状の染色体がひも状の染色体となる。核膜，核小体が次第に消失する。

各染色体は複製されているので，トンボの羽状になっている。

相同染色体が対合する。

■ 有性生殖では，配偶子をつくるときに染色体数を半分にする減数分裂を行う。このとき染色体の乗換え→遺伝子の組換えが起こり，配偶子の遺伝子組成の多様化を引き起こす。

1 染色体数が半分になる減数分裂

■ **減数分裂** 2つの生殖細胞の合体によって新個体をつくる有性生殖では，新個体の染色体数を親と同じにするために，生殖細胞の染色体数をあらかじめ半数にしておく必要がある。このための分裂を**減数分裂**という。

■ **減数分裂の特徴**
① 連続した2回の分裂からなる。
② 1個の母細胞から，染色体数が半減（$2n \rightarrow n$）した4個の娘細胞ができる。
③ 動物の精子や卵，植物の花粉や胚のう細胞，無性生殖のための胞子などをつくる分裂。

■ **染色体半減のわけ**
① 第一分裂で，相同染色体（同形・同大の染色体）が接着（対合）して**二価染色体**と呼ばれる太い染色体となって，これが分離する。$2n \rightarrow n$。
② 第一分裂と第二分裂の間に間期がない。（第二分裂は体細胞分裂と同じで，分裂前後で染色体数は同じ）
③ 第一分裂前期に二価染色体ができたとき，相同染色体の間で染色体の**乗換え**が起こり，遺伝子の**組換え**が生じることがある。

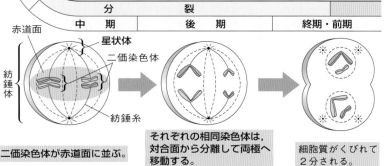

分　　裂		
中　　期	後　　期	終期・前期

二価染色体が赤道面に並ぶ。

それぞれの相同染色体は，対合面から分離して両極へ移動する。

細胞質がくびれて2分される。

② 減数分裂の進み方

1 間期 母細胞のDNAは複製されて2倍になる。

2 第一分裂（$2n \rightarrow n$）

①**前期** 糸状の染色体は太いひも状になる。この染色体は倍化しているので縦に裂けた状態となっている。同形同大の相同染色体どうしが対合して二価染色体となる。このとき染色体の乗換えが起こると遺伝子の組換えが生じる。

②**中期** 相同染色体が赤道面に並び，紡錘体が完成する。観察される染色体の数は，相同染色体どうしが対合しているので，体細胞分裂の中期の染色体数の半数に見える。

③**後期** 二価染色体は対合面から分かれ，紡錘糸に引かれてそれぞれ両極に移動する。

④**終期** 細胞質分裂が起こって2個の細胞となる。

3 第二分裂（$n \rightarrow n$）

①**前期** 第一分裂と第二分裂の間に間期はなく，染色体の複製は行われずに，第二分裂前期に移行する。

②**中期** 半数となった染色体が新しい赤道面に並び，紡錘体が完成する。

③**後期** 染色体はそれぞれの縦裂面から分離して，紡錘糸に引かれて両極に移動する。

④**終期** 染色体は糸状の染色体となり，核膜・核小体が現れ細胞質分裂が起こって，染色体数が体細胞の半数となった4個の娘細胞ができる。

ポイント
①第一分裂で，対合した相同染色体どうしが分離し，$2n \rightarrow n$となる。
②第二分裂は体細胞分裂と同じ形式で進み，$n \rightarrow n$となる。

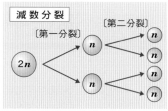

図28. 減数分裂での核相の変化

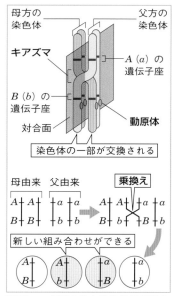

図29. 二価染色体と染色体の乗換え

染色体の動きと数の変化に注目して図を見ること。

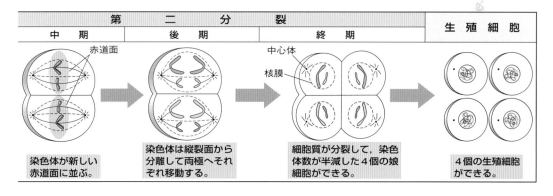

第 二 分 裂			生 殖 細 胞
中 期	後 期	終 期	
染色体が新しい赤道面に並ぶ。	染色体は縦裂面から分離して両極へそれぞれ移動する。	細胞質が分裂して，染色体数が半減した4個の娘細胞ができる。	4個の生殖細胞ができる。

7 遺伝子と染色体の行動

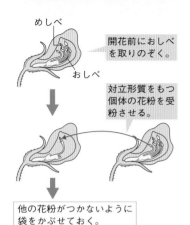

開花前におしべを取りのぞく。

対立形質をもつ個体の花粉を受粉させる。

他の花粉がつかないように袋をかぶせておく。

図30. エンドウの交雑の方法
エンドウは，ふつう，自分の花の花粉が自分のめしべについて受精する(自家受精)ので，受精前におしべを取りのぞいておき，他の花のおしべの花粉をつける。

■ メンデルは，遺伝因子の存在を仮定して遺伝のしくみを説明した。現在では，その遺伝因子(遺伝子)は染色体上にあることがわかっている。遺伝子はどのような規則性をもって子孫に伝えられ，遺伝形質として発現するのか。

1 遺伝の研究とメンデル

■ **形質と遺伝** 生物を特徴づける個々の形や性質を形質といい，いろいろな形質が親から子に伝えられる現象を遺伝という。

■ **メンデルの実験** メンデル(1822～1884年)は，エンドウを実験材料として交配実験を重ね，その結果をまとめて，1865年に遺伝の法則(顕性と潜性，分離の法則，独立の法則)として発表した。

■ **エンドウの対立形質** エンドウの種子の丸形としわ形，子葉の黄色と緑色，花をつける位置が葉のつけ根であるか茎の先端部であるか，などのように，対になる形質を対立形質という。メンデルは，図31に示すエンドウの7組の対立形質に注目して，実験を行った。

遺伝の用語

● **遺伝形質** 生物のもつ形質のうち，子に遺伝する形質 例 エンドウの種子の形

● **対立形質** 互いに対をなしている形質。例 エンドウの丸形としわ形

● **遺伝子と対立遺伝子** 形質を伝えるものを遺伝子といい，対立形質を伝えるそれぞれの遺伝子を対立遺伝子という。

● **遺伝子型と表現型** AA, Aa, aaのように，形質を決定する遺伝子の組み合わせを遺伝子型という(ふつう，顕性遺伝子を大文字，潜性遺伝子を小文字で表す)。これに対して，外観に現れる形質(丸形やしわ形)を表現型といい，遺伝子記号を用いて〔A〕，〔a〕で示すことがある。

● **交配と交雑** 2個体間の受精または受粉を交配といい，このうち，遺伝子型の異なる2個体間の交配を交雑という。

● **自家受精** 植物の場合は，自家受粉により同じ個体内で受精すること。動物の場合は，雌雄同体の動物で同一個体に生じた配偶子どうしで受精すること。

● **純系と雑種** 着目する対立遺伝子すべてについてホモ接合体(AA, aa, $AABB$, $aabb$, $AAbb$, $aaBB$など)である個体を純系といい，ヘテロ接合体(Aa, $AaBb$など)の個体を雑種という。

● **P, F_1, F_2** 交雑する両親がP，その子の雑種第一代がF_1，雑種第二代がF_2。

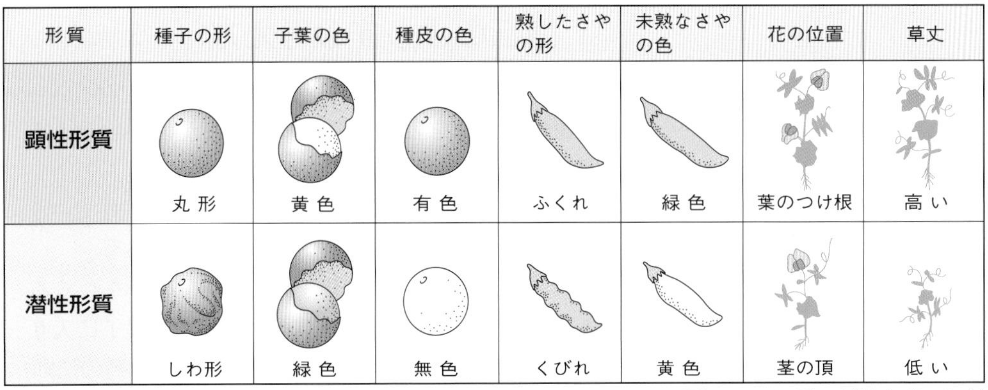

形質	種子の形	子葉の色	種皮の色	熟したさやの形	未熟なさやの色	花の位置	草丈
顕性形質	丸形	黄色	有色	ふくれ	緑色	葉のつけ根	高い
潜性形質	しわ形	緑色	無色	くびれ	黄色	茎の頂	低い

図31. メンデルが選んだエンドウの7対の対立形質

■ 遺伝子と染色体
対立遺伝子 A と a は，相同染色体の同じ遺伝子座に AA，Aa，aa のように存在する（右図）。

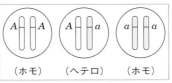
（ホモ）　（ヘテロ）　（ホモ）
図32. 染色体上の対立遺伝子

✿1. 顕性形質と顕性遺伝子
顕性遺伝子を1つでももつと顕性形質が現れるので，AA，Aa はどちらも顕性形質になる（⇨図33）。

② 一遺伝子雑種の遺伝

■ 一遺伝子雑種　1組の対立形質にのみ着目して交雑したとき得られる雑種を一遺伝子雑種という。

■ 一遺伝子雑種の例（エンドウの種子の丸形×しわ形）
　メンデルは，自家受精によって代々丸形の種子のみをつくるエンドウとしわ形の種子をつくるエンドウを両親（P）として交雑すると，子の雑種第一代（F_1）はすべて丸形になり，この F_1 をまいて自家受精して得た孫の雑種第二代（F_2）は丸形：しわ形＝3：1になることを見つけた。

■ 顕性と潜性　この場合のように，対立形質（丸形としわ形）のうち，F_1 に現れる形質（この場合，丸形）を顕性形質[※1]といい，現れない形質（しわ形）を潜性形質という。

> **ポイント**
> 顕性と潜性…異なる対立形質をもつ純系の個体を交配すると，F_1 には顕性形質だけが現れる。

図33. 一遺伝子雑種の遺伝のしくみ

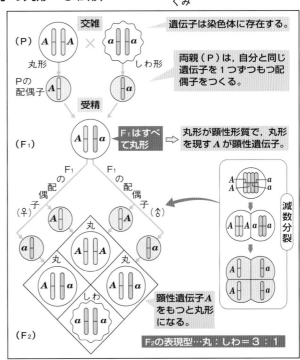
交雑
（P）　丸形 AA × しわ形 aa
遺伝子は染色体に存在する。
Pの配偶子 A　　a
両親（P）は，自分と同じ遺伝子を1つずつもつ配偶子をつくる。
受精
（F_1）Aa　F_1 はすべて丸形
丸形が顕性形質で，丸形を現す A が顕性遺伝子。
F_1 の配偶子（♀）　F_1 の配偶子（♂）
A　a　　A　a
（F_2）AA　Aa　Aa　aa
丸　丸　丸　しわ
顕性遺伝子 A をもつと丸形になる。
F_2 の表現型…丸：しわ＝3：1
減数分裂

ゴバン目法の考え方

図34. ゴバン(碁盤)目法による
交雑の考え方

③ 遺伝のようすの考え方

■ **遺伝のようす** 次の順で考えるとわかりやすい。

① 顕性の法則を使って，F₁の表現型が何かを見極め，顕性遺伝子を決める。

② 対立遺伝子の片方が親から子へと受け継がれていき，子(F₁)は両親(P)から遺伝子を1つずつもらう。

③ ヘテロ接合体のF₁(遺伝子型Aa)が配偶子をつくるとき，対立遺伝子Aとaはそれぞれ別々の配偶子に入り，$A：a＝1：1$の比で配偶子がつくられる(分離の法則)。

④ ゴバン目法で，F₂の遺伝子の組み合わせを考える。

⑤ 顕性遺伝子を1つでももつと(AA，Aa)顕性形質となり，潜性遺伝子しかもたないと(aa)潜性形質になる。

■ **ゴバン目法の考え方** 左の図34のように，縦と横のます目にそれぞれ雌雄の配偶子の遺伝子型を書く。そして，縦と横を合わせると，その個体の遺伝子型となる。

> **ポイント** 分離の法則…配偶子をつくるとき，対立遺伝子は分かれて別々の配偶子に入る。

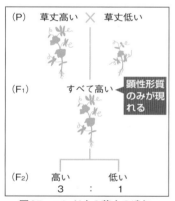

図35. エンドウの草丈の遺伝

④ 遺伝子型

■ 代々草丈が高くなるエンドウの個体と草丈が低くなるエンドウの個体を交配すると，左の図35の結果になった。これをもとに，上の①〜⑤の順に考えて，左下の図36に遺伝子型をあてはめてみよう。ただし，対立遺伝子は，次のようにする。

草丈を高くする遺伝子…T
草丈を低くする遺伝子…t

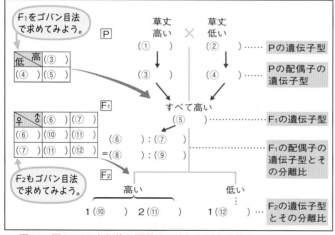

図36. 図35での各個体や配偶子の遺伝子型と分離比

〔図中の空欄の答え〕
① TT ② tt ③ T
④ t ⑤ Tt
⑥ T ⑦ t ⑧⑨ 1，1
⑩ TT ⑪ Tt ⑫ tt

5 例題

例題 一遺伝子雑種の遺伝

　エンドウの丸形の種子としわ形の種子を両親(P)として交配したところ，F₁はすべて丸形になった。F₁を自家受精してF₂を得ると，F₂は，丸形：しわ形＝3：1となった。丸形をつくる遺伝子をR，しわ形をつくる遺伝子をrとして，次の各問いに答えよ。

(1)　両親とF₁の遺伝子型を答えよ。

(2)　F₁がつくる配偶子の遺伝子型の分離比を答えよ。

(3)　F₂の遺伝子型の分離比を答えよ。

(4)　F₂のなかで純系の個体は何％か。

(5)　①F₁とPの丸形を交配した次代，②F₁とPのしわ形を交配した次代の表現型の分離比を答えよ。

(6)　F₂を自家受精して雑種第三代(F₃)をつくると，F₃の表現型の分離比はどのようになるか。

> F₁がすべて丸形になったことから，丸形が顕性形質で，丸形を現す遺伝子Rが顕性遺伝子だとわかる。

解説　(1)〜(3)　右のように図にして考える。F₁がすべて丸形になることから，丸形が顕性形質であることがわかる。また，Pの丸形は純系と考えられる。
　F₁どうしの交配は，ゴバン目法で考える。

(P)　丸形　×　しわ形
　　　RR　　　rr
　　　↓　　　　↓
　　　R　　　　r
(F₁)　すべて丸形
　　　　Rr
(F₂)　RR　Rr　Rr　rr
　　　└─丸形─┘　しわ形

	R	r
R	RR	Rr
r	Rr	rr

RR の自家受精

	R	R
R	RR	RR
R	RR	RR
↳4RR

(4)　純系はRRとrr。

(5)　①F₁(Rr)×丸形P(RR)
　　　──→2RR，2Rr
　　②F₁(Rr)×しわ形P(rr)──→2Rr，2rr

(6)　F₂を自家受精すると，右のようになる。

　　　RR×RR──→4RR
　　2(Rr×Rr)──→2RR,4Rr,2rr
　　　rr×rr　──→　　　　4rr
　　　────────────────
　　　　　　　6RR,4Rr,6rr

> F₂でRrはRR，rrの2倍だから2をかける。

rr の自家受精

	r	r
r	rr	rr
r	rr	rr
↳4rr

答　(1)丸形の親…RR，しわ形の親…rr，F₁…Rr

(2)R：r＝1：1　　(3)RR：Rr：rr＝1：2：1

(4)50％

(5)①すべて丸形，②丸形：しわ形＝1：1

(6)丸形：しわ形＝(10：6＝)5：3

■ 2組の対立遺伝子がそれぞれ別の相同染色体上にある場合，遺伝子は互いに影響することなく独立して配偶子に伝えられる。これを**独立の法則**という。

1 二遺伝子雑種と独立の法則

■ **二遺伝子雑種** エンドウの種子の形（丸形としわ形）と子葉の色（黄色と緑色）など，2組の対立形質に着目して交雑を行ったとき得られる雑種を**二遺伝子雑種**という。

■ **二遺伝子雑種の例（エンドウの種子の形と子葉の色）** エンドウの種子が丸形で子葉の色が黄色（丸・黄）の純系の個体と，種子がしわ形で子葉の色が緑色（しわ・緑）の純系の個体を交雑すると，F_1 はすべて丸・黄となった。この F_1 をまいて自家受精すると，F_2 の表現型の分離比は次のようになった。

丸・黄：丸・緑：しわ・黄：しわ・緑＝9：3：3：1…①

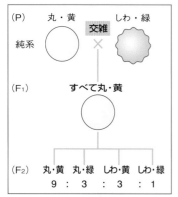

図37．エンドウの種子の形と子葉の色の遺伝

ポイント

〔F_2 の表現型の分離比〕
　一遺伝子雑種 ⇒ 3：1
　二遺伝子雑種 ⇒ 9：3：3：1

■ **独立の法則の発見** 上の①の F_2 の表現型の分離比をそれぞれの対立形質にだけ着目して整理してみると，次のようになっていることがわかる。

種子の形　丸：しわ＝(9＋3)：(3＋1)＝3：1　…②
子葉の色　黄：緑　＝(9＋3)：(3＋1)＝3：1　…③

②，③より，2組の対立形質は互いに影響することなく独立して遺伝していることがわかる。つまり，異なる相同染色体の組にある2組の対立遺伝子は，互いに影響されることなく独立して行動し，配偶子に入る（**独立の法則**[1]）。

したがって，F_1（$AaBb$）がつくる配偶子の遺伝子型の分離比は，$AB：Ab：aB：ab＝1：1：1：1$ である。

■ **二遺伝子雑種の遺伝のようす** 基本的には一遺伝子雑種と同じように考える。遺伝子は次のように決めておく。

丸を現す遺伝子……A　　黄色を現す遺伝子…B
しわを現す遺伝子…a　　緑色を現す遺伝子…b

✿1．独立の法則
2組の対立遺伝子が別々の相同染色体にあるときには，互いに影響されることなく，独立して配偶子に入る。メンデルが発見したこの法則を独立の法則という。

① 顕性の法則により，F_1の表現型がすべて丸・黄であったことから，種子の形については丸形が顕性形質で，子葉の色については黄色が顕性形質であることがわかる。
➡丸形を現すA，黄色を現すBがそれぞれ顕性遺伝子。

② 純系の丸・黄の親（$AABB$）としわ・緑の親（$aabb$）から，各対立遺伝子の片方ずつ（AB，ab）が子へと受け継がれていく。➡F_1の遺伝子型は$AaBb$。

③ F_1（$AaBb$）が配偶子をつくるとき，分離の法則と独立の法則により，$AB：Ab：aB：ab＝1：1：1：1$の比でつくられる。

④ ゴバン目法で，F_2の遺伝子型の組み合わせを考える。

⑤ 形質ごとに，顕性遺伝子をもっているかもっていないかで，顕性形質になるか潜性形質になるかを判断する。

F_2のうち，純系の個体は$AABB$，$AAbb$，$aaBB$，$aabb$の4つ。

図38．二遺伝子雑種の遺伝のしくみ

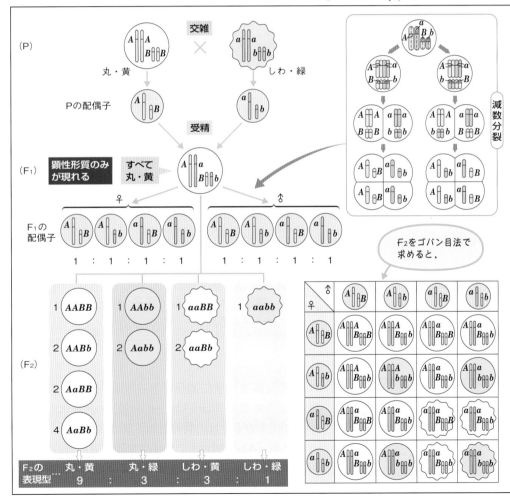

② 遺伝子型を知る方法

■ **検定交雑** 顕性形質の個体には，遺伝子型がホモ接合体の個体(AA)とヘテロ接合体の個体(Aa)とがある。この遺伝子型を外見から見分けることはできない。しかし，潜性ホモ接合体の個体と交雑すると，その遺伝子型を知ることができる。このような交雑を**検定交雑**という。

■ **検定交雑と遺伝子型の判定法** 検定交雑では，潜性ホモ接合体と交配する。潜性ホモ個体がつくる配偶子の遺伝子は潜性遺伝子なので，次代の表現型に影響を与えることはなく，得られた子の表現型の分離比が検定個体の配偶子の遺伝子型の分離比と一致する。

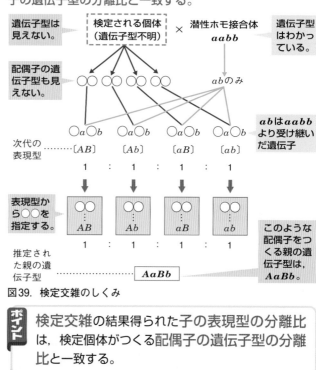

図39. 検定交雑のしくみ

> **ポイント** 検定交雑の結果得られた子の表現型の分離比は，検定個体がつくる配偶子の遺伝子型の分離比と一致する。

☼2. 検定交雑による子の表現型と検定個体の配偶子の遺伝子型
検定交雑で得られた子の表現型を，遺伝子記号を使って〔AB〕のように表すと，〔 〕をはずしたABが検定個体がつくった配偶子の遺伝子型と一致する。

遺伝子型がわからないときは検定交雑だ。

図40. F₁の分離比と親の遺伝子型の組み合わせ

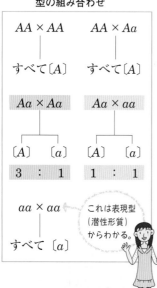

■ **検定交雑をせずに遺伝子型を知る方法** 一遺伝子雑種では，左の図40のように，子の表現型の分離比が〔A〕：〔a〕＝3：1のときは，親の遺伝子型は$Aa×Aa$で，子の表現型が〔A〕：〔a〕＝1：1のときは，親の遺伝子型は$Aa×aa$である。このことを利用すると，検定交雑をしなくても遺伝子型がわかることがある。

たとえば，右図の◯◯◯◯の個体の遺伝子型を求める場合，まず，それぞれの対立形質に分けて考える。

$$\begin{cases} [A]:[a]=(3+3):(1+1)=3:1 & \cdots\cdots\cdots ① \\ [B]:[b]=(3+1):(3+1)=1:1 & \cdots\cdots\cdots ② \end{cases}$$

①の結果より，親は$Aa \times Aa$で，遺伝子型不明の親はAaとわかる。②の結果より，親は$Bb \times bb$で，遺伝子型不明の親はBbとわかる。

以上より，◯◯◯◯は$AaBb$と推定できる。

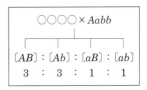

◯◯◯◯×$Aabb$

$[AB]$:	$[Ab]$:	$[aB]$:	$[ab]$
3 :	3 :	1 :	1

まず，何が顕性形質なのかを見つけよう。

例題 **二遺伝子雑種の遺伝**

ある植物の赤花・丸葉と桃花・長葉とを両親として交雑したところ，F₁はすべて赤花・丸葉となった。花色の遺伝子をA，a，葉の形の遺伝子をB，bとして，次の各問いに答えよ。

(1) F₁の遺伝子型を答えよ。

(2) F₁を自家受精して得たF₂は全部で16000個あった。F₂に出現する形質と予想される個数(株数)を答えよ。

(3) F₂のうち，純系のものは何%か。

解説 F₁はすべて赤花・丸葉となっているので，花色は赤花が顕性形質で，葉の形は丸葉が顕性形質であることがわかる。また，F₁には赤花・丸葉しか現れなかったので，両親は純系と考えられる。

この交配を遺伝子型で表すと，右の図のようになる。

(1) F₁は両親からAB，abを受け継ぐので$AaBb$。

(2) F₂は，赤花・丸葉：赤花・長葉：桃花・丸葉：桃花・長葉＝9：3：3：1に分離するので，赤花・丸葉は，

$$16000 \times \frac{9}{16} = 9000〔株〕$$

となる。他も同様にして求める。

(3) F₂のうち，純系のものは，2組の対立遺伝子をホモにもつもので，$AABB$，$AAbb$，$aaBB$，$aabb$の4つ。したがって，$4 \div 16 \times 100 = 25〔\%〕$。

答 (1) $AaBb$

(2) 赤花・丸葉…**9000株**，赤花・長葉…**3000株**
桃花・丸葉…**3000株**，桃花・長葉…**1000株**

(3) **25%**

(P) 赤花・丸葉×桃花・長葉
$AABB$ | $aabb$

Pの配偶子…AB | ab

赤花・丸葉
(F₁) $AaBb$

F₁の配偶子…$AB:Ab:aB:ab$
$=1:1:1:1$

〔F₂をゴバン目法で求めると〕

	AB	Ab	aB	ab
AB	$AABB$	$AABb$	$AaBB$	$AaBb$
Ab	$AABb$	$AAbb$	$AaBb$	$Aabb$
aB	$AaBB$	$AaBb$	$aaBB$	$aaBb$
ab	$AaBb$	$Aabb$	$aaBb$	$aabb$

⇩

〔AB〕　〔Ab〕　〔aB〕　〔ab〕
$\begin{cases} 1AABB \\ 2AABb \\ 2AaBB \\ 4AaBb \end{cases}$ $\begin{cases} 1AAbb \\ 2Aabb \end{cases}$ $\begin{cases} 1aaBB \\ 2aaBb \end{cases}$ $1aabb$

9 連鎖と組換え

■ ヒトの遺伝子数は約2万個余りあるが，染色体数は23対46本である。これは1本の染色体上に複数の遺伝子が連鎖していることを示す。連鎖している遺伝子間では染色体の乗換えが起こり遺伝子の組換えが起こることがある。

1 染色体と連鎖

■ **連鎖** 複数の遺伝子が1本の染色体上に連なっていることを，連鎖しているという。連鎖している遺伝子は，その染色体上でともに行動するので，独立の法則は成り立たない。

■ **連鎖が完全なとき** 遺伝子$A(a)$と$B(b)$が連鎖していて，その遺伝子間の距離がごく近い場合は，その遺伝子間で染色体の乗換えは起こりにくく，遺伝子の組換えも起こりにくい。このような連鎖は**完全連鎖**とも呼ばれる。遺伝子型$AABB$と$aabb$を両親とするF$_1$はすべて$AaBb$となり，このF$_1$がつくる配偶子の遺伝子型は，$AB：ab＝1：1$となる。

F$_2$を求めてみると左図のようになる。その遺伝子型の分離比は，$\boxed{AABB：AaBb：aabb＝1：2：1}$その表現型の分離比は，$\boxed{〔AB〕：〔ab〕＝3：1}$

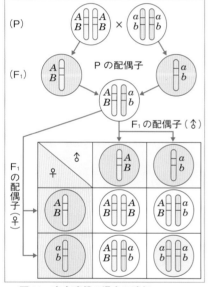

図41. 完全連鎖の場合の遺伝

> **ポイント** 連鎖…同一染色体上に複数の遺伝子が存在すること。独立の法則は成り立たない。
> 完全連鎖では，F$_2$の表現型の分離比は3：1

2 乗換えと組換え

■ **乗換え** 減数分裂第一分裂前期に，相同染色体が対合して**二価染色体**となったとき，左図のように2つの染色体が交さして**乗換え**が起こることがある。すると，2つの遺伝子の間の**組換え**が起こる。なお，染色体が交さしたX字形の部分を**キアズマ**という。

■ **二重乗換え** まれに，染色体間の交さが二重に起こり（**二重乗換え**），離れた遺伝子座の遺伝子の関係が，乗換えのない場合と同じになることもある。

図42. 染色体の乗換え

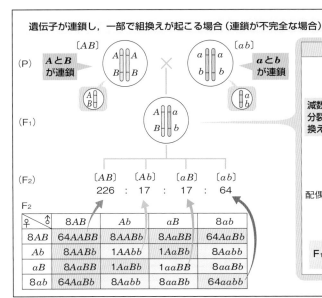

遺伝子が連鎖し，一部で組換えが起こる場合（連鎖が不完全な場合）

(P) **A と B** が連鎖 〔AB〕 × 〔ab〕 **a と b** が連鎖

(F₁)

(F₂) 〔AB〕 〔Ab〕 〔aB〕 〔ab〕
226 ： 17 ： 17 ： 64

F₂

♀＼♂	8AB	Ab	aB	8ab
8AB	64AABB	8AABb	8AaBB	64AaBb
Ab	8AABb	1AAbb	1AaBb	8Aabb
aB	8AaBB	1AaBb	1aaBB	8aaBb
8ab	64AaBb	8Aabb	8aaBb	64aabb

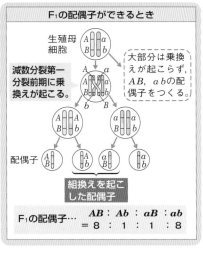

F₁の配偶子ができるとき

生殖母細胞

減数分裂第一分裂前期に乗換えが起こる。

大部分は乗換えが起こらず，AB，ab の配偶子をつくる。

配偶子

組換えを起こした配偶子

F₁の配偶子… AB ： Ab ： aB ： ab = 8 ： 1 ： 1 ： 8

図43．組換えによる配偶子のでき方と遺伝

■ **組換えの実際**　連鎖している2つの遺伝子A(a)とB(b)において，両親(P)がAABBとaabbのとき，AB間，ab間で染色体の乗換えが起こっても，Pがつくる配偶子は，それぞれABとabとなる。したがって，このF₁はAaBbとなる。

　このF₁が配偶子をつくるときは，染色体の乗換えが起こり，遺伝子の組換えが起こると，AB，abの他に，新たにAbとaBの遺伝子の組み合わせをもつ配偶子もできる。仮に，この2つの遺伝子間で8：1の割合で染色体の乗換えが起こるとすると，F₁がつくる配偶子の割合は，

　　$AB : Ab : aB : ab = 8 : 1 : 1 : 8$

　この場合のF₂をゴバン目法で求めると，その表現型の比は，

　　$〔AB〕:〔Ab〕:〔aB〕:〔ab〕= 226 : 17 : 17 : 64$

ポイント
〔連鎖している遺伝子間で組換えがあるとき〕
P：AABB × aabb ⇒ F₁：AaBb
⇒ 配偶子はAB，abのほか，新しいAb，aB

F₁の配偶子の分離比は検定交雑によって求める。

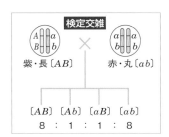

検定交雑

紫・長〔AB〕 × 赤・丸〔ab〕

〔AB〕 〔Ab〕 〔aB〕 〔ab〕
8 ： 1 ： 1 ： 8

③ 組換え価

■ **組換え価**　組換えを起こした配偶子の割合を**組換え価**といい，次の式で求められる（ただし，組換え価＜50％）。

$$組換え価〔％〕＝\frac{組換えによってできた個体数}{全個体数}×100$$

組換えの起こった配偶子数を測定することはできないので，実際には，この式を使って計算する。

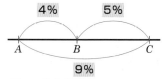

4%　　5%

A　　　B　　　　C

9%

図44. 染色体地図
3つの遺伝子のうち，組換え価が
最大である2遺伝子間の距離が
最大であり，残り1つの遺伝子
がその間に位置する。

○1. 染色体地図
三点交雑法によって遺伝子の染色
体上の位置関係を求めて作成した
地図を遺伝学的地図（連鎖地図），
染色体の横しまとの対応から遺伝
子の位置を示した地図を細胞学的
地図という。

■ **組換え価と遺伝子間の距離**　同一染色体上の2つの
遺伝子間で組換えが起こる確率は，2つの遺伝子が遠い
ほど大きく，2つの遺伝子が近いほど小さい。すなわち，
組換え価は遺伝子間の距離に比例する。

■ **三点交雑法**　連鎖している3つの遺伝子A，B，Cに
ついて，A-B，B-C，C-A間の遺伝子間の組換え価をそれ
ぞれ，4%，5%，9%とすると，その遺伝子の位置関係は
左図のようになる。このようにして，3つの遺伝子の染色
体上の位置関係を求める方法を**三点交雑法**という。

■ **染色体地図**　三点交雑法を利用して，染色体上の遺伝
子の位置関係を示したものを**染色体地図**という。[1]

> **ポイント**　組換え価は，遺伝子間の距離に比例する。
> ⇨ 三点交雑法により，染色体地図がつくれる。

④ 組換えと配偶子の多様性

■ **配偶子の多様性**　連鎖している遺伝子間で遺伝子の組
換えが起こることによって，配偶子のもつ遺伝子型の多様
性が増し，生物多様性を増す1つの原因となる。

■ **多様な子孫**　有性生殖をする生物では，
配偶子の多様性に加えて，受精のときの配
偶子の組み合わせによっても多様性が増す。
このことが環境変化に対する適応性を増し
ている。

⑤ だ腺染色体

■ **だ腺染色体**　キイロショウジョウバエ
やユスリカなどの幼虫のだ腺細胞（だ液を
分泌する細胞）のだ**腺染色体**は，相同染
色体が対合した二価染色体であり，大きさ
がふつうの染色体の100倍～150倍もある
巨大染色体である。

　だ腺染色体には横しまが多数あり，それ
ぞれが**遺伝子座**とよく対応している。とこ
ろどころに見られる**パフ**（ふくらみ）では，
その部分の遺伝子を転写しており，その遺
伝子が発現しているといえる。

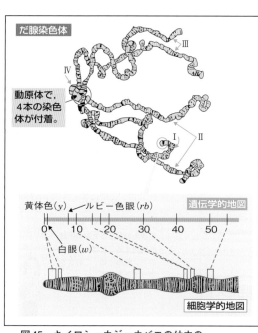

だ腺染色体

III

IV

動原体で，
4本の染色
体が付着。

I　II

黄体色(y)　ルビー色眼(rb)　遺伝学的地図

0　　10　　20　　30　　40　　50

白眼(w)

細胞学的地図

**図45. キイロショウジョウバエの幼虫の
だ腺染色体と染色体地図**

例題 **遺伝子の連鎖と組換え**

　ある植物の紫花・長花粉（*BBLL*）と赤花・丸花粉（*bbll*）を親（P）として交雑すると，F₁はすべて紫花・長花粉となった。このF₁を<u>赤花・丸花粉と交雑する</u>と，次の代は，紫花・長花粉：紫花・丸花粉：赤花・長花粉：赤花・丸花粉＝8：1：1：8となった。

(1)　文中の下線部のような交雑を何というか。

(2)　花色と花粉の形の遺伝子は，独立した染色体に存在するか，あるいは連鎖関係にあるか。もし，連鎖関係にある場合は，組換え価を求めよ。

(3)　この植物の紫花・丸花粉（*BBll*）と赤花・長花粉（*bbLL*）をPとして交雑してF₁，F₂をつくると，F₂の表現型の分離比はどうなるか。

検定交雑の結果は，2遺伝子が独立している場合は1：1：1：1となり，2遺伝子が完全に連鎖している場合は1：1となる。

解説　(1)　F₁はすべて紫花・長花粉となったので，花色については紫色が，花粉の形については長形が顕性形質である。下線部の交雑は，潜性ホモ接合体との交雑。

(2)　検定交雑の結果が

　　〔*BL*〕：〔*Bl*〕：〔*bL*〕：〔*bl*〕＝8：1：1：8

であることから，*B*と*L*，*b*と*l*はそれぞれ連鎖関係にあることがわかる。組換え価は，

$$\frac{組換えによってできた個体数（比）}{検定交雑によってできた全個体数（比）} \times 100$$

$$= \frac{1+1}{8+1+1+8} \times 100$$

$$\fallingdotseq 11.1〔\%〕$$

数の多いのが連鎖，数の少ないのが組換え。

検定交雑で得られた子の表現型の分離比は，検定個体がつくる配偶子の遺伝子型の分離比と一致する。
表現型〔*BL*〕の〔　〕をはずすと配偶子の遺伝子型 *BL* になる。

(3)　紫花・丸花粉（*BBll*）と赤花・長花粉（*bbLL*）をPとして交雑して得たF₁は*BbLl*で，*B*と*l*，*b*と*L*が連鎖関係にある。同じ植物の同じ遺伝子間の組換え価は一定であるから，このF₁がつくる配偶子の遺伝子型の分離比は，*BL*：*Bl*：*bL*：*bl*＝1：8：8：1となる。これがわかれば，あとはゴバン目法でF₂を求めればよい。

	BL	8*Bl*	8*bL*	*bl*
BL	1*BBLL*	8*BBLl*	8*BbLL*	1*BbLl*
8*Bl*	8*BBLl*	64*BBll*	64*BbLl*	8*Bbll*
8*bL*	8*BbLL*	64*BbLl*	64*bbLL*	8*bbLl*
bl	1*BbLl*	8*Bbll*	8*bbLl*	1*bbll*

答　(1)検定交雑

　　(2)連鎖している。組換え価は，11.1%

　　(3)紫花・長花粉：紫花・丸花粉：赤花・長花粉：赤花・丸花粉＝163：80：80：1

10 進化のしくみ

■ 突然変異や有性生殖による遺伝子の組み合わせの変化は，どのように生物の進化につながるのだろうか。

1 遺伝子プールと遺伝子頻度

■ **遺伝子プール** 交配可能な種の集団における遺伝子全体を**遺伝子プール**といい，遺伝子プールに含まれているそれぞれの対立遺伝子(アレル)の割合を**遺伝子頻度**という。

2 ハーディ・ワインベルグの法則

■ **ハーディ・ワインベルグの法則** 左下のような条件をすべて満たした集団では，**代を何代経ても遺伝子頻度は変化しない**[1]。この法則を**ハーディ・ワインベルグの法則**[2]という。

■ **ハーディ・ワインベルグの式** ある個体群における対立遺伝子A，aの遺伝子頻度に注目し，それぞれをp，q(ただし，$p+q=1$)とすると，この集団の子の代の遺伝子頻度は次の式から求められる。

$(pA+qa)^2=p^2AA+2pqAa+q^2aa$

すなわち，$AA:Aa:aa=p^2:2pq:q^2$となる。したがって，子の集団の対立遺伝子の頻度は(条件より$p+q=1$)，

$$A\text{の頻度}：p^2+2pq\times\frac{1}{2}=p^2+pq=p(p+q)=p$$

$$a\text{の頻度}：q^2+2pq\times\frac{1}{2}=q^2+pq=q(q+p)=q$$

であり，**親の代の遺伝子頻度と同じで**，変化していない。

■ **ハーディ・ワインベルグの法則と進化** 自然界では，**突然変異**，**自然選択**のほか，**遺伝的浮動**や**隔離**(⇨p.36)などが要因となりハーディ・ワインベルグの法則は成り立たず，生物は進化していると考えられる。

ポイント 自然界では，ハーディ・ワインベルグの法則が成立しない⇨遺伝子頻度が変化して，進化が起こる。

---

1. 次世代の遺伝子頻度

例えば，個体数10の集団でAAが7個体，Aaが2個体，aaが1個体のとき，Aとaの遺伝子頻度は，

$$A：\frac{7}{10}+\frac{2}{10}\times\frac{1}{2}=0.8$$

$$a：\frac{1}{10}+\frac{2}{10}\times\frac{1}{2}=0.2$$

この集団の子の代の遺伝子頻度は，下の表1より，

$(0.8A+0.2a)^2$
$=0.64AA+0.32Aa+0.04aa$

となり，

表現型〔A〕は$0.64+0.32=0.96$(96%)，表現型〔a〕は0.04(4%)

すなわち，表現型では，親の代の(7+2)：1から，子の代では，96：4の比に変わるが，遺伝子の頻度で見ると，

$$A：0.64+0.32\times\frac{1}{2}=0.8$$

$$a：0.32\times\frac{1}{2}+0.04=0.2$$

となり，**代を重ねても遺伝子頻度は変化しないことになる**。

表1．子の代の遺伝子頻度

♂＼♀	$0.8A$	$0.2a$
$0.8A$	$0.64AA$	$0.16Aa$
$0.2a$	$0.16Aa$	$0.04aa$

2. ハーディ・ワインベルグの法則が成り立つ条件

①集団を構成する個体数は十分に大きい。
②その集団から個体の移出，移入がない。
③その集団の中で子孫を残すとき，交配が任意(ランダム)に行われる。
④突然変異は起こらない。
⑤どの個体も生存能力は同じである(自然選択が働かない)。

③ 自然選択

■ **自然選択**　生物集団内の個体のなかで，環境に対して，自身の生存や生殖などに有利な遺伝形質をもつ個体が次の世代を多く残すことを**自然選択**という。自然選択が働き続けると，生物集団における個体はすべて同じ形質をもつようになる。

■ **適応進化**　自然選択の結果，ある生物集団がしだいにその環境に適した遺伝形質をもつ集団に変化することを**適応進化**という。

■ **適応進化の例**

①**擬態**　ハナカマキリはランの花と見分けがつかないほど色や形が似ている。これを**擬態**という。擬態によって捕食者や餌となる生物に見つかりにくくなり，生存に有利である。

②**共進化**　ランの一種が距を長くして蜜腺までの距離を遠くして花粉をつけなければ蜜をとれないようにすると，スズメガの一種は口器を長くすることで蜜を独占的に得るようになる。一方，ランの花はスズメガによって，確実に同じ種の花に花粉を運ばせることができる。この例のように，異なる生物が生存・繁殖などに影響を相互に与えながら進化する現象を**共進化**という。

③**性選択**　ある種の鳥類の雌は，長い尾をもつ雄を選んで交尾する。このように生殖行動において異性間や同性間の相互作用による自然選択を**性選択**という。

④**工業暗化**　イギリスに生息するガの一種，オオシモフリエダシャクには，野生型で白っぽい**明色型**と突然変異により生じた黒っぽい**暗色型**が存在する。19世紀中頃まで，このガの生息地域では，樹木の幹が白っぽい地衣類(菌類と藻類が共生したもの)におおわれ，明色型が保護色で目立ちにくく，暗色型は鳥に捕食される率が高いため全体の1%程度であった。しかし，工業化による煤煙のため樹木の幹が黒ずんだ結果，暗色型が保護色となり捕食者に見つかりにくくなり，急速に暗色型が増加した。これを**工業暗化**という。

> **ポイント**
> 自然選択の結果，適応進化が起こる。
> 適応進化の例…擬態，共進化，性選択，工業暗化

✿**3.** 同じような生態的地位で生活する生物は，異なる生物であっても，**適応進化**の末に同じような形態をもつようになる。これが収束進化(収れん)である(⇨ **p.37**)。

図46．ハナカマキリの擬態

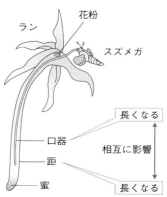

図47．ランとスズメガの共進化

図48．オオシモフリエダシャク

表2．オオシモフリエダシャクの再捕獲率

	明色型	暗色型
田園地帯	12.5%	6.3%
工業地帯	25.0%	53.2%

再捕獲率の高い型が多く生息する型といえるので，田園地帯では明色型，工業地帯では暗色型が多く生息することがわかる。

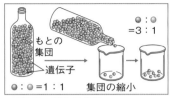

図49. びん首効果

④ 遺伝的浮動

■ **遺伝的浮動**　遺伝形質を決める対立遺伝子Aとaの間で生存に有利や不利の関係が生じないようなときでも，次の世代に伝えられる遺伝子頻度は同じではなく，偶然によって変化する場合がある。これを**遺伝的浮動**という。

■ **びん首効果**　生物集団が災害などで著しく小さな集団に分かれると，母集団とは遺伝子頻度が著しく異なる現象を**びん首効果**という。これは，遺伝的浮動の一例である。

⑤ 種分化と隔離

■ **種分化**　1つの種から新しい種ができたり，複数の種に分かれたりすることを**種分化**といい，種分化には**異所的種分化**と**同所的種分化**がある。

①**異所的種分化**　地理的隔離[4]によって分断された集団間に**生殖的隔離**[5]が起こって生じる種分化。種分化の多くは異所的種分化によるものだと考えられている。

　例　ガラパゴス諸島のダーウィンフィンチ

②**同所的種分化**　染色体の変化や食物の選択性など，地理的隔離によらない種分化。

　例　サンザシミバエとリンゴミバエ

◯4. 地理的隔離
山脈や海，砂漠などの地理的な隔たりによって1つの生物集団がいくつかの集団に分断され往来ができなくなること。

◯5. 生殖的隔離
生殖時期や生殖器の変化などによって，交配ができなくなること。

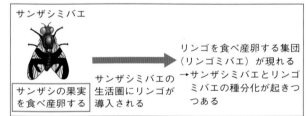

サンザシミバエ

サンザシの果実を食べ産卵する → サンザシミバエの生活圏にリンゴが導入される → リンゴを食べ産卵する集団（リンゴミバエ）が現れる →サンザシミバエとリンゴミバエの種分化が起きつつある

図50. サンザシミバエの種分化

■ **大進化と小進化**　種分化が起こって新しい種ができたり，種より高次の規模で起こる進化を**大進化**といい，種分化には至らない小規模で起こる進化を**小進化**という。

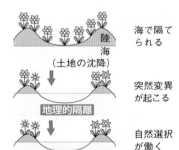

海で隔てられる

（土地の沈降）

地理的隔離　突然変異が起こる

自然選択が働く

（土地の隆起）

生殖的隔離　別の種となり交配できない

図51. 種分化が起きる要因

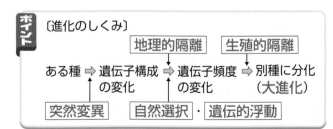

〔進化のしくみ〕

| | 地理的隔離 | 生殖的隔離 |

ある種 ⇒ 遺伝子構成の変化 ⇒ 遺伝子頻度の変化 ⇒ 別種に分化（大進化）

突然変異　　自然選択・遺伝的浮動

⑥ 分子進化

■ **分子進化** 共通の先祖から進化した種間でDNA分子の塩基配列やタンパク質のアミノ酸配列のような分子に見られる変化を**分子進化**という。

■ **中立進化** 分子進化が起こっても、その形質が自然選択を受けないような進化を**中立進化**という。

⑦ 現生生物の形態が示す進化の証拠

■ **相同器官** 異なる形態や働きをもつが、発生過程や基本構造から同じ器官とみなせる器官どうしを**相同器官**という。

例 ワニ、鳥類、クジラ、ヒトなどの前肢の骨格構造(⇨図52)

■ **相似器官** 形態や働きは似ているが、異なる器官に起源があると考えられる器官どうしを**相似器官**という。

例 鳥類の翼(前肢)とチョウのはね(表皮)

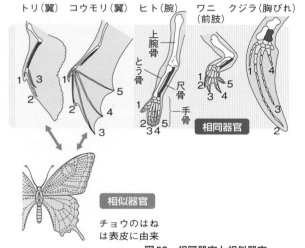

図52. 相同器官と相似器官

チョウのはねは表皮に由来

相同器官…形は違っても起源が同じ ⇨ 共通の祖先
相似器官…形や用途は近いが、基本構造が違う。

⑧ 形態と系統から見られる進化

■ **適応放散** オーストラリア大陸の有袋類は、樹上生活をするコアラ、草原生活をするカンガルーなど、さまざまな生活様式に適応しながら進化して多様な形態を示している。このような現象を**適応放散**という。

■ **収束進化** 有袋類のフクロモモンガと真獣類のモモンガは、祖先の系統は異なるが、よく似たからだの特徴をもつ。これは生活様式に合わせて適応進化(⇨p.35)した結果と考えられる。これを**収束進化(収れん)**という。

適応放散…同じ祖先からさまざまな形態に進化
収束進化…異なる祖先から似たような形態に進化

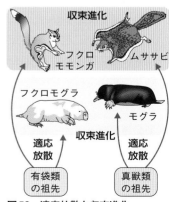

図53. 適応放散と収束進化

🔸知って得する？！ 小惑星衝突と生物の大量絶滅！

●**小惑星** 惑星よりも小形で岩石や金属を主成分とする天体を**小惑星**という。多くは火星と木星の間の軌道を公転しているが，地球付近を通過する可能性のある小惑星もある。

●**衝突のエネルギー** 物体のもつ**運動エネルギー**は $\frac{1}{2}mv^2$ で示され（m は質量，v は速度），**質量と速度によって**決まる。直径10km程度の小惑星が地球に衝突した場合，その質量と速度は非常に大きく，衝突のエネルギーは膨大で，地球の気候を激変させ，生物の大量絶滅をもたらすのに十分な破壊力がある。

図1. 小惑星の衝突

●**恐竜絶滅と小惑星** 中生代白亜紀末期の約6600万年前，メキシコのユカタン半島沖の浅い海に，直径約10kmの小惑星が，15〜20km/sの猛スピードで衝突した。ちなみにジェット機の速度は時速約900kmなので，その約60倍もの速度で衝突したのである。この運動エネルギーは膨大で，衝突地点の海水は一瞬のうちに吹き飛び，海底に直径約180km，深さ約30kmの巨大な**クレーター**ができた。また，衝突の衝撃でマグニチュード11もの**超巨大地震に相当する揺れ**が起こり，沿岸部を高さ約300mの**巨大津波**が襲ったと考えられている。ちなみに，マグニチュードは1大きいとそのエネルギーは約32倍で，2011年3月11日に三陸沖で発生した東北地方太平洋沖地震（東日本大震災，マグニチュード9）と比べ，小惑星の衝突は約1000倍ものエネルギーがあったことになる。周辺の陸地では**大規模火災**が発生したうえ，衝突時の粉塵は成層圏（高度10〜50km）

ティラノサウルス

ケツアルコアトルス

アンモナイト

トリケラトプス

図2. 白亜紀末に絶滅した生物

まで舞い上がって太陽光を数か月〜数年間さえぎり，冬のような気候が続いたと考えられる。これを「**衝突の冬**」という。この日射量の減少と寒冷化によって，**生産者である植物**はほとんど光合成ができずに枯れ，**食物連鎖**でつながっていた植物食恐竜も動物食恐竜も比較的短期間の間に絶滅したと考えられている。こうして，**当時の生物種の約70%が絶滅**し，中生代から新生代に入ったと考えられる。

●**衝突の証拠** ユカタン半島で発見されたチチュルブ・クレーターが巨大な小惑星の衝突の痕跡だと考えられている。また，地球上では少なく小惑星では多い重金属の**イリジウム**を含む薄い粘土層が，**中生代白亜紀と新生代古第三紀の境界の地層（K-Pg境界）**から見つかっている。この境界は，地球上に広く分布し，日本でも北海道の帯広付近で見つかっている。

重要実験 減数分裂の観察
〔材料…ヌマムラサキツユクサ〕

> 同じつぼみや葯の中では，どれも減数分裂の時期は同じ。

方法

1. ヌマムラサキツユクサの小さなつぼみ（2〜3 mm 程度のもの）を選んで，柄つき針で開き，中の粒状の葯を取り出す。
   （注）葯の色と分裂の時期との一般的傾向
   - 葯が黄色で不透明⇒花粉母細胞の分裂開始時期
   - 中が透明なかたまり⇒第一分裂前期
   - 中が半透明なかたまり⇒花粉四分子の時期
2. 葯をスライドガラスにのせ，柄つき針で葯を破る。
3. 酢酸オルセイン液を滴下し，カバーガラスをかけ，ろ紙をかぶせて軽く押しつぶす。
4. はじめに低倍率で観察し，次に高倍率で観察して，分裂の時期を推定する。

1 2〜3mm の つぼみを取り出す。 / つぼみを開いて 葯を取り出す。

2 スライドガラス / 柄つき針で，葯を破る。 / 中の液を出す。

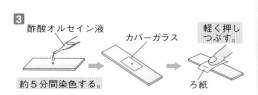

3 酢酸オルセイン液 / 約5分間染色する。 / カバーガラス / 軽く押しつぶす。 / ろ紙

結果

	第一分裂			第二分裂			
前期	中期	後期	終期・前期	中期	後期	終期	

考察

1 ヌマムラサキツユクサの染色体数は何本か。また，それはどの時期に数えるのが適当か。

　→染色体数は $2n = 12$ 本。観察時期は，第一分裂前期で相同染色体の対合が起こる前（観察した実数が染色体数），または第一分裂中期（観察本数×2が染色体数）が適当である。

2 第一分裂と第二分裂の細胞を見分けるには，どうすればよいか。

　→第二分裂の細胞は，第一分裂の細胞の大きさの約半分である。この点に注目すればよい。

3 第一分裂中期と第二分裂中期の染色体数は，見かけ上それぞれ何本か。

　→どちらも6本である。第一分裂中期では相同染色体が対合しているため，見かけ上，染色体数は半数の6本に見える。

1 □ 原始地球の大気には含まれず，現在の大気に比較的多く含まれている気体は何？

2 □ 地球上に生命が誕生する以前に，生物を構成する複雑な有機物ができた過程を何という？

3 □ 生命が誕生した場所として有力視されているのは海底の何という部分？

4 □ 最初に地球上に現れたのは，真核生物と原核生物のどちらか？

5 □ 初期の生命体で遺伝情報の保持と触媒を兼ねていたと考えられる物質は何？

6 □ 水を材料として，酸素を発生する光合成を始めた生物を何という？

7 □ 好気性細菌が初期の真核生物と共生してできたと考えられる細胞小器官を何という？

8 □ 前述の 6 が初期の真核生物と共生してできたと考えられる細胞小器官を何という？

9 □ 先カンブリア時代の地層から化石として発見された，多様な多細胞生物を何という？

10 □ 繁栄した藻類の光合成により成層圏にできた，紫外線を吸収する層を何という？

11 □ 遺伝子や染色体が変化して形質にさまざまな影響を及ぼす変異を何という？

12 □ 同種の個体間で見られる塩基配列 1 個単位の違いを何という？

13 □ ヒトの46本の染色体のうち，男女によって異なる 2 本の染色体を何という？

14 □ 減数分裂の第一分裂前期で，相同染色体どうしが対合した染色体を何という？

15 □ 1 本の染色体上に複数の遺伝子が連なっていることを何という？

16 □ 乗換えが生じ，一部の遺伝子が相同染色体間で入れ換わることを何という？

17 □ 三点交雑法などを利用して，染色体上の遺伝子の位置を示した図を何という？

18 □ 遺伝子プールにおけるそれぞれの対立形質の割合を何という？

19 □ 代を何代経ても 18 が変化しないという法則を何という？

20 □ 生存や生殖などに有利な遺伝形質の個体が次世代を多く残すことを何という？

21 □ 世代を重ねる間に 18 が偶然によって変化することを何という？

22 □ 1 つの種から新しい種ができたり，複数の種に分かれたりすることを何という？

23 □ 種間でDNAの塩基配列やタンパク質のアミノ酸配列に見られる 22 の変化を何という？

解答

1. 酸素
2. 化学進化
3. 熱水噴出孔
4. 原核生物
5. RNA
6. シアノバクテリア
7. ミトコンドリア

8. 葉緑体
9. エディアカラ生物群
10. オゾン層
11. 突然変異
12. 一塩基多型[SNP]
13. 性染色体
14. 二価染色体

15. 連鎖
16. 組換え
17. 染色体地図
18. 遺伝子頻度
19. ハーディ・ワインベル
　　グの法則
20. 自然選択

21. 遺伝的浮動
22. 種分化
23. 分子進化

1 生命の誕生

地球は約(a)億年前に誕生した。以前は原始地球の大気はメタン，アンモニア，水素，水蒸気と考えられていたが，①現在では異なったものが考えられている。アメリカの(b)は，前述の②原始大気の組成をガラス容器に入れてアミノ酸などの有機物が生じることを証明した。

(1) 文中の空欄 a，b に入る数や人名をそれぞれ答えよ。
(2) 文中の下線部①の原始大気の組成を占めるおもな気体を３つあげよ。
(3) 文中の下線部②のような現象や，さらに複雑な有機物ができた生命誕生への準備段階を何というか。

2 原始生物の進化

次の文中の空欄 a ～ g にそれぞれ適当な語句を記せ。

地球上に誕生した最初の生物は，化学進化でできた有機物を嫌気的に分解してそのエネルギーを利用する細菌であったと考えられる。やがて自ら有機物を合成する光合成細菌が出現した。この細菌は光合成の水素源に(a)を用いていたが，この代わりに無尽蔵にある(b)を使ってCO_2を還元するシアノバクテリア類が出現した。このシアノバクテリア類が化石化した層状の石灰岩が(c)で，光合成の産物として発生した(d)が海水中の(e)を酸化してできた鉱床が西オーストラリアなどに現在でも存在する。これらはすべて(f)生物であるが，約20億年前には(g)生物が誕生した。

3 生物の変遷

次の a ～ d のできごとは，それぞれ先カンブリア時代，古生代，中生代，新生代のうち，どの地質時代に属するか。

a 被子植物の繁栄，人類の出現
b シアノバクテリアおよび真核生物の出現
c 恐竜類および裸子植物の繁栄
d カンブリア紀の大爆発，オゾン層の形成

4 突然変異

進化の要因の１つと考えられている突然変異には，①DNAの塩基配列に異常が起こる場合と，②染色体の一部または数に異常が起こる場合がある。突然変異が生殖細胞に起こると次の代に遺伝するので，生物集団内の遺伝子構成に変化を与えるきっかけとなる。各問いに答えよ。

(1) ①のうち，フレームシフトが起こるものを，次のア～ウからすべて選べ。
ア 置換　　イ 挿入　　ウ 欠失
(2) ②のうち，染色体の部分的な異常によって起こるものを，次のア～カからすべて選べ。
ア 異数体　　イ 欠失　　ウ 転座
エ 逆位　　　オ 倍数体　カ 重複

5 減数分裂

次の図は，ある動物の減数分裂の各時期のようすを模式的に示したものである。各問いに答えよ。

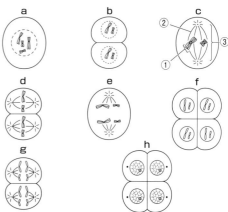

(1) a ～ h を正しい順序に並べかえよ。
(2) b，e，f の各時期の名称をそれぞれ答えよ。
(3) ①～③の各部の名称をそれぞれ答えよ。

6 遺伝子の連鎖

遺伝子型$AABB$と$aabb$の個体を両親(P)として交雑を行った。ただし，2つの遺伝子は連鎖しており，組換え価は20％である。各問いに答えよ。
(1) F_1(雑種第一代)の遺伝子型を答えよ。
(2) F_1がつくる配偶子の遺伝子型とその割合を答えよ。
(3) F_2の表現型とその割合を答えよ。
(4) ABとabが完全連鎖であった場合，F_2の表現型とその割合を答えよ。

7 遺伝子頻度と集団遺伝学

遺伝子頻度に関する次の各問いに答えよ。
(1) ある生物集団で，生存や生殖の有利不利に関係しない遺伝子A, aについて，遺伝子型AA, Aa, aaの頻度はそれぞれ0.4, 0.4, 0.2であった。Aとaの遺伝子頻度を答えよ。
(2) (1)の集団で自由交配が行われた場合，次代の各遺伝子の頻度を答えよ。
(3) ある1つの集団全体について，その遺伝子構成が代を重ねても変化せず安定していることを示した法則を何というか。
(4) (3)の法則が成立するにはいくつかの条件を満たす必要がある。その条件について，次の①～③のほかにあと2つ答えよ。
①個体数が十分多い。
②突然変異が起こらない。
③交配が任意に(自由に)行われる。

8 自然選択

生物進化の要因となる自然選択は，生存や生殖に有利な形質をもつ個体が子孫を多く残すために起こると考えられている。各問いに答えよ。
(1) 自然選択の結果，ある生物集団がしだいにその環境に適した遺伝形質をもつ集団に変化することを何というか。

(2) 次の①～④の文は，自然選択によるさまざまな(1)の例について述べたものである。適当な現象を語群Aから，適当な生物例を語群Bからそれぞれ1つずつ選べ。
① 生物が，周囲の風景やほかの生物と見分けがつかないほど似た体色や体形をもつ現象。
② 配偶行動において，同性間または異性間で相互作用が働く現象。
③ 異なる生物が共存し，繁殖などに影響を相互に与えながら変化する現象。
④ 工場から排出される煤煙のため樹木の幹が黒ずんだ結果，暗色型の個体が増加する現象。
(語群A) ア 工業暗化　イ 性選択
ウ 共進化　エ 擬態
(語群B) a オオシモフリエダシャク
b スズメガとランの花　c トド
d ハナカマキリとランの花

9 生物進化のしくみ

次の文中のa～fに適当な語句を記入せよ。
　現在，生物進化のしくみは次のように考えられている。ある種の遺伝子プールのなかで，まず(a)が起こることによって遺伝子構成が変化する。この確率は低いため，これだけでは生物進化につながらないが，この変異個体が環境に適した遺伝子をもつかどうかの(b)が働いて遺伝子頻度が変化する。また，変異が生存に有利・不利のない変異であっても，次世代に伝えられる遺伝子頻度が偶然変化する場合がある。これを(c)といい，これも遺伝子頻度を変化させる要因となる。さらに個体群が海などで小集団に分断されたりする(d)隔離が働くと，cなどの影響が強く現れる。こうしてcが大きくなると，お互いに交配できなくなるような(e)隔離が起こって新しい種が出現する。
　以上のような現象を(f)という。

❖ 化石クイズ

Q 下の写真はいずれもポピュラーな化石を写したものだ。何の化石かわかるかな？下の1〜9の説明にあてはまる写真の記号を記入しよう。

1 新生代の新第三紀には世界中にいた示準化石で，カワニナに似た巻き貝。 [ ]

2 新生代の示準化石で，殻をもった大きな円盤状の原生動物。 [ ]

3 浅くて透明度の高いあたたかい海であったことを示す示相化石。 [ ]

4 中生代に繁栄した大形のハ虫類。 [ ]

5 中生代に海中で繁栄した軟体動物。 [ ]

6 古生代を代表する節足動物。 [ ]

7 新生代に登場した大形の哺乳類のからだの一部。 [ ]

8 動物の食性や消化器官の構造などが推測できる。 [ ]

9 痕跡化石の1つ。動物の大きさや姿勢・歩き方，行動様式が読みとれる。 [ ]

答は p.265

2章 生物の系統と進化

1 生物の多様性

地球上には多種多様な生物がいろいろな環境のもとで生活している。この多様な生物をどのように系統的に分類するのだろうか。それを学習しよう。

1 生物の多様性と連続性

多様性 地球上には190万種類以上[*1]にのぼる生物が生息している。それらの生物間では，栄養形式・細胞の構造・生殖の方法・発生の様式・からだの構造や生活様式などの点で多様性が見られる。

共通性 複数の種類の生物どうしを比較してみると，脊椎動物に見られる骨格の構造や，植物における光合成のしくみなどの共通性もある。生物が共通にもつ3つの基本的特徴[*2]として次のようなものがあげられる。

① からだの構造と生命活動の基本単位は細胞である。

② 生殖を行い，自己増殖する。

③ 遺伝子の本体となる物質はDNAであり，共通の代謝系をもつ。また，エネルギーの通貨はATPである。

生物の連続性 脊椎動物を比較すると，陸上生活への適応・発生過程・形態・機能などの点で，両生類 ── ハ虫類 ── 鳥類のように連続性をもっていることがわかる。生物の多様性と共通性および連続性は，共通の祖先から始まり，環境に適応しながら進化してきた結果と考えられる。

> **ポイント** 分類とは，生物を多様性で分け，共通性でまとめること。

2 分類の方法

人為分類 草本植物と木本植物，水生動物と陸上動物など，わかりやすい特徴による便宜的で形式的な分類を人為分類という。

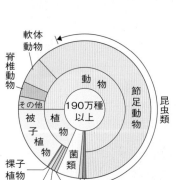

軟体動物
脊椎動物
その他
被子植物
裸子植物
シダ植物
コケ植物
動物
190万種以上
植物
菌類
藻類
原生動物
細菌
節足動物
昆虫類

図1. 動物と植物の種の数

✿1. まだ発見・分類されていない生物のほうがはるかに多いと考えられている。

✿2. **ウイルスは生物ではない**
教科書ではウイルスを生物に含めない。ウイルスは細胞構造をもたず，代謝や体内環境の調節も行わず，細胞に寄生した状態でなければ増殖も行えないからである。

■ **人為分類は類縁関係を表さない** 右図の4種類の植物を人為分類で分けると、草本のエンドウとオランダイチゴ、木本のサクラとハリエンジュに分けられる。しかし、類縁関係をより正確に表しているとされる、花の構造などにもとづいた分類では、バラ科のオランダイチゴとサクラ、マメ科のエンドウとハリエンジュに分類される。

■ **分類と系統** 生物進化の過程を考え、からだの体制・生殖・発生・生活様式などの比較でわかる生物の類縁関係を**系統**といい、この類縁関係にもとづいた分類を**系統分類**という。これを行うためには、収束進化(⇨p.37)による共通性ではなく、共通の祖先をもつ種どうしで共通の形質を選ぶ必要がある。また、系統を樹形図で表したものを**系統樹**という。

 人為分類…見た目や用途などの単純な基準による。
系統分類…類縁関係にもとづく生物学的な分類。

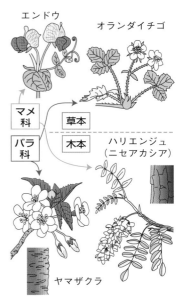

図2. 人為分類と自然分類

❸3. 種を分ける基準としては、繁殖能力のある子をつくることができるものどうし、例えばイノシシとブタ(その雑種であるイノブタは繁殖能力がある)は同一種とする考えが一般的である。

③ 分類の単位と段階

■ **分類の単位** 分類の最も基本となる単位は**種**である。❸3
同種の生物どうしでは、共通の形態的・生理的特徴をもち自然状態で交配が可能で、繁殖能力をもつ子孫ができる。

■ **分類段階** よく似た近縁の種を集めた分類単位を**属**、共通点をもつものどうしで属をまとめたものを**科**と呼び、さらに上位の段階として、順に**目・綱・門・界**がある。近年では界の上に**ドメイン**という段階を設けるようになり、細菌・アーキア・真核生物の3ドメインに分けている。

■ **学名** 種の正式な名称は**学名**によって示される。これは「分類学の父」と呼ばれるリンネが提唱したラテン語を用いた命名法で、**属名＋種小名**(＋命名者名)で1つの種を表すことから、**二名法**と呼ばれる。

例 和名   学名
ヒト *Homo sapiens* Linnaeus
       属名 種小名 命名者名❸4

■ **和名** ウメなどのような日本語の種名を**和名**という。

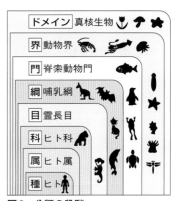

図3. 分類の段階

❸4. 命名者名は省略されることも多い。

 分類段階 種→属→科→目→綱→門→界→ドメイン
学名は、リンネの二名法(属名＋種小名)で示す。

2 生物の分類体系とドメイン

現在確認されている190万種にものぼる多様な生物種は，もとは共通の祖先から進化してきたものであると考えられている。これらの多様な種の分類体系を学習しよう。

1 進化と系統樹

■ **比較と系統** 脊椎動物におけるコイ，イモリ，ワニ，ニワトリ，ヒトの形質をまとめると表1のようになる。

表1. 各脊椎動物の特徴

	四肢をもつ	☆1 羊膜をもつ	体温が恒温	胎盤をもつ
コイ(魚類)	×	×	×	×
イモリ(両生類)	○	×	×	×
ワニ(ハ虫類)	○	○	×	×
ニワトリ(鳥類)	○	○	○	×
ヒト(哺乳類)	○	○	○	○

○…あてはまる　×…あてはまらない

表1より系統樹を作成すると，図4のようになる。

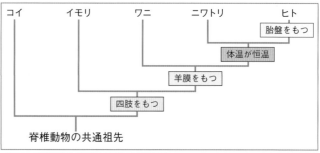

図4. 形態的な特徴における系統樹

■ **分子系統樹** 形態的な特徴の類似性と種の近縁性は必ずしも一致するとは限らない。そのため，DNAやタンパク質などの分子情報を用いて系統樹を作成する方法（⇒p.47）もあり，この方法によって作成された系統樹を**分子系統樹**という。

> **ポイント** 系統樹の作成方法
> ①形質にもとづく方法
> ②分子情報(DNAやタンパク質など)にもとづく方法

☆**1.** 陸上で発生する脊椎動物は，乾燥から胚を守るための羊膜が形成され，その内部は羊水で満たされている。また，羊膜の外側を硬い卵殻で保護するものもある。

☆**2.** 系統樹では，枝が近いものどうしほど形質に共通点が多く，近縁であるといえる。

☆**3.** 以下のような場合，形態的な特徴と種の近縁性が一致しないことがある。
①収束進化(収れん)（⇒p.37）：生物どうしで似た形態的特徴をもつが，種は近縁でない。
②適応放散（⇒p.37）：生物どうしで種は近縁であるが，似た形態的特徴をもたない。

☆**4.** 表1の脊椎動物において，アミノ酸配列にもとづいた分子系統樹は図5のようになり，図4の系統樹とは枝分かれが異なる。

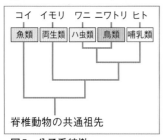

図5. 分子系統樹

② 分子情報にもとづいた分類

■ **アミノ酸配列**　同じタンパク質でも，それを構成するアミノ酸の配列は生物の種類によって一部異なる。例えば，ヒトのヘモグロビンの α 鎖を構成するアミノ酸配列を他の動物と比較すると，表2のように違いがある。このとき，近縁な種ほど異なるアミノ酸の数が少ない。

■ **DNAの塩基配列**　2種類の生物間でDNAの塩基配列を比較すると，アミノ酸配列に現れない違いも含まれ，より多くの情報が得られるので，より多くの生物の関係を正確に調べるのに有用である。

■ **分子時計**　塩基やアミノ酸の置換速度は一定で，2種間の分子の違いの割合から，両者が共通の祖先から分かれた時期を求めることができる。これを**分子時計**という。

> **ポイント**
> 2種間の塩基やアミノ酸の配列の違いが少ないほど共通の祖先から分かれた時期が新しい。

■ **系統樹の作成方法**　表2の5種類の生物の系統樹は，以下の手順によって図6のように作成することができる。

① アミノ酸配列の違いが最も少ないのは，ヒトとウシであり，この2種の共通祖先から分岐して変化したアミノ酸配列の数は $\frac{17}{2}=8.5$ となる。

② 残りの生物で，ヒトもしくはウシとのアミノ酸配列の違いが最も少ないのは，イヌであり，ヒトとイヌ，ウシとイヌとのアミノ酸配列の違いの平均は $\frac{23+28}{2}=25.5$ となる。この3種の共通祖先からヒトが分岐して変化したアミノ酸配列の数は $\frac{25.5}{2}\fallingdotseq12.8$ となる。

③ 残りの生物で，②の3種の生物とのアミノ酸配列の違いが最も少ないのは，イモリであり，イモリと3種の生物とのアミノ酸配列の違いの平均は $\frac{62+64+65}{2}\fallingdotseq63.7$ となる。この4種の共通祖先からイモリが分岐して変化したアミノ酸配列の数は $\frac{63.7}{2}\fallingdotseq31.9$ となる。

④ 残りのサメについても同様にして求める。
　塩基配列やアミノ酸配列の違いを利用し，①～④のような手順で分子系統樹を作成する推定法を平均距離法という。

表2. ヘモグロビンの α 鎖におけるアミノ酸配列の違いの数の比較

イモリ	イヌ	ウシ	ヒト	
84	80	75	79	サメ
	65	64	62	イモリ
		28	23	イヌ
			17	ウシ

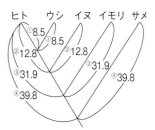

図6. アミノ酸配列の違いによる系統樹

⚙5. 分子系統樹の作成方法は平均距離法以外にも，最節約法(考え得る複数の系統樹のうち，最小の塩基置換数のものを選択する方法)など，複数の方法が存在する。

③ 3ドメイン

■ 3ドメイン説 1990年，アメリカの**ウーズ**らは，すべての生物がもつリボソームをつくるリボソームRNAの塩基配列をもとにして分子系統樹を作成し，生物は3つのドメインに分けられるという3ドメイン説を提唱した。

■ 3つのドメイン 3ドメイン説では，すべての生物を**細菌（バクテリア）ドメイン，アーキア（古細菌）ドメイン，真核生物ドメイン**の3つに分ける。細菌とアーキアはいずれも原核生物である。

表3. 各ドメインの生物の細胞小器官

	核膜	ミトコンドリア	中心体	ゴルジ体	リボソーム	小胞体	葉緑体	細胞壁
細菌ドメイン	−	−	−	−	+	−	−	+ ☺6
アーキアドメイン	−	−	−	−	+	−	−	+ ☺7
真核生物ドメイン　動物	+	+	+	+	+	+		−
真核生物ドメイン　藻類植物	+	+	±	+	+	+	+	+ ☺8

☺6. 細胞壁はペプチドグリカン（炭水化物とタンパク質の複合体⇒p.68）からなる。

☺7. 細胞壁は糖やタンパク質などが主成分で，ペプチドグリカンを含まず，細菌よりも薄い。

☺8. 細胞壁はおもにセルロースからなる。

・**細菌（バクテリア）ドメイン**…原核生物の一部。大腸菌やシアノバクテリアなど。真正細菌とも呼ばれる。

・**アーキア（古細菌）ドメイン**…原核生物の一部。メタン生成菌や好塩菌，好熱菌など（⇒p.49）。

・**真核生物ドメイン**…原生生物・菌類・植物・動物。

■ 3つのドメインの分岐 遺伝子解析の結果，約38億年前に細菌と，アーキア・真核生物の共通の祖先が分岐し，約24億年前にアーキアと真核生物が分岐したと考えられている。つまり，アーキアは細菌より真核生物に近縁である。

 〔3ドメイン説〕
細菌ドメイン＋アーキアドメイン＋真核生物ドメイン

図7. 3ドメイン説による系統樹

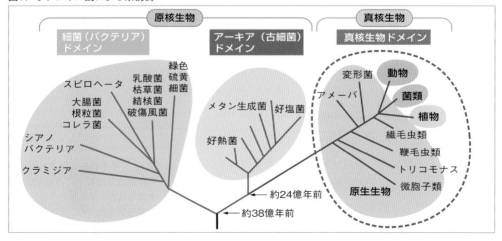

④ 原核生物

■ **細菌** **バクテリア**ともいい，核膜で包まれた核をもたず，細胞小器官ももたない。球形・棒状などいろいろな形態のものがあり，**細菌ドメイン**に属する。

①病原体となる（従属栄養）…コレラ菌，破傷風菌（はしょうふう）など。

②光合成をする（独立栄養）…緑色硫黄細菌や紅色硫黄細菌のように**バクテリオクロロフィル**をもち，二酸化炭素と硫化水素を使って光合成を行うものと，ユレモやネンジュモのように**クロロフィルa**をもち，二酸化炭素と水を使って光合成を行う**シアノバクテリア**がある。シアノバクテリアには寒天質に包まれて群体をつくるものもある。

③化学合成をする…亜硝酸菌や硝酸菌のように無機物を酸化するときに生じる化学エネルギーを使って**化学合成**をする化学合成細菌がある。独立栄養生物である。

④窒素固定をする…アゾトバクター，クロストリジウム，根粒菌のように窒素をアンモニアにする**窒素固定**をする。

⑤食品製造に利用する…乳酸菌や納豆菌のようにヒトが食品製造などに利用する従属栄養のものなどがある。

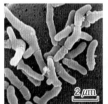  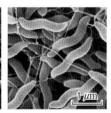

図9. 細菌（左から，アクネ菌…桿菌，むし歯菌…連鎖球菌，カンピロバクター…らせん状桿菌）

■ **アーキア** **メタン生成菌**（メタン菌），**好塩菌**，**好熱菌**などは，原始地球に似た環境で生息するので古細菌とも呼ばれる。実際には細菌よりも真核生物に近縁である。

①**メタン生成菌** 酸素のない条件下でメタンを生成する。ウシの消化管内や沼地，海洋堆積物中などに生息する。

②**好塩菌** 高濃度の塩類の中で生息する。

③**好熱菌** 温泉や熱水噴出孔（ねっすいふんしゅつこう）などの高温下で生息する。

> **ポイント**
> 原核生物（細菌＋アーキア）…核や細胞小器官がない。
> 　細菌…大腸菌，シアノバクテリアなど。
> 　アーキア…メタン生成菌，好塩菌，好熱菌など。

🔧9. シアノバクテリアがもつ光合成色素は，クロロフィルa（⇨p.101）のほかに**フィコシアニン**や**フィコエリトリン**がある。ただし，陸上の植物などがもつクロロフィルbはもたない。

🔧10. 富栄養化の進んだ湖沼などで水が緑色に濁るアオコ（水の華）の原因となる**ミクロキスティス**もシアノバクテリアの一種である。

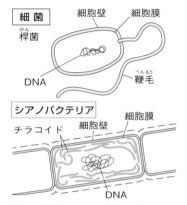

図8. 細菌とシアノバクテリアの構造

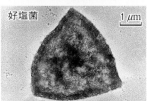

図10. アーキア（古細菌）

3 原生生物・菌類

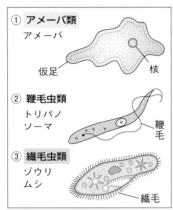

① **アメーバ類**
アメーバ
仮足　　　核

② **鞭毛虫類**
トリパノ
ソーマ
　　　鞭毛

③ **繊毛虫類**
ゾウリ
ムシ
　　　繊毛

図11. 原生動物

■ 真核生物のうち，単細胞のもの，あるいは多細胞でもそのからだの構造が簡単で植物にも動物にも菌類にも含まれないものをまとめて**原生生物**と呼び，**原生動物**，**藻類**，**粘菌類**などがある。

1 原生生物

■ **原生動物**　単細胞の真核生物で，繊毛や鞭毛による運動能力をもった従属栄養生物。次のように分けられる。

- ①**アメーバ類**　仮足で運動する。例 アメーバ
- ②**鞭毛虫類**　鞭毛で運動する。例 トリパノソーマ
- ③**繊毛虫類**　繊毛で運動する。例 ゾウリムシ

■ **単細胞の藻類**　葉緑体をもち光合成を行う単細胞の原生生物を**単細胞藻類**といい，次のような生物が含まれる。

①**ケイ藻類**　クロロフィルaとcをもち，2枚のケイ酸質の殻をもち分裂でふえる。単細胞または細胞群体。
　　例 ハネケイソウ，クチビルケイソウ

②**ミドリムシ類(ユーグレナ藻類)**　鞭毛で運動し，光合成を行うほか，摂食も行う。例 ミドリムシ

③**渦鞭毛藻類**　鞭毛で運動し，光合成を行うとともに，他の生物や有機物を摂食する。例 ツノモ，ヤコウチュウ

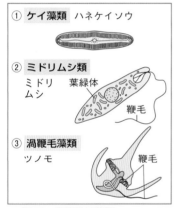

① **ケイ藻類**　ハネケイソウ

② **ミドリムシ類**
ミドリ
ムシ　　葉緑体
　　　　鞭毛

③ **渦鞭毛藻類**
ツノモ
　　　　鞭毛

図12. 単細胞の藻類

■ **多細胞の藻類**　藻類は光合成色素の違いによって**紅藻類・褐藻類・緑藻類・シャジクモ類**に分類される。

①**紅藻類**　光合成色素として**クロロフィルa**のほかフィコビリンなどをもつ。例 アサクサノリ，テングサ

②**褐藻類**　光合成色素として**クロロフィルaとc**のほか，フコキサンチンなどをもつ。
　　例 コンブ，ワカメ，ホンダワラ

③**緑藻類**　光合成色素として**クロロフィルaとb**のほか，カロテン・キサントフィルなどをもつ。
　　例 アオサ・アオノリ(葉状)，アオミドロ(糸状)

④**シャジクモ類**　光合成色素として**クロロフィルaとb**をもつ。コケ植物の造卵器に似た生殖器官をもち，精子の鞭毛の構造などから陸上植物の祖先とされる。例 シャジクモ，フラスコモ

① **紅藻類**　　② **褐藻類**
アマノリ　　　　ホンダワラ

　　　　　　　　気胞

③ **緑藻類** アオサ　④ **シャジクモ類**
　　　　　　　　　　シャジクモ

　　　　　　　　　　卵

図13. 多細胞の藻類

■ **卵菌類** <ruby>卵菌<rt>らんきん</rt></ruby>類　多核の<ruby>菌糸体<rt>きんしたい</rt></ruby>をつくり，細胞壁にセルロースを含む。おもに遊走子と呼ばれる水中を遊泳する生殖細胞で繁殖する。例 ミズカビ

■ **粘菌類**　粘菌類(変形菌や細胞性粘菌)は生活史の中で仮足で動く単細胞生活の期間が比較的長い。単細胞の個体はやがて集合して1つのからだをつくり移動する。乾燥した環境ではキノコ状の子実体となり，そこで胞子をつくる。[1]

　変形菌　例 ムラサキホコリ
　細胞性粘菌　例 キイロタマホコリカビ

> **ポイント**
> 〔原生生物界〕
> 　単細胞の真核生物…原生動物・単細胞藻類
> 　単純な構造の多細胞生物…粘菌類・藻類など

2 菌類

■ **菌類の特徴**

① **からだのつくり**　からだは糸状の<ruby>菌糸<rt>きんし</rt></ruby>が集まってできており，胞子でふえる。

② **栄養形態**　すべて従属栄養で消化酵素を体外に分泌して，体外消化で栄養分を吸収する。

③ **生殖方法**　菌糸どうしが接合して胞子をつくる有性生殖の時期と，菌糸の先が分裂して**分生胞子**をつくる無性生殖の時期とがある。[2]

■ **接合菌類**　菌糸に細胞壁がない。子実体をつくらず，菌糸どうしの接合によって**接合胞子**をつくる。例 ケカビ，クモノスカビ

■ **子のう菌類**　菌糸に細胞<ruby>隔壁<rt>かくへき</rt></ruby>がある。子実体の中に，**子のう胞子**をもった袋状の子のうができる。例 アカパンカビ，アオカビ，<ruby>酵母<rt></rt></ruby>[3]

■ **担子菌類** <ruby>担子菌<rt>たんしきん</rt></ruby>類　大形の子実体(いわゆるキノコ)をつくるものがあり，担子器の上に担子胞子をつくる。例 マツタケ，シイタケ，シメジ

> **ポイント**
> 菌類…からだが菌糸ででき，胞子でふえる。
> 　接合菌類…菌糸が接合した接合胞子。
> 　子のう菌類…子実体に袋状の子のう。
> 　担子菌類…キノコ状の子実体に担子胞子。

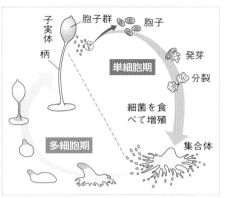

図14．細胞性粘菌の生活史

✿1．変形菌は，子実体(胞子をつくる構造体)をつくる前に，大きな原形質で多数の核をもつ変形体となり，移動しながら細菌などの栄養を摂取して成長する。

✿2．子のう菌類や担子菌類は有性生殖の際に子実体をつくる。

✿3．酵母は系統による分類名ではなく，担子菌類に属する種もある。

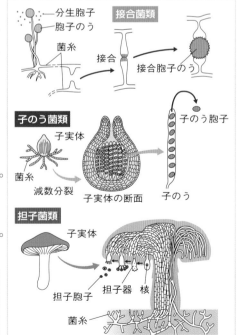

図15．子のう菌類と担子菌類

4 植物

■ 葉緑体をもっていて光合成を行い，からだは分化した組織でできていて，おもに陸上で生活するものは植物に分類される。**コケ植物**，**シダ植物**，**種子植物**がある。

☼1. シャジクモの属するシャジクモ類は，クロロフィルaとbをもち，**緑藻類や植物に近縁である**と考えられる。また，造卵器をもつなど，コケ植物・シダ植物と共通する特徴もある。

1 植物

■ **植物界の分類基準** 植物は，藻類の**シャジクモ**のような生物が陸上に進出し，それが祖先となったと考えられている。植物は，①陸上の重力に耐え，水分を運ぶための**維管束**をもつか，②**種子**を形成するか，③胚珠が**子房**で囲まれているか，などで分類される。

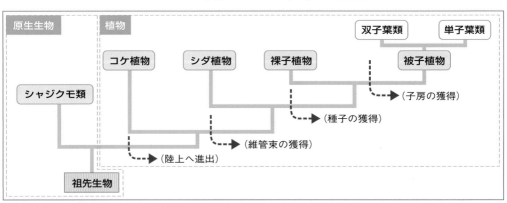

図16. 植物の系統

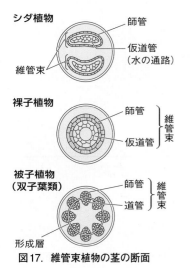

図17. 維管束植物の茎の断面

■ **植物の分類** 植物の生物は葉緑体をもち，光合成を行う多細胞生物である。維管束をもたない**コケ植物**と，根・茎・葉の区別があり，維管束が発達している**維管束植物**がある。維管束植物には，種子をつくらず胞子でふえる**シダ植物**と種子でふえる**種子植物**がある。種子植物には胚珠が裸出している**裸子植物**と，子房で囲まれている**被子植物**がある。また，被子植物のうち子葉が2枚のものを**双子葉類**，1つのものを**単子葉類**という。

> **ポイント**
> 植物…葉緑体をもち，光合成を行う。
> ┌ コケ植物…維管束なし。
> └ 維管束植物┬シダ植物…胞子でふえる。
> 　　　　　　└種子植物┬裸子植物…子房なし。
> 　　　　　　　　　　　└被子植物…子房あり。

② コケ植物

■ **特徴と生活環** コケ植物の本体は単相(n)の配偶体で，維管束をもたない。複相($2n$)の胞子体は配偶体上で生活し，減数分裂で単相の胞子(n)をつくる。胞子は発芽して**原糸体**となり，これが成長して雌雄の配偶体となる。雄の配偶体がもつ**造精器**と雌の配偶体がもつ**造卵器**でそれぞれ精子と卵がつくられ，受精して受精卵となり，これが胞子体となる。

例 タイ類（苔類）のゼニゴケ，セン類（蘚類）のスギゴケ

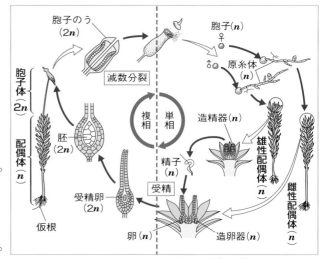

図18．スギゴケの生活環

③ シダ植物

■ **特徴** 維管束が発達し，根・茎・葉が分化していてコケ植物よりも陸上生活に適している。

■ **生活環** シダ植物の本体は，複相($2n$)の**胞子体**で，葉の胞子のうで減数分裂が起こり，できた胞子(n)は発芽して**前葉体**と呼ばれる配偶体になる。この前葉体は造卵器と造精器をもち，受精は前葉体上で行われ，受精卵は成長して幼植物となり，これが成長して本体の胞子体となる。

例 マツバラン，ヒカゲノカズラ，ワラビ

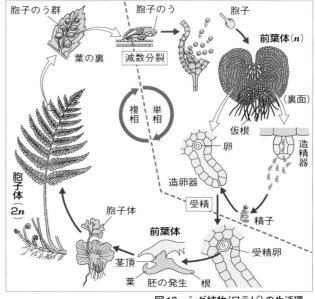

図19．シダ植物（ワラビ）の生活環

■ポイント〔コケ植物とシダ植物の生活環〕

分類	配偶体(n)	胞子体($2n$)
コケ植物	本体	雌の配偶体に寄生
シダ植物	前葉体 （独立）	本体（維管束をもち，根・茎・葉が分化）

❂ 2. 単相は細胞内の染色体を1組もつ（遺伝情報を1ゲノムもつ）状態，複相は細胞内の染色体を2組もつ状態（⇒ p.18）。n は染色体の1組を示している。

④ 種子植物

■ **種子植物** 種子植物は維管束が発達し，植物界の生物で最も陸上生活に適応している。発達した植物体の一部に花をつけて，めしべの胚珠内で受精して種子をつくる。胚珠が子房（子房壁）で囲まれていない**裸子植物**と，子房で囲まれている**被子植物**がある。

〔種子植物〕
裸子植物…胚珠が裸出。イチョウ，マツ，スギなど。
被子植物…胚珠が**子房**で囲まれる。サクラなど。

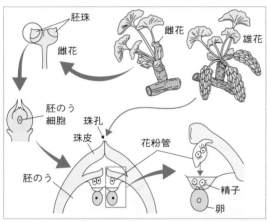

図20. イチョウの花と受精

図21. ソテツの実
ソテツでは雌花の上に赤い果実が見られる。

○**3.** イチョウの精子は，1896年に平瀬作五郎が発見した。

① 裸子植物

■ **生殖器官** 複相（$2n$）の胞子体の**雌花**の部分に**胚珠**がつくられるが，胚珠は子房に囲まれずに裸出している。**雄花**では**花粉**がつくられる。

■ **胚のう** 胚のう細胞（n）は，多数の細胞からなる**胚のう**をつくり，この中に**造卵器**ができ，その中で**卵**をつくる。胚のうをつくる細胞の中で，造卵器とならない細胞は，すべて胚乳となる。この胚乳を**一次胚乳**（n）という。

■ **受精** 花粉は風で運ばれて胚珠の**珠孔**に達すると**花粉管**を伸ばし，花粉管から核相nの**精子**（イチョウ・ソテツの場合），または**精細胞**（マツやスギなど）が出て，胚珠内に移動して卵細胞と受精する。卵細胞のみが受精する。

〔裸子植物〕
胚珠が裸出。花粉は**風**で運ばれる。
　花粉から出た**精子**が受精…ソテツ，イチョウ
　　　　　　　　精細胞が受精…マツ，スギ，ヒノキ
　胚のう細胞 ⇒ 胚のう（造卵器＋胚乳）

② 被子植物

■ **生殖器官** 胚珠はめしべの子房で囲まれている。花粉はめしべの柱頭から胚まで花粉管を伸ばし，その中で**雄原細胞**が体細胞分裂して2個の精細胞をつくる。

■ **重複受精**　2個の精細胞(n)のうちの1個は卵細胞(n)と受精して受精卵($2n$)となり，他の1個の精細胞は**中央細胞**の**極核**($n+n$)と受精して核相$3n$の**胚乳**となる。2か所で同時に受精が行われるので**重複受精**という。

■ **虫媒花**　花粉を運ぶ能率を上げるため，昆虫によって花粉を媒介する**虫媒花**が発達して多様化し，**大形の彩り豊かな花を形成**するものが増加した。

■ **種子の形成**　重複受精によって$3n$の**胚乳(二次胚乳)**をつくり，子房壁や花托(⇒p.205)が**果実**を形成し，動物を利用して種子を散布する方法などが発達した。

■ **道管**　被子植物の多くは仮道管のほかに**道管**をもち，能率よく根からの水分を上昇させられるようになった。

◎4. 胚乳は$3n$でよく発達する。大きな胚乳をもつほうが種子の発芽には有利になる。無胚乳種子では，早い時期に胚乳の栄養を子葉が吸収する。

図22. 被子植物の重複受精と種子の形成

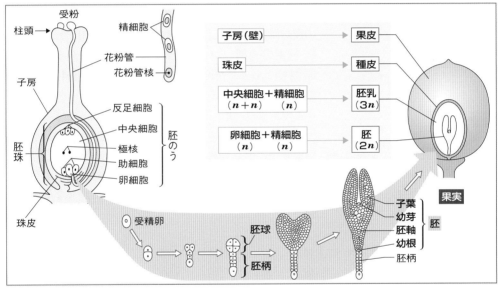

■ **双子葉類と単子葉類**　被子植物は子葉が2枚の**双子葉類**と，子葉が1枚の**単子葉類**に分けられる。両者の間には，葉脈や根の違いなども見られる。

分類	子葉	葉脈	根	例
双子葉類	2枚	網状脈	主根と側根	サクラ，ダイズ
単子葉類	1枚	平行脈	ひげ根	イネ，ススキ

〔被子植物〕
重複受精を行い，発達した**二次胚乳**をつくる。
花を咲かす**虫媒花**の増加。**道管**が発達。
双子葉類 ⇒ **単子葉類**が進化。

図23. 双子葉類と単子葉類

5 動物

✿1. 体腔による分類

以前は胚葉による分類の次に**体腔**よる分類もされていた。

体腔とは，体壁と内臓諸器官の間の空間のことで，中胚葉で囲まれたものを**真体腔**，胞胚腔に由来するものを**偽体腔(原体腔)**といい，体腔をもたない動物(**無体腔動物**)もいる。三胚葉性の動物の多くは真体腔をもつ。

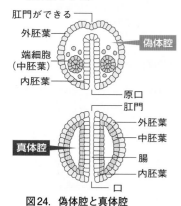

図24. 偽体腔と真体腔

■ 動物は多細胞の従属栄養生物で，生態系では消費者としての生態的地位を占め，多くは運動能力をもっている。

1 動物の分類の基準

■ **胚葉による分類** 動物は発生過程で胚葉が分化しない**無胚葉性**の動物(側生動物)と，胚葉が分化して内胚葉と外胚葉の２つの胚葉からなる**二胚葉性**の動物，さらに中胚葉が分化する**三胚葉性**の動物に大別される。

■ **口のでき方による分類** 三胚葉性の動物は，原口がそのまま口になる**旧口動物**と，原口付近が肛門となり，その反対側に新たに口が形成される**新口動物**に分けられる。

■ **脊索の有無** からだの支持器官が脊索である生物を**原索動物**といい，脊椎骨ができるものを**脊椎動物**という。

■ **分子データによる分類** 近年の分子データの比較による分類では，旧口動物のうち，扁形動物・輪形動物・環形動物・軟体動物は**トロコフォア幼生**を経る**冠輪動物**，線形動物・節足動物は脱皮によって成長する**脱皮動物**とされている。また，環形動物と節足動物は体節構造をもつが，これは収束進化の結果で，体節の起源が異なることが判明した。

図25. 動物の系統

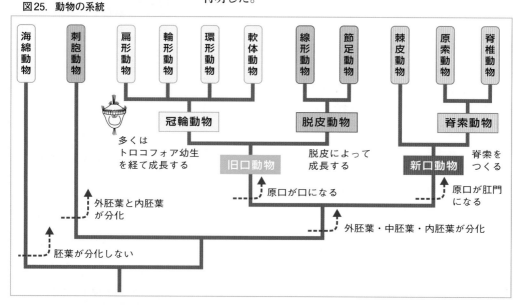

2 胚葉の分化が見られないカイメン

■ **海綿動物** ダイダイイソカイメンなどの**海綿動物**は，胚葉が分化せず，組織や器官も分化しない無体腔動物（体腔をもたない動物）である。海綿動物は鞭毛をもつ**えり細胞**で水流を起こし，流入するプランクトンなどを食べる。

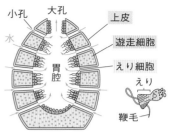
図26. カイメンのからだの構造

3 外胚葉と内胚葉からなる刺胞動物

■ **刺胞動物** 外胚葉性の外層と内胚葉性の内層の2層からなる袋状で原腸胚に相当する体制をもち，内胚葉で囲まれた**腔腸**が消化管となり，**細胞外消化**を行う。また，原口が口と肛門を兼ねており，からだは**放射相称**である。

例 クラゲ，イソギンチャク，ヒドラ，サンゴなど

> **ポイント**
> 海綿動物…胚葉が分化しない（無胚葉性）。ダイダイイソカイメンなど。
> 刺胞動物…外胚葉と内胚葉が分化（二胚葉性）。クラゲ，イソギンチャク，ヒドラ，サンゴなど。

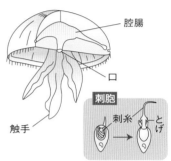
図27. クラゲのからだの構造

4 旧口動物（原口が口になる）

■ **旧口動物** 外胚葉・中胚葉・内胚葉が分化する三胚葉性の動物のうち，原口が口になる動物を**旧口動物**という。

■ **冠輪動物と脱皮動物** 最近の分類では，旧口動物を，多くがトロコフォア幼生を経る**冠輪動物**と，脱皮して成長する**脱皮動物**に分けている。

{ 冠輪動物…扁形動物・輪形動物・環形動物・軟体動物
  脱皮動物…線形動物・節足動物

①**扁形動物**（無体腔）

■ プラナリア，ジストマ，サナダムシ，コウガイビルの仲間である**扁形動物**は，からだが扁平で体腔をもたない。

②**輪形動物**（偽体腔）

■ **輪形動物**は，繊毛が環状に並んだ繊毛環がからだの先端部にあり，この繊毛運動によって食物を集めて口に運ぶ。口から肛門に至る消化管をもつが，循環器系や呼吸器系はもたない。排出器は**原腎管**である。例 ワムシ

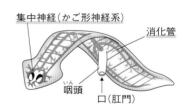
図28. 扁形動物のからだの構造

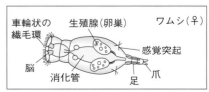
図29. 輪形動物のからだの構造

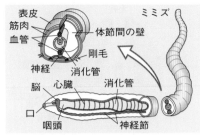

図30. 環形動物のからだの構造

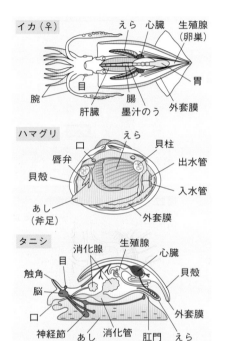

図31. 軟体動物のからだの構造

図32. 線形動物のからだの構造

動物界のなかでは節足動物門の種類がダントツに多い！

③ **環形動物**（真体腔）

■ミミズ，ゴカイの仲間である**環形動物**は，からだは円筒形で，環状の多数の体節からなる。ワムシに似た**トロコフォア幼生**の時期を経るので，輪形動物に近い祖先から進化したと考えられる。

④ **軟体動物**（なんたい）（真体腔）

■タコ，イカ，貝類の仲間である**軟体動物**は，からだは柔らかで体節はなく，**外套膜**（がいとうまく）で包まれている。環形動物同様，発生の過程でワムシに似た**トロコフォア幼生**の時期を経るので，輪形動物に近い祖先から進化したと考えられている。

頭足類（とうそく）：タコ，イカ，オウムガイ
斧足類（ふそく）（二枚貝類）：アサリ，アワビ
腹足類（ふくそく）（巻貝類）：タニシ，マイマイ，ウミウシ

> **ポイント** 冠輪動物…扁形動物・輪形動物・環形動物・軟体動物。トロコフォア幼生を経る。

⑤ **線形動物**（偽体腔）

■**線形動物**は，口から肛門に至る消化管をもつが，循環器系や呼吸器系はもたない。脱皮により成長する脱皮動物である。[例] センチュウ，カイチュウ

⑥ **節足動物**（真体腔）

■昆虫類，甲殻類（こうかく）などの仲間である**節足動物**は，陸上にも水中にも広く分布し，現在の地球上で最も繁栄している動物群の１つで，からだに**体節構造**が見られる。節のある付属肢をもつことから節足動物という。

①**昆虫類** 昆虫類ではいくつかの体節が集まって頭部・胸部・腹部に分かれている。[例] チョウ・バッタ

②**鋏角類（クモ類）** 頭胸部・腹部に分かれている。
[例] クモ・カブトガニ・サソリ・ダニ

③**甲殻類** 水生のものが多い。
[例] カニ・エビ・ヤドカリ・ミジンコ・ダンゴムシ

④**多足類** 頭部と胴部からなる。[例] ムカデ・ヤスデ（１つの体節から足が２対出ている）・ゲジ

> **ポイント** 脱皮動物…線形動物・節足動物。脱皮して成長。

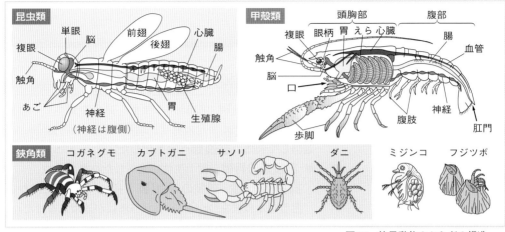

図33. 節足動物のからだの構造

⑤ 新口動物（あとで口ができる）

■ **新口動物**　原口が口になる旧口動物に対して，発生の過程で最初にできる原口が肛門（こうもん）となり，その後に原口の反対側に新たに口が開く動物を**新口動物**という。新口動物には**棘皮動物（きょくひ）・脊索動物（せきさく）**（原索動物（げんさく）・脊椎動物（せきつい））が含まれ，これらはすべて真体腔をもつ動物である。

① 棘皮動物

■ ヒトデ，ウニ，ナマコの仲間である**棘皮動物**は，成体のからだは**五放射相称**で，ウニをはじめ多くの種類は石灰質の硬い殻でおおわれ，体内に呼吸器や循環器の役割をする**水管系**がある。水管は運動器官である管足とつながっている。

② 脊索動物

■ ナメクジウオ，ヒトの仲間である**脊索動物**は，発生過程で脊索（せきさく）が形成される。また，脊索動物は原索動物と脊椎動物に分けられる。

① **原索動物**　脊椎をもたない。ナメクジウオ（頭索動物）やホヤ（尾索動物）がこれに属する。

② **脊椎動物**　脊索動物のうち，成体が軟骨質または硬骨質の**脊椎骨**（背骨）をもつ。魚類・両生類・ハ虫類・鳥類・哺乳類がこれに属する。

> **ポイント**
> 〔新口動物〕原口が肛門となる。
> 棘皮動物…五放射相称・水管系　例　ウニ
> 脊索動物…脊索をもつ　例　ナメクジウオ，ヒト

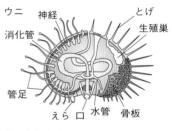

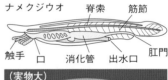

（実物大）

図34. ウニ（棘皮動物）とナメクジウオ（原索動物）のからだのつくり

♻ 2. 脊椎動物のうち，ハ虫類，鳥類，哺乳類の胚は，乾燥から守る羊膜（⇒ p.46）で包まれており陸上での発生を可能にしている。

6 人類の進化

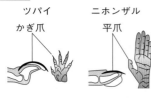

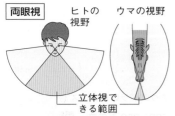

両眼視

図35. 樹上生活に適応した霊長類の特徴

✿1. 両眼視により立体視した視覚情報を認識するため,嗅覚よりも視覚が発達して認識できる情報量が増加し,大脳の発達につながったと考えられている。

✿2. 類人猿
現生の類人猿は,大きく分けてオランウータン,ゴリラ,チンパンジー,テナガザルの仲間からなる。

1 霊長類の出現と進化

■ **霊長類の出現** 約6500万年前,昆虫を食べていた原始食虫目の仲間が樹冠の発達した被子植物の森林の樹上に進出して初期の**霊長類**へと進化した。

■ **霊長類の特徴** 樹上生活に適応した特徴をもつ。
①**拇指対向性** 前肢の親指(第1指)が他の指と向かい合う⇨木の枝をつかみやすい(→前肢が器用になった)。
②**平爪** 扁平な平爪である(→指先に力をこめて木の枝を握れるようになった)。
③**両眼視** 目が顔の前方に向かってつき,立体視できる範囲が広い⇨枝と枝の距離を正確に認識(→脳が発達)。

> **ポイント**
> 〔霊長類の樹上生活への適応〕
> 拇指対向性…木の枝をつかみやすい。
> 平爪…力をこめて木の枝を握れる。
> 視覚の発達・両眼視…枝と枝の距離を認識できる。

■ **類人猿の出現** 3000〜2000万年前,アフリカで出現した類人猿は尾をもたず,他の霊長類よりも比較的長い腕と短い足をもつ。ゴリラやチンパンジーのように,樹上生活のみならず四足で地上生活を行うものも現れた。

■ **人類の出現** やがて,アフリカ大陸で起こった大規模な造山運動による森林の後退と草原の拡大で,類人猿のグループから地上(草原)に進出するもの(人類)が現れた。

2 人類の特徴

■ **直立二足歩行** 直立二足歩行によって,前肢が解放され,さまざまな道具の作成や使用が可能となった。

■ **その他のからだの特徴**
①後肢の指は短くなり,土踏まずやかかとをもつ足に発達。
②脊椎骨と首をつなぐ**大後頭孔**は後端から頭骨の真下に移り,脊柱はS字状となって,重い脳の支持を可能とした。
③道具の使用や作成・言語の使用が大脳の発達を促進した。また,人類は類人猿と異なる図36のような特徴をもつ。

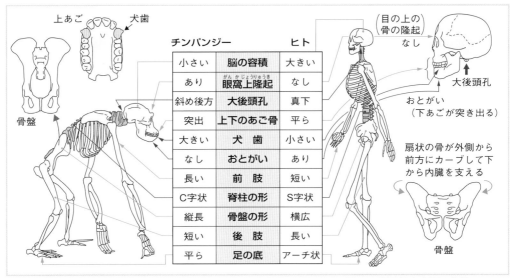

チンパンジー		ヒト
小さい	脳の容積	大きい
あり	眼窩上隆起	なし
斜め後方	大後頭孔	真下
突出	上下のあご骨	平ら
大きい	犬　歯	小さい
なし	おとがい	あり
長い	前　肢	短い
C字状	脊柱の形	S字状
縦長	骨盤の形	横広
短い	後　肢	長い
平ら	足の底	アーチ状

上あご　犬歯

骨盤

(目の上の骨の隆起) なし

大後頭孔

おとがい（下あごが突き出る）

扇状の骨が外側から前方にカーブして下から内臓を支える

骨盤

図36. 類人猿と人類の比較

③ 猿人から現生人類へ

■ **猿人**　約700万年前のアフリカ中央部のチャドの地層からサヘラントロプスの化石，約440万年前のアフリカのエチオピアの地層から**ラミダス猿人**の化石[3]，約300万年前の地層からは**アウストラロピテクス**の化石が見つかっている。これらの仲間は脳容量がゴリラと同じ500 mL程度で，まとめて**猿人**という。

■ **人類の進化**

① **原人**　約200万年前には，脳容量1000 mLの北京原人，ジャワ原人などの**ホモ・エレクトス（原人）**が出現した。彼らは石器や火を用いていた。

② **旧人**　約30万年前には，脳容量が1500 mLで現代人とほぼ同じ脳の大きさをもつ**ホモ・ネアンデルターレンシス（ネアンデルタール人）**が現れた。旧人とも呼ばれる彼らは現代人より**眼窩上隆起**が大きく，額が傾斜していた。また，死者を埋葬した痕跡も見つかっている。

③ **新人**　約20万年前には，現代人の直接の祖先である**ホモ・サピエンス（新人）**が現れた。ミトコンドリアDNAの解析からネアンデルタール人とは別種とされたが，彼らの遺伝子の一部も混じっているとする研究もある。新人は，発達した**言語**をもち，知識や技術を伝えることができ，10万年ぐらい前からアフリカ大陸を出て，世界各地に広まり始めた。

☘ **3.** ラミダス猿人は直立二足歩行をするが，樹上生活をしていたと考えられている。

アウストラロピテクス（猿人）

700～300万年前
脳容量 500mL
眼窩上隆起
眼窩

ホモ・エレクトス（原人）

200万年前
脳容量 1000mL

ホモ・ネアンデルターレンシス（旧人）

30万年前
脳容量 1500mL

ホモ・サピエンス（新人）

20万年前
脳容量 1500mL

おとがい

図37. 人類の頭骨と脳容量の比較

1 ☐ 生物の進化の道筋にもとづいた分類を何という？

2 ☐ 分子の比較にもとづいてつくられた系統樹を何という？

3 ☐ 分類の単位を8段階，小さなものから順に答えよ。

4 ☐ リンネが提唱して今も使われている学名のつけ方を何という？

5 ☐ 塩基やアミノ酸の置換は一定の速さで進むという考えを何という？

6 ☐ 3ドメイン説では生物をどのようなドメインに分ける？

7 ☐ 紅藻類，褐藻類，緑藻類のうち，クロロフィルaとクロロフィルbをもつのはどれ？

8 ☐ 菌類のからだをつくっているものを何という？

9 ☐ 大形の子実体(いわゆるキノコ)をつくるのは，接合菌類，子のう菌類，担子菌類のどれ？

10 ☐ 維管束植物を大きく2つのグループに分けると何と何？

11 ☐ 種子植物を大きく2つのグループに分けると何と何？

12 ☐ 被子植物に見られる受精方式を何という？

13 ☐ カイメンなどの無胚葉性のグループを何動物という？

14 ☐ 動物界で，クラゲやサンゴなどの二胚葉性のグループを何動物という？

15 ☐ 原口が口になる動物のグループを何という？

16 ☐ ヒトの場合，原口付近は口と肛門のどちらになるか？

17 ☐ 冠輪動物に共通する特徴は，何という幼生を経て成長することか？

18 ☐ 昆虫類や甲殻類などの節足動物は，冠輪動物と脱皮動物のどちらか？

19 ☐ からだを支える構造として脊椎骨をもつグループを何という？

20 ☐ 発生過程で脊索が形成されるホヤやヒトを含むグループを何という？

21 ☐ 拇指対向性や平爪，広い立体視などの樹上生活に適応した特徴をもつ動物群を何という？

22 ☐ 地上生活を行う初期の人類から見られる歩行を何という？

23 ☐ 約20万年前にアフリカで現れ，その後世界中に広まった人類を学名で何という？

解答

1. 系統分類

2. 分子系統樹

3. 種，属，科，目，綱，門，界，ドメイン

4. 二名法

5. 分子時計

6. 細菌(バクテリア)ドメイン，アーキア(古細菌)ドメイン，真核生物ドメイン

7. 緑藻類

8. 菌糸

9. 担子菌類

10. シダ植物，種子植物

11. 裸子植物，被子植物

12. 重複受精

13. 海綿動物

14. 刺胞動物

15. 旧口動物

16. 肛門

17. トロコフォア幼生

18. 脱皮動物

19. 脊椎動物

20. 脊索動物

21. 霊長類

22. 直立二足歩行

23. ホモ・サピエンス

定期テスト予想問題　解答→ p.249~251

❶ 生物の多様性と共通性

生物の共通性について述べた適当な文を，次の**ア**～**エ**から選べ。

ア　生物における遺伝子の本体はタンパク質であり，タンパク質は親から子へと遺伝される。

イ　生物の生命活動にはエネルギーが必要であり，そのエネルギーの通貨はDNAである。

ウ　すべての生物は自身と同じ構造をもつ個体をつくり，自己増殖する能力をもつ。

エ　からだの構造と生命活動の基本単位は器官であり，器官では物質のやりとりが行われる。

❷ 生物の分類と学名

生物の分類と命名法に関する次の文を読み，下の各問いに答えよ。

　生物を分類するにあたって**ア**「草本と木本」のようにわかりやすい特徴による便宜的な分類法と**イ**生物の類縁関係にもとづく分類法がある。生物を分類するときの基本単位は①(　　)で，この基本単位に名前をつける場合，「分類学の父」と呼ばれる②(　　)が提唱した③(　　)法でラテン語あるいはラテン語化した語を使ってつけられる。この方法で**ウ**ヒトを表すと，**エ***Homo sapiens* となる。

　また，イヌが属する生物群を上位の分類階級から順に示していくと，真核生物ドメイン・④(　　)界・脊椎動物門・哺乳⑤(　　)・食肉目・イヌ⑥(　　)・イヌ属・タイリクオオカミ・イエイヌとなる。

(1)　文中の下線部**ア**・**イ**のような分類法をそれぞれ何というか。

(2)　文中の空欄①～⑥に適当な語句を入れよ。

(3)　分類の基本単位①の基本的な定義を簡単に述べよ。

(4)　下線部**ウ**と**エ**のような名称をそれぞれ何というか。

❸ 分子系統樹

5種類の脊椎動物(サメ，イモリ，カンガルー，イヌ，ヒト)間の系統関係を明らかにするため，相同なタンパク質のアミノ酸配列の違いを比較し，生物間で異なるアミノ酸の数を調べた。表1はその結果を示したものであり，図1は，表1をもとにして作成した系統樹である。下の各問いに答えよ。なお，共通祖先から分岐した生物種におけるアミノ酸の置換速度は一定であるものとする。

表1

イモリ	カンガルー	イヌ	ヒト	
61	55	57	53	サメ
	48	46	44	イモリ
		23	19	カンガルー
			16	イヌ

図1

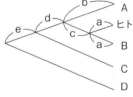

(1)　図1のA～Dの各生物の名称を答えよ。

(2)　図1のa～eの進化的距離(アミノ酸の変化数)に適する数字を答えよ。

(3)　ヒトとイヌは約8000万年前に共通の祖先から分岐したことが化石の研究から推定されている。このとき，ヒトとサメが共通の祖先から分岐したのは約何年前と考えられるか，答えよ。

❹ 分子データによる分類

次の図は，生物をリボソームRNAの塩基配列にもとづいて分類した分子系統樹を模式的に示したものである。各問いに答えよ。

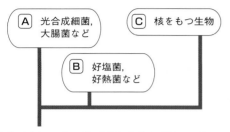

A 光合成細菌, 大腸菌など

B 好塩菌, 好熱菌など

C 核をもつ生物

(1) 図中のA～Cで示したそれぞれのグループを何というか。

(2) 図のような分類方法を何説というか。

(3) 次のア～キの生物は, それぞれA～Cのどのグループに属するか。記号で答えよ。

ア 根粒菌　　イ メタン生成菌
ウ ミドリムシ　エ ヒト
オ 酵母　　　カ マツ
キ シアノバクテリア

5 原核生物

a～hの原核生物について, 次の各問いに答えよ。

a 乳酸菌　　　b 緑色硫黄細菌
c コレラ菌　　d 好熱菌
e ユレモ　　　f クロストリジウム
g 硝酸菌　　　h 好塩菌

(1) 原核生物のうち, 細胞壁の主成分がペプチドグリカンである生物をまとめて何というか。

(2) (1)にあてはまる生物をa～hからすべて選べ。

(3) 原核生物のうち, 原始地球に似た環境で生息するものが多く真核生物に近縁な生物をまとめて何というか。

(4) (3)にあてはまる生物をa～hからすべて選べ。

(5) 病原体となる生物をa～hから選べ。

(6) 熱水噴出孔に生息する生物をa～hから選べ。

(7) 化学合成を行う生物をa～hから選べ。

(8) バクテリオクロロフィルをもち, 二酸化炭素と硫化水素を使って光合成を行う生物をa～hから選べ。

(9) クロロフィルaをもち, 二酸化炭素と水を使って光合成を行う生物をa～hから選べ。

(10) 窒素をアンモニアにする窒素固定を行う生物をa～hから選べ。

6 原生生物

a～hの原生生物について, 次の各問いに答えよ。

a アメーバ　　　b ツノモ
c コンブ　　　　d アオサ
e ゾウリムシ　　f トリパノソーマ
g シャジクモ　　h テングサ

(1) 原生生物のうち, 繊毛や鞭毛による運動能力をもった従属栄養生物をまとめて何というか。

(2) (1)にあてはまる生物をa～hからすべて選べ。

(3) 褐藻類に属する生物をa～hから選べ。

(4) 紅藻類に属する生物をa～hから選べ。

(5) 緑藻類に属する生物をa～hから選べ。

7 菌類

菌類について, 次の各問いに答えよ。

(1) 菌類の特徴について述べた適当な文を, 次のア～エから2つ選べ。

ア 菌類の多くは, からだが糸状の菌糸が集まってできている。

イ 菌類の多くは陸上で固着生活を行っており, 種子によって個体をふやす。

ウ すべて独立栄養の生物であり, 光合成によって有機物をつくる。

エ 消化酵素を分泌し, 体外消化を行うことによって栄養分を吸収する。

(2) 子のう菌類にあてはまる生物を, 次のア～ウから選べ。

ア アオカビ　　イ ケカビ　　ウ シメジ

8 植物の系統分類

次の図は植物とそれにつながる生物の系統を示したものである。下の各問いに答えよ。

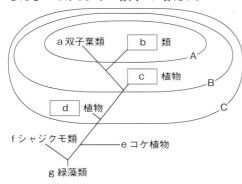

(1) b・c・dにあてはまる名称を記せ。
(2) A～Cのグループをそれぞれ何というか。
(3) 図中のa～gが共通してもつクロロフィルの種類を2つ答えよ。
(4) a～gのうち, 維管束をもたないものをすべてあげよ。
(5) a～gのうち, 配偶子として精子を全くつくらないものばかりのグループはどれか。
(6) a～gのうち, 胚珠が子房で囲まれているのはどれか。

9 動物の分類

動物はおもに発生段階によって次のように分類される。下の各問いに答えよ。

i 胚葉の区別がない （ a ）
ii 胚葉の区別がある
 iii 二胚葉性である （ b ）
 iv 三胚葉性である
  v 原口が口になる
  vi トロコフォア幼生を経て成長する
   vi-i からだが扁平である （ c ）
   vi-ii 繊毛環がからだの先端部にあり, 消化管をもつ （ d ）
   vi-iii からだは円筒形で, 環状の多数の体節からなる （ e ）
   vi-iv 体節はなく, 外套膜がからだを包む （ f ）
  vii 脱皮して成長する
   vii-i 体節構造をもたない （ g ）
   vii-ii 体節構造をもつ （ h ）
  viii 原口が肛門になる
   ix 脊索をつくらない （ i ）
   x 発生過程で脊索をつくる
    x-i 脊椎骨をつくらない （ j ）
    x-ii 脊椎骨をつくる （ k ）

(1) a～kに属する動物のグループをそれぞれ答えよ。
(2) vi・viiの動物のグループをそれぞれ何動物というか。
(3) 次の①～⑨の動物は, それぞれa～kのどれに属するか。
 ① ヒドラ ② ウニ ③ カイメン
 ④ マイマイ ⑤ ホヤ ⑥ バッタ
 ⑦ ニワトリ ⑧ タコ ⑨ ミミズ

10 人類の出現

人類の出現に関する次の各問いに答えよ。

(1) 霊長類がもつ他の哺乳類と異なる特徴を, 次の①・②について簡単に説明せよ。
 ① 手の指 ② 眼の位置と機能
(2) ヒトがもつ類人猿と異なる特徴を, 次の①～④について簡単に記せ。
 ① 頭骨の容積 ② 下あごの形
 ③ 前肢と後肢の長さ ④ 骨盤の形
(3) 次のア～エの霊長類を, 出現順に並べよ。
 ア ホモ・エレクトス
 イ アウストラロピテクス
 ウ ホモ・サピエンス
 エ ネアンデルタール人
(4) 約20万年前にホモ・サピエンスが現れたとされる地域を, 次のア～エから選べ。
 ア アジア イ アフリカ
 ウ ヨーロッパ エ オセアニア

ホッと タイム

◆ 学名クイズ

Q 次の A～I の学名は下のどの動物のものでしょうか？ヒントをもとに推理してみましょう。

答は p.265

A *Ailuropoda melanoleuca*　**B** *Giraffa cameloparadalis*　**C** *Cephalorhynchus commersonii*

D *Felis pardalis*　**E** *Grus japonensis*　**F** *Ailurus fulgens*

G *Tapirus indicus*　**H** *Hippopotamus amphibious*　**I** *Sus scrofa*

マレーバク

ジャイアントパンダ

タンチョウ

レッサーパンダ

キリン

オセロット

イロワケイルカ

イノシシ

カバ

ヒント

ailuro ; ailurus … ネコの	felis … ネコ	japonensis … 日本の	potamus … 川
amphibious … 水陸両生	fulgens … 炎の色の	leuca … 白	rhynchus … 鼻・吻
camelo … ラクダ	giraffa … キリン	melano … 黒	scrofa … ブタ
cephalo … 頭	grus … ツル	paradalis ; pardalis	sus … ブタ
commersonii	hippo … ウマ	… ヒョウ・ヒョウ柄の	tapirus … バク
… コメルソン（人名）の	indicus … インドの	poda … 足	

2編

生命現象と物質

1章 細胞と分子

1 細胞の構造と働き

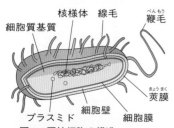
核様体　線毛
細胞質基質　　　　　鞭毛(べんもう)
　　　　　　　　　　荚膜(きょうまく)
プラスミド　細胞壁　細胞膜
図1. 原核細胞の構造

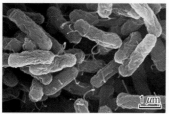
1 μm
図2. 大腸菌

■ 細胞は生命の基本単位で，すべての生物のからだを形づくっている。また細胞は共通した構造や機能をもっている。

1 細胞のもつ共通性

■ **細胞の共通性**　①細胞は細胞膜で囲まれ，②DNAが遺伝物質となっている。③細胞内では代謝が行われ，④細胞は自己複製を行って自己と同じような細胞をつくる。

■ **2つのタイプの細胞**　細胞は，核をもたない**原核細胞**と，核をもつ**真核細胞**に分けられる。

2 核をもたない細胞

■ **原核細胞の構造**　原核細胞は，大きさ1～10 μm(マイクロメートル)程度の原始的な細胞で，核をもたず，DNAは核様体という領域に偏在している。また，細胞小器官ももたない。○1

■ **細胞壁の成分**　原核細胞の細胞壁の主成分は，セルロースではなくペプチドグリカンである(⇒p.48)。○2

■ **原核生物**　原核細胞からなる生物を**原核生物**といい，**細菌**(バクテリア；大腸菌，乳酸菌，シアノバクテリアなど)と**アーキア**(古細菌)に大別される。○3

> **ポイント** 原核細胞は核や細胞小器官をもたず，DNAは核様体部分に偏在している。

○1. 細胞内に存在する，ミトコンドリアや葉緑体などの膜でできた構造体を，細胞小器官という。

○2. ペプチドグリカンは比較的少数のアミノ酸がペプチド結合(⇒p.72)したもの(ペプチド)と糖からなる物質。

○3. 1990年，アメリカのウーズはリボソームRNAの塩基配列から，生物を細菌，アーキア，真核生物の3つのドメインに分類する方法を提唱した(⇒p.48)。
この分類では核のない原核生物は細菌ドメインとアーキアドメインに分類される。

3 核をもつ細胞

■ **真核細胞の構造**　真核細胞は，大きさは10～100 μm程度で，核膜で包まれた核などの細胞小器官をもつ。

■ **染色体**　DNAは核内に存在し，**ヒストン**(タンパク質)に巻きついて**クロマチン繊維**という構造をつくる。分裂時にはクロマチン繊維は凝集して**染色体**をつくる。

■ **真核生物** からだが真核細胞でできている生物を**真核生物**という。からだが1つの細胞からできた**単細胞生物**と，多数の細胞からなる**多細胞生物**とがある。

■ **真核生物に属するグループ** 真核生物は，原生生物・動物・植物・菌類に分けられる（⇨p.48）。

✿4. 植物細胞は細胞壁に孔があり，隣り合う細胞の滑面小胞体どうしが連結している。この構造を原形質連絡という。

④ 真核細胞の構造

■ **電子顕微鏡像**

真核細胞を電子顕微鏡で観察すると，多数の膜状構造と光学顕微鏡では見られない細胞小器官が観察できる。

■ **核** 核は2重構造の核膜で囲まれ，膜には多数の核膜孔（物質の通路）がある。核の中には染色体（⇨p.115）・核小体とそれらの間を満たす核液がある。

■ **細胞質** 細胞質は外側を細胞膜で囲まれ，いろいろな細胞小器官を含む。

	名称		働きや特徴
核	核膜	①	二重の膜からなり，多数の核膜孔がある。
	染色体	②	DNAがヒストンに巻きついたもの（⇨p.115）。
	核小体	③	核に1～数個あり，リボソームの形成に関係。
細胞質	粗面小胞体（そめん）	④	リボソームが多数付着した小胞体。合成されたタンパク質を小胞に包んでゴルジ体へ輸送する。
	滑面小胞体（かつめん）	⑤	リボソームの付着していない小胞体。脂質の合成などに関係。
	リボソーム	⑥	rRNAとタンパク質の複合体。タンパク質合成の場（⇨p.121）。
	ゴルジ体	⑦	タンパク質を小胞に包み分泌。分泌細胞で発達。
	リソソーム	⑧	分解酵素を含み細胞内の不要物を内部で分解する。
	ミトコンドリア	⑨	呼吸の場。二重膜で包まれ，独自のDNAをもつ。
	葉緑体	⑩	光合成の場。二重膜で包まれ，独自のDNAをもつ。
	中心体	⑪	1対の中心小体（中心粒）からなる。細胞分裂時の紡錘糸の起点となる（⇨p.81）。
	細胞骨格	⑫	細胞の構造を保ち，細胞内構造を支える（⇨p.80）。
	細胞膜	⑬	細胞の外側を包む膜（⇨p.70）。
	細胞質基質	⑭	いろいろな化学反応の場。糖や酵素などを含む。
	液胞	⑮	老廃物や色素などを含む細胞液を蓄えた一枚の袋。植物細胞で発達し，成熟した細胞ほど大きい。
	細胞壁	⑯	植物細胞の細胞膜の外側を囲み，細胞の形を保つ。主成分はセルロース。

表1. 真核細胞内の構造 ①～⑯は図3と対応

図3. 動物細胞と植物細胞の電子顕微鏡像

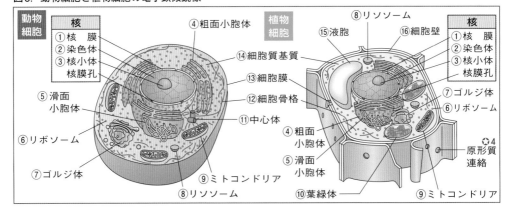

2 生体膜

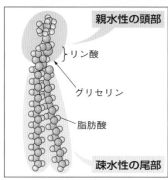

図4. リン脂質の構造

（図中ラベル）
親水性の頭部
リン酸
グリセリン
脂肪酸
疎水性の尾部

■ すべての細胞は細胞膜で囲まれている。この細胞膜を通じて物質の出入りや情報伝達が行われている。

1 生体膜のつくり

■ **生体膜** 小胞体やゴルジ体，ミトコンドリアや葉緑体などの細胞小器官をつくる膜も細胞膜と同じ構造をしている。これらを合わせて**生体膜**という。

■ **生体膜をつくる物質** 生体膜はおもに**リン脂質**と**タンパク質**からなる。リン脂質分子は**親水性**（水となじみやすい）部分と，**疎水性**（水となじみにくい）部分をもつ。

■ **二重層構造** 生体膜は，親水性部分を外側にして向かい合って並んだリン脂質分子の間に，いろいろな機能をもったタンパク質分子（膜タンパク質）がはまり込んでできている。表面には糖鎖や糖タンパク質も付着し，それぞれ役割を果たしている。

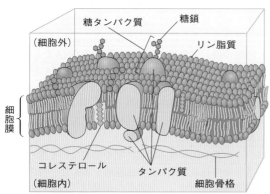

図5. 流動モザイクモデル

（図中ラベル）
糖タンパク質
糖鎖
（細胞外）
リン脂質
細胞膜
コレステロール
タンパク質
（細胞内）
細胞骨格

■ **流動モザイクモデル** 生体膜をつくるリン脂質やタンパク質分子は，固定されずに膜内を比較的自由に動き回っており，そのため生体膜は柔軟性をもつと考えられている。この膜モデルを**流動モザイクモデル**という。

〔生体膜の構造〕
リン脂質＋タンパク質など ⇨ 流動モザイクモデル

✿1. 糖鎖は複数の糖が鎖状につながったもので，糖鎖と結合したタンパク質を糖タンパク質という。糖タンパク質は細胞どうしの認識や免疫などのいろいろな働きをしている。

2 いろいろな働きをする細胞膜

■ **細胞を包む** 細胞膜は，細胞内の物質が拡散するのを防ぎ，膜で囲んだ内側に独自の代謝系をつくっている。

■ **透過の調節** 細胞膜は物質の透過を調節する（⇨p.71, 75）。

■ **物質輸送** 細胞膜には**輸送タンパク質**が存在し，物質の輸送に関係している（⇨p.71, 75）。

■ **情報伝達** 外部からの情報を受容し，細胞内に情報を伝達するために働く膜タンパク質もある（⇨p.78）。

③ 生体膜を通じた物質の移動

■ **物質移動の原則**　物質は濃度の高い側から低い側に向かって拡散する。この濃度勾配にしたがって，拡散によって起こる膜を通した物質輸送を**受動輸送**という。

■ **半透膜**
生体膜は，大きな分子は通さず小さな分子を通す**半透性**という性質をもつので，**半透膜**という。

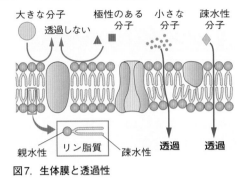

図7.　生体膜と透過性

大きな分子　透過しない　極性のある分子　小さな分子　疎水性分子

親水性　リン脂質　疎水性　透過　透過

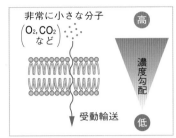

非常に小さな分子（O₂, CO₂ など）

高　濃度勾配　低

受動輸送

図6.　拡散と受動輸送

■ **生体膜の透過性**　酸素や二酸化炭素のように非常に小さな分子や，脂質と親和性のある疎水性分子[*2]は，生体膜を透過して移動する。

　しかし，比較的小さな物質でも水分子・アミノ酸・糖のような極性のある分子[*3]，イオンのように荷電した物質は小さくても生体膜を透過しにくい性質をもつ。

■ **選択的透過性**　物質は，生体膜を構成する分子間を透過するだけではなく，生体膜にはまっている輸送タンパク質を通って透過することもある。どの輸送タンパク質がどの物質を通過させるかは，その構造によって決まっている。このように生体膜は特定の物質を選択的に透過させる性質をもっており，これを**選択的透過性**という。

■ **能動輸送**　膜タンパク質の一部は，ATPのエネルギーを利用して，ナトリウムイオン（Na^+）などを濃度勾配に逆らって移動させるしくみをもつ。これを**能動輸送**という。

[例]　ナトリウムポンプ（⇒p.75）…Na^+を細胞外へ運ぶ（同時にK^+を細胞内へ運ぶ）。

生体膜は**選択的透過性**をもち，**能動輸送**も行う。

⚙ **2. 疎水性分子**
水に溶けにくい分子で，分子内に炭化水素がつながった部分をもつ物質。脂質などが溶けやすい。

⚙ **3. 極性のある分子**
H_2Oのように分子内に正電荷と負電荷の部分があり，その重心が一致しないHCl，NH_3などの分子。水に溶けやすい。

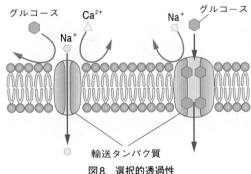

グルコース　Ca^{2+}　Na^+　グルコース

Na^+

輸送タンパク質

図8.　選択的透過性

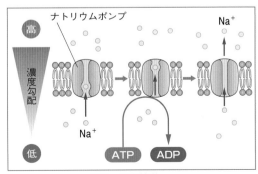

ナトリウムポンプ　Na^+

高　濃度勾配　低

Na^+

ATP　ADP

図9.　能動輸送

3 タンパク質

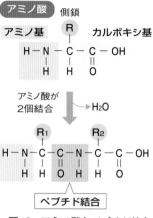

アミノ酸

H−N−C−C−OH
　　H　H　O

アミノ基　R 側鎖　カルボキシ基

アミノ酸が
2個結合　 → H_2O

R₁　　R₂
H−N−C−C−N−C−C−OH
　　H　H　O　H　H　O

ペプチド結合

図10. アミノ酸とペプチド結合

■ タンパク質はアミノ酸を構成単位とし，生物体を構成する主成分で，からだの構造や機能を維持する。

1 タンパク質の構成単位

■ **アミノ酸** タンパク質の構成単位は，自然界にある20種類の**アミノ酸**である。アミノ酸は**アミノ基**($-NH_2$)と**カルボキシ基**($-COOH$)，水素(H)，側鎖(R；20種類)からなる。構成元素はC，H，O，N，Sである。

■ **ペプチド結合** 隣り合うアミノ酸のアミノ基($-NH_2$)とカルボキシ基($-COOH$)から水1分子がとれてアミノ酸どうしが結合する。これを**ペプチド結合**という。

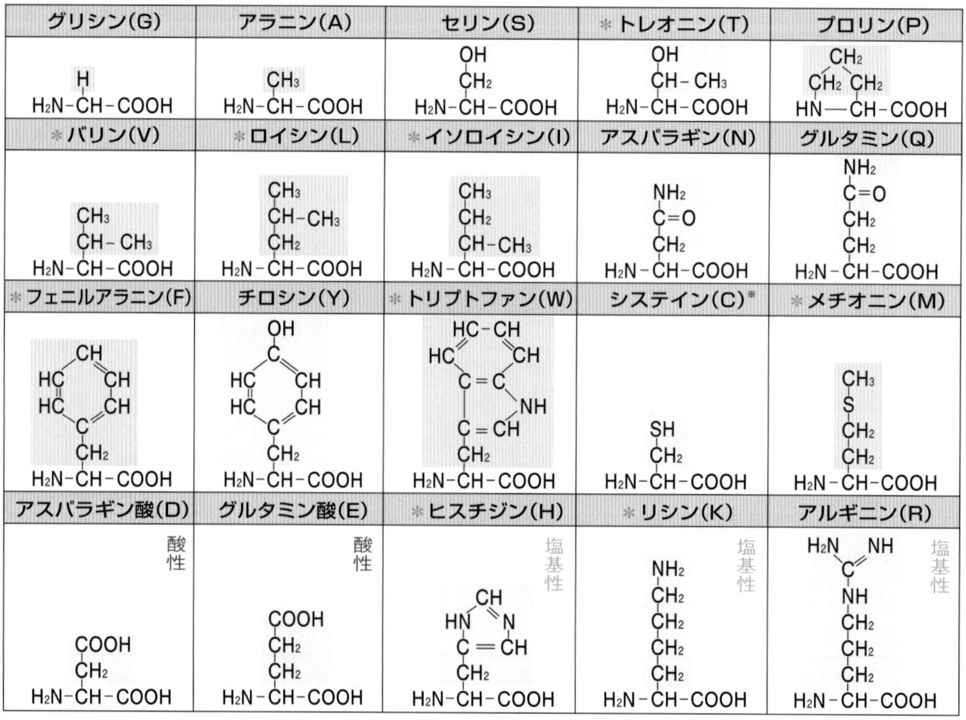

グリシン(G)	アラニン(A)	セリン(S)	＊トレオニン(T)	プロリン(P)
H H₂N−CH−COOH	CH₃ H₂N−CH−COOH	OH CH₂ H₂N−CH−COOH	OH CH−CH₃ H₂N−CH−COOH	CH₂ CH₂ HN──CH−COOH
＊バリン(V)	＊ロイシン(L)	＊イソロイシン(I)	アスパラギン(N)	グルタミン(Q)
CH₃ CH−CH₃ H₂N−CH−COOH	CH₃ CH−CH₃ CH₂ H₂N−CH−COOH	CH₃ CH₂ CH−CH₃ H₂N−CH−COOH	NH₂ C=O CH₂ H₂N−CH−COOH	NH₂ C=O CH₂ CH₂ H₂N−CH−COOH
＊フェニルアラニン(F)	チロシン(Y)	トリプトファン(W)	システイン(C)＊	＊メチオニン(M)
CH HC CH HC CH C CH CH₂ H₂N−CH−COOH	OH C HC CH HC CH C CH₂ H₂N−CH−COOH	HC−CH HC CH C=C C NH C CH₂ H₂N−CH−COOH	SH H₂N−CH−COOH	CH₃ S CH₂ CH₂ H₂N−CH−COOH
アスパラギン酸(D)	グルタミン酸(E)	ヒスチジン(H)	＊リシン(K)	アルギニン(R)
酸性	酸性	塩基性	塩基性	H₂N NH / 塩基性
COOH CH₂ H₂N−CH−COOH	COOH CH₂ CH₂ H₂N−CH−COOH	CH HN N C=CH CH₂ H₂N−CH−COOH	NH₂ CH₂ CH₂ CH₂ CH₂ H₂N−CH−COOH	C N H CH₂ CH₂ CH₂ H₂N−CH−COOH

▢：疎水性の側鎖　　▢：親水性の側鎖
＊は，ヒトの必須アミノ酸を示す。（　）内の1文字のアルファベットはアミノ酸の略号である。
※システインは疎水性に分類される場合もある。

図11. アミノ酸の種類

② タンパク質の立体構造

■ **ポリペプチドとタンパク質** 約50～1000個のアミノ酸がペプチド結合で鎖状に結合した**ポリペプチド**が**タンパク質**である。アミノ酸は20種類あり，アミノ酸がx個結合したタンパク質は20^x種類と膨大になる。

■ **一次構造** DNAの塩基配列によってポリペプチドをつくるアミノ酸の数と種類および配列が決まる。このポリペプチドをつくるアミノ酸配列をタンパク質の**一次構造**という。

■ **立体構造** タンパク質ができるとき，アミノ酸の配列順序と種類によってポリペプチドが折れ曲がったり，ねじれたりして複雑な立体構造をつくる。

■ **二次構造** ポリペプチドは，アミノ酸配列によって部分的に，水素結合などにより，**二次構造**と呼ばれる次の立体構造をつくる。

> **αヘリックス構造**…側鎖が外側を向いたらせん状の構造。
>
> **βシート構造**…平行したポリペプチドがびょうぶ状に折れ曲がった構造。

■ **三次構造** ポリペプチドは，部分的に二次構造をつくりながら，分子全体として複雑な立体をつくることが多い。これをタンパク質の**三次構造**という。

■ **四次構造** 赤血球の成分のヘモグロビンは，2本のα鎖と2本のβ鎖，合計4本のポリペプチドが一緒になって1つのタンパク質分子をつくっている。このような複数のポリペプチドがつくる構造を**四次構造**といい，ポリペプチドを**サブユニット**という。

■ **S-S結合** 硫黄（いおう）を含むシステインなどのアミノ酸どうしがつくる橋渡し結合を**S-S結合**（ジスルフィド結合）といい，ポリペプチド中やポリペプチド間の橋渡しをしてタンパク質の立体構造の保持に重要な働きをする。

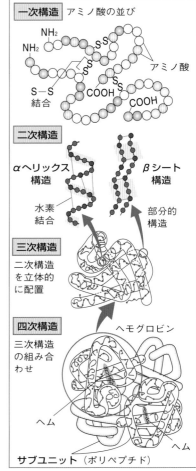

図12. タンパク質の構造

ポイント

一次構造…アミノ酸の配列順序
二次構造…αヘリックス構造，βシート構造
三次構造…ポリペプチド全体の立体的な構造
四次構造…複数のポリペプチドが組み合わさった構造

③ タンパク質における立体構造と機能

■ **立体構造と機能の関係性**　タンパク質はそれぞれ固有の立体構造をもち，特定の部位に特定の物質のみを結合する特異性をもつ。そのため，タンパク質の立体構造は機能と綿密にかかわっている。

■ **働き**　タンパク質は次のような働きをしている。

・からだの構造をつくる　例 ケラチン(頭髪・つめ)
・細胞の構造をつくる　例 細胞骨格，細胞膜
・運動に働く　例 **アクチンとミオシン**(⇒p.178)
・酵素となる　例 **アミラーゼ，ペプシン**(⇒p.83)
・ホルモンとなる　例 **インスリン**
・免疫に働く　例 抗体をつくる**免疫グロブリン**
・酸素を運搬する　例 赤血球の成分の**ヘモグロビン**
・物質を運ぶ　例 **ポンプ，チャネル，担体**
・情報を伝える　例 **受容体**(⇒p.78)
・細胞どうしを接着する　例 **カドヘリン**

④ 熱で変形するタンパク質

■ **変性**　タンパク質は熱や強い酸・強いアルカリなどにより立体構造が変化する。これをタンパク質の**変性**という。
■ **失活**　酵素タンパク質が変性して活性を失うことを**失活**という。

⑤ フォールディングとシャペロン

■ **フォールディング**　一次構造である固有のポリペプチドは，折りたたまれて，固有の立体構造になる。この過程を**フォールディング**といい，一般に，このようにしてできるタンパク質の立体構造は，水中で最も安定する。
■ **シャペロン**　フォールディングの際，ポリペプチドが正しく折りたたまれて立体構造となるのを助けるタンパク質があり，このタンパク質は総称して**シャペロン**と呼ばれる。シャペロンにはさまざまな種類があり，以下のような働きを行っている。

・ポリペプチドのフォールディングの補助
・誤って折りたたまれたり，変性したりしたタンパク質を正しい折りたたみへと回復させる働き
・古くなったタンパク質の分解を助ける働き

1. 酵素をつくるタンパク質は，ふつう60℃以上の高温で失活する。ただし，温泉地帯に生息する細菌のDNAポリメラーゼのように90℃でも失活しない酵素もある。

2. 誤ったフォールディングによってできたタンパク質は水との親和性が弱いため，凝集体(タンパク質どうしが集まった塊)をつくりやすくなる。

図13. シャペロンの働き

ポリペプチド

シャペロン

正しい折りたたみの形成

4 膜タンパク質・受容体の働き

■ 半透性のセロハン膜では，物質の大きさだけで「透過する，透過しない」が決まる。しかし，細胞膜をはじめとする生体膜は輸送タンパク質を通して物質を輸送しており，輸送タンパク質の働きを調節することで，物質の移動をコントロールしている。また，膜タンパク質は細胞どうしの結合にも関係している。

1 生体膜にはまっているタンパク質

■ **輸送タンパク質** 生体膜にある**輸送タンパク質**には，チャネル，ポンプ，担体などが知られている。

■ **チャネル** 特定の物質を通過させる輸送タンパク質を**チャネル**という。そのうちイオンを通すものを**イオンチャネル**という。チャネルを通じた物質輸送は濃度勾配にしたがった受動輸送である。

例 カルシウムチャネル，カリウムチャネル，ナトリウムチャネル

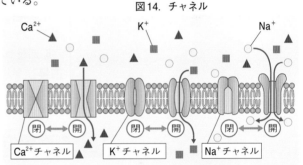

図14. チャネル

■ **アクアポリン**（aquaporin：AQP） 水分子だけを通すチャネルを特に**アクアポリン**という。腎臓の集合管の上皮細胞などで発達している。

　1992年，アグレは赤血球の細胞膜には水の分子だけを通すタンパク質があることを発見し，アクアポリンと名付けた。

■ **ポンプ** 物質を濃度勾配に逆らって運ぶ輸送タンパク質を**ポンプ**という。この輸送は，ATPのエネルギーが必要な能動輸送である。

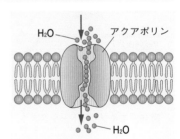

図15. アクアポリン

例 細胞の内外のイオン濃度は**ナトリウムポンプ**により，次のように保たれる。

$$\begin{cases} Na^+ & 細胞内<細胞外 \\ K^+ & 細胞内>細胞外 \end{cases}$$

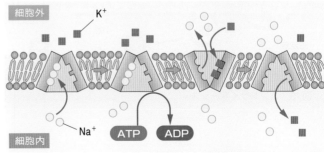

図16. ナトリウムポンプによるNa^+とK^+の能動輸送

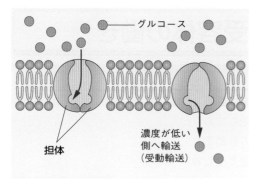

グルコース

担体

濃度が低い
側へ輸送
（受動輸送）

図17. 担体による輸送

■ **担体（運搬体タンパク質）** 生体膜を通過しにくい極性分子のうち，比較的小さいグルコースやアミノ酸を運搬する輸送タンパク質を**担体**という。担体の種類ごとに運搬する物質は決まっている。

グルコースを運ぶ担体では，グルコースが担体と結合すると，担体の立体構造が変化しながら，グルコースを膜の反対側に輸送する。担体による輸送も濃度勾配にしたがった受動輸送である。

> ポイント
>
> 〔生体膜にある３種類の輸送タンパク質〕
> **チャネル**…特定のイオンなどを受動輸送で通過させる開閉式の輸送経路。水を通すチャネルを特に**アクアポリン**という。
> **ポンプ**…ATPのエネルギーを使い，濃度勾配に逆らって能動輸送する。
> **担体**…グルコースやアミノ酸などの極性分子を受動輸送で運ぶ輸送タンパク質。

② 細胞膜の変形による物質輸送

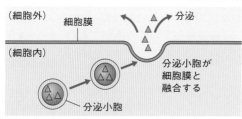

（細胞外）　細胞膜

分泌

（細胞内）

分泌小胞が
細胞膜と
融合する

分泌小胞

図18. エキソサイトーシス

（細胞外）

細胞膜

小胞

細胞膜が内側に
おりたたまれる

（細胞内）

図19. エンドサイトーシス

■ **エキソサイトーシス** 消化酵素やホルモンを包んだ小胞を細胞膜と融合させて細胞外に分泌することを，**エキソサイトーシス**という。

■ **エンドサイトーシス** 細胞膜を変形させて細胞外の物質を包み，小胞にして細胞内に取り込むことを，**エンドサイトーシス**という。おもに白血球などが行う。

> **食作用**…固体の大きな分子の取り込み
> **飲作用**…液体に溶けた分子の取り込み

> ポイント
>
> **エキソサイトーシス**…消化酵素やホルモンを細胞外に分泌する働き。
> **エンドサイトーシス**…細胞膜の一部を小胞にして細胞内に取り込む。食作用と飲作用

③ 細胞の接着剤となるタンパク質

■ **細胞間結合**　細胞どうしの結合を**細胞間結合**(細胞接着)といい，上皮組織で発達している。

■ **3つの細胞間結合**

① **密着結合**　消化管の内面の上皮細胞などを密着させる結合。膜貫通接着タンパク質で細胞どうしを小さな分子(低分子)も通さないほど密着させ，上皮組織から物質が漏れ出すのを防いでいる。

② **固定結合**　隣接する細胞の表面どうしを**カドヘリン**などの接着タンパク質で接着するとともに，細胞の形を保持する細胞骨格(⇒p.80)とも結合する。固定結合には次の3種類がある。

> ・ **接着結合**…隣接する細胞どうしを結合する接着タンパク質の**カドヘリン**は細胞内で細胞骨格のアクチンフィラメント(⇒p.81)と結合している。細胞は接着結合によって湾曲などの力に耐えられるようになる。
>
> ・ **デスモソーム**…隣接する細胞どうしを結合する接着タンパク質の**カドヘリン**は細胞内で細胞骨格の中間径フィラメント(⇒p.81)と結合している。張力に対して強固な結合。
>
> ・ **ヘミデスモソーム**…接着タンパク質である**インテグリン**で，中間径フィラメントとコラーゲンでできた細胞外の基底層を結合する。

③ **ギャップ結合**　管状のタンパク質(膜貫通タンパク質)が貫通して結合。低分子の物質や無機イオンなどがギャップ結合の部分を通って移動する。

ポイント

〔3種類の細胞間結合⇒上皮組織で発達〕
　密着結合…低分子も通さないほど細胞が密着。
　固定結合…接着タンパク質で細胞骨格と結合。
　　接着結合…カドヘリンで結合。湾曲に耐える。
　　デスモソーム…カドヘリンで結合。張力に耐える。
　　ヘミデスモソーム…インテグリンで結合。
　ギャップ結合…管状のタンパク質が貫通。

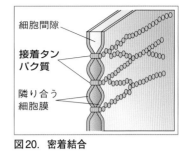

図20．密着結合

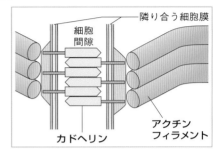

図21．接着結合

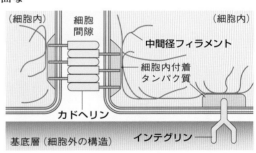

図22．デスモソーム(左)とヘミデスモソーム(右)

✿1. 接着結合とデスモソームとでは異なるタイプのカドヘリンが働く。また，動物の胚発生のときに同種の細胞どうしを接着する細胞選別に働くカドヘリンもある。

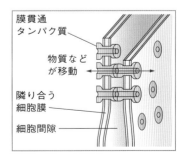

図23．ギャップ結合

④ 情報伝達と受容体

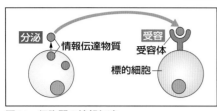

図24. 細胞間の情報伝達

■ **情報伝達物質と受容体** 細胞間における情報伝達は，おもに情報伝達物質によって行われている。ある細胞から分泌された情報伝達物質は，標的細胞にある**受容体**というタンパク質によって受容され，情報の伝達が行われる。受容体はその種類によって受け取る情報伝達物質が決まっている。

■ **情報伝達の型** 細胞間における情報伝達の方法には，内分泌型，神経型，接触型，傍分泌型の4つの型がある（⇨図25）。

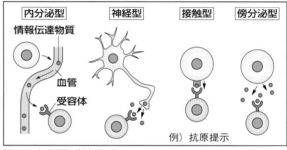

図25. 細胞間の情報伝達

■ **ホルモンと受容体** ホルモンには，水溶性であるタンパク質からなるホルモンと，脂溶性であるステロイドからなるホルモンの2つがあり，それぞれのホルモンは次のようにして受容体と結合する。

①**タンパク質からなるホルモン**（水溶性） 細胞膜を通過できず，細胞膜上にある受容体と結合する（⇨図26左）。

②**ステロイドからなるホルモン**（脂溶性） 細胞膜を通過し，細胞内にある受容体と結合する（⇨図26右）。

ホルモンが受容体に結合することにより，さまざまな反応が行われ，酵素が活性化される。活性化した酵素は，特定の化学反応を促進したり，特定の遺伝子発現を促進したりする。

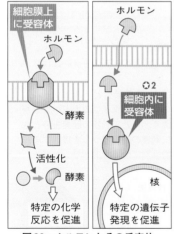

図26. ホルモンとその受容体

❂2. 糖質コルチコイドなどは，細胞膜のリン脂質を通り抜け，細胞内の受容体で受容されて働く。

ポイント

タンパク質からなるホルモン…水溶性，細胞膜上の受容体と結合。

ステロイドからなるホルモン…脂溶性，細胞内の受容体と結合。

■ **受容体の種類** 細胞膜上にある受容体には，**イオンチャネル型**，**酵素型**，**Gタンパク質共役型**がある。

①**イオンチャネル型受容体** 細胞膜上にある情報伝達物質がイオンチャネル型受容体に結合すると，受容体の立体構造が変化し，濃度勾配に従って特定のイオンが細胞内に流入できるようになる(⇨図27)。

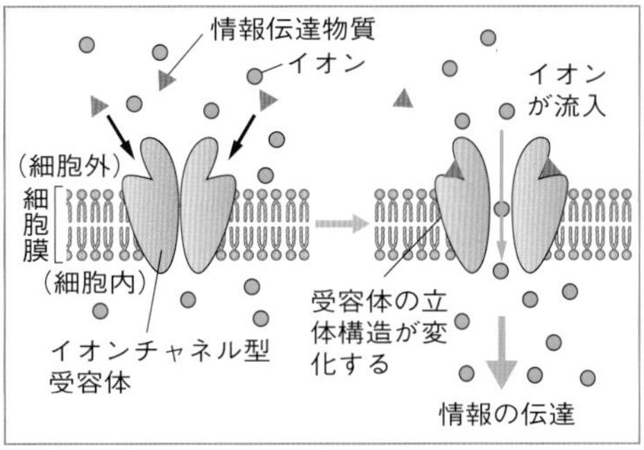

図27. イオンチャネル型受容体

②**酵素型受容体** 情報伝達物質が受容体の細胞外に突き出ている部分に結合すると，受容体の細胞内に突き出ている部分が活性化する。活性化した部分は，タンパク質にリン酸が付加する反応(リン酸化)を促進し，情報を細胞内に伝達する(⇨図28)。

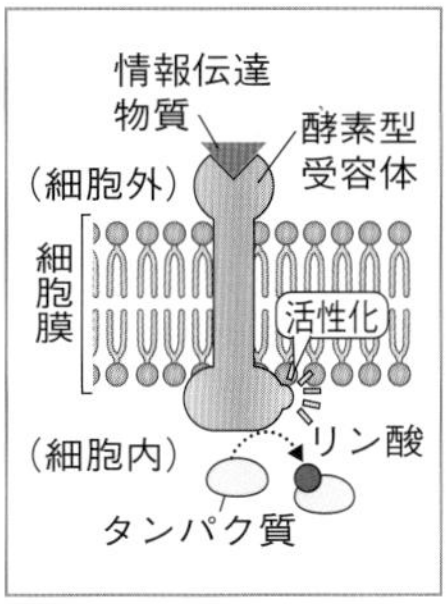

図28. 酵素型受容体

③**Gタンパク質共役型受容体** 情報伝達物質が受容体に結合すると，細胞内にあるGタンパク質[✪3]に結合しているGDPがGTPに置換され，Gタンパク質は活性化する。活性化したGタンパク質は他の酵素に結合し，これによってATPから**cAMP**(サイクリックAMP)という情報伝達物質が大量につくられる。

cAMPは特定の酵素の活性化を促し，最終的に細胞に特定の反応が起こる(⇨図29)。cAMPのような，細胞外の情報を間接的に細胞内に伝える物質を**セカンドメッセンジャー**という。

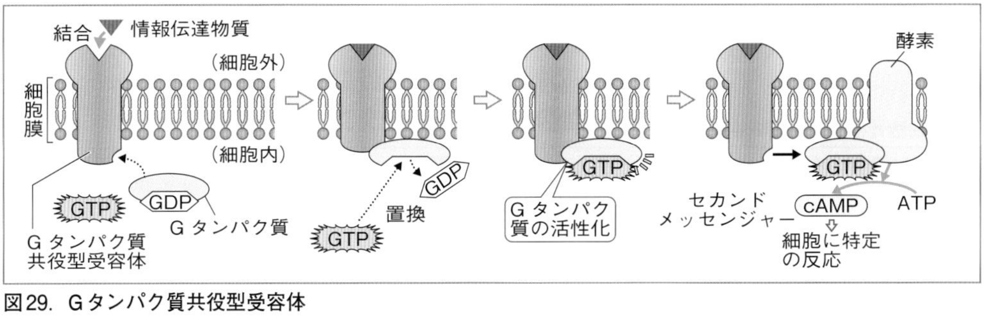

図29. Gタンパク質共役型受容体

ポイント
イオンチャネル型受容体…濃度勾配によってイオンが流入する。
酵素型受容体…リン酸化が促進される。
Gタンパク質共役型受容体…Gタンパク質がかかわる。

✪3. Gタンパク質
GTP(グアノシン三リン酸)もしくはGDP(グアノシン二リン酸)の結合によって活性化の調節が行われるタンパク質の総称。

5 細胞骨格

■ 細胞は繊維状のタンパク質でできた骨格で支えられ，細胞の形の保持や物質輸送の軌道となっている。

1 細胞を支えるタンパク質

■ **細胞骨格** 細胞の形や細胞小器官を支えるタンパク質でできた繊維からなる構造を**細胞骨格**という。

■ **細胞骨格の種類** 次の3つがある。

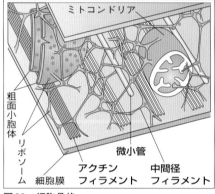

図30. 細胞骨格

①**アクチンフィラメント** アクチン(球状タンパク質)が連なった構造。筋収縮，アメーバ運動，動物細胞の細胞質分裂時のくびれの形成，細胞の収縮と伸展，原形質流動に関係する。

②**微小管** α，βの2種類のチューブリン(球状タンパク質)が結合したものが鎖状に連なり，これが13本集合してできた中空の管。細胞分裂のとき**紡錘糸**をつくる。繊毛や鞭毛の中にも存在して**9＋2構造**をつくる。また，**モータータンパク質**による物質輸送の軌道ともなる。

③**中間径フィラメント** 細胞膜の内側に張りついて細胞の形を保つ。繊維状の丈夫な構造で，鉄筋コンクリートにおける鉄筋に相当する。

■ **細胞骨格をつくるタンパク質繊維**

表2. 細胞骨格をつくる繊維構造

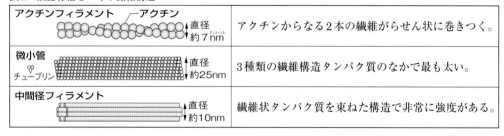

アクチンフィラメント ——アクチン 直径約7nm	アクチンからなる2本の繊維がらせん状に巻きつく。
微小管 チューブリン 直径約25nm	3種類の繊維構造タンパク質のなかで最も太い。
中間径フィラメント 直径約10nm	繊維状タンパク質を束ねた構造で非常に強度がある。

〔細胞骨格をつくるタンパク質繊維〕
アクチンフィラメント…球状アクチンの連なり。
微小管…チューブリンが鎖状に連なったもの。
中間径フィラメント…繊維状タンパク質の束。

② アクチンフィラメントの働き

■ **筋収縮** 骨格筋は図31のような構造で，アクチンフィラメントがミオシンフィラメントの間に滑り込み，**筋収縮**が起こる（滑り説⇒p.179）。

■ **アメーバ運動** アメーバ細胞の後端部ではアクチンフィラメントを分解して短くし，細胞を収縮する。一方，仮足の先端部ではアクチンフィラメントを伸長して細胞膜を押し出し，仮足の方向に前進する。

■ **細胞質分裂** 動物細胞では，細胞分裂終期に赤道付近で細胞がくびれて**細胞質分裂**が起こる。これにもアクチンフィラメントが働く。

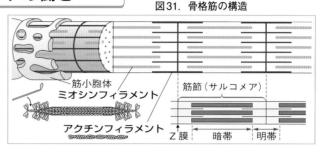

図31. 骨格筋の構造

筋小胞体
ミオシンフィラメント
アクチンフィラメント
Z膜　暗帯　明帯
筋節（サルコメア）

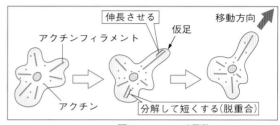

伸長させる　移動方向
アクチンフィラメント　仮足
アクチン
分解して短くする（脱重合）

図32. アメーバ運動

③ 微小管と中間径フィラメントの働き

■ **中心体と紡錘糸**…中心体は，**中心小体（中心粒）**とそのまわりの**微小管**からなる。中心小体は**三連微小管**（3つの微小管が結合したもの）9組でできている。中心体は微小管形成の中心となり，細胞分裂のとき，ここから微小管が伸びて**紡錘糸**となる。

■ **繊毛・鞭毛** 中心体は繊毛・鞭毛形成の起点となる。

■ **中間径フィラメント** 中間径フィラメントは丈夫で，接着タンパク質と結合して細胞どうしを結合する（⇒p.80）。

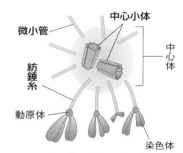

中心小体
微小管
中心体
紡錘糸
動原体
染色体

図33. 中心体の構造と紡錘糸

④ モータータンパク質と細胞骨格

■ **ミオシン** ミオシンは**モータータンパク質**として細胞骨格の1つである**アクチンフィラメント**上を動き，細胞小器官などを運ぶ。ミオシンはATP分解酵素としての活性をもち，ATPのエネルギーで歩行するように動く。

〔例〕**原形質流動**（細胞質流動）…オオカナダモなどで，葉緑体が動いて見える現象。

■ **キネシンとダイニン** 微小管上を移動する**キネシン**と**ダイニン**もATP分解酵素の活性をもち，**モータータンパク質**として微小管上を歩行して細胞小器官などを運ぶ。

葉緑体などの積み荷
アクチンフィラメント
ミオシン
ミトコンドリアなどの積み荷
微小管　キネシン　＋端側へ移動
（－）端　（＋）端
ダイニン
ダイニンと積み荷を結合するタンパク質
－端側へ移動
葉緑体などの積み荷

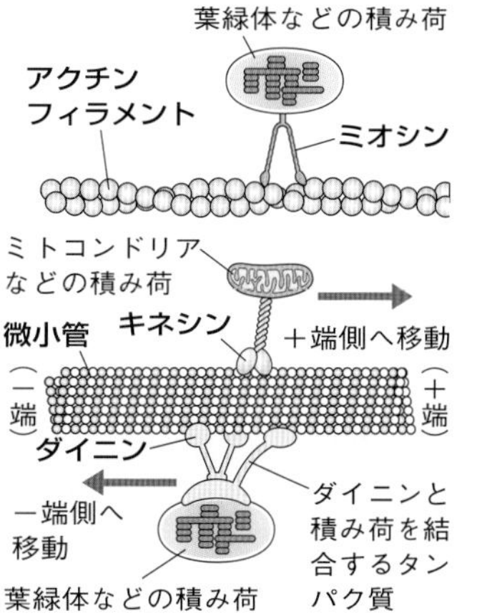

図34. モータータンパク質

6 酵素

酵素はタンパク質でできた触媒で，複雑な立体構造をもつタンパク質の凹みが酵素の活性部位となっている。そのため酵素は無機触媒とは異なる性質をもつ。

1 触媒と活性化エネルギー

触媒 化学反応の進行を助けるが，それ自身は反応の前後で変化しない物質を触媒という。白金や酸化マンガン(IV)などの金属触媒(無機触媒[1])のほか，タンパク質でできている酵素も触媒としての働きをもつ。

活性化エネルギー 化学反応を進行させるには，反応させる物質を活性化するためのエネルギーが必要である。触媒はこの活性化に必要なエネルギー量を減少させて生体内のように温度やpHが緩やかな反応条件でも速やかに化学反応を進行させる働きをもつ。

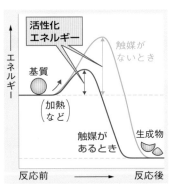

図35. 活性化エネルギーと触媒

◇1. 無機触媒と生体触媒
金属や金属の酸化物，無機化合物などの無機触媒に対して，カタラーゼやペプシンなどの酵素は生物体内でつくられたタンパク質を主成分とする触媒なので，生体触媒と呼ばれる。

2 酵素の反応

酵素とは 酵素はタンパク質を主成分とする生体触媒[1]で，反応の前後で変化せず，同じ分子がくり返し触媒作用を示す。

基質と生成物 酵素の作用を受ける物質を基質，反応後に生じる物質を生成物という。

活性部位 酵素には特有の立体構造をした活性部位と呼ばれる凹みがあり，ここに基質が結合して酵素−基質複合体をつくり，酵素作用が起こる(⇒図36)。

補助因子 酵素には，タンパク質以外の有機物や金属などの補助因子をもつことではじめて活性を示すものがある。そのうちタンパク質部分からはずれやすい低分子の有機化合物を補酵素といい，活性部位に結合して働く。

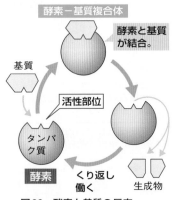

図36. 酵素と基質の反応

ポイント
〔酵素反応〕
基質＋酵素 ⇒ 酵素−基質複合体 ⇒ 生成物＋酵素
基質が酵素の活性部位に結合すると酵素の作用を受ける。

③ 酵素のもつ性質

■ **基質特異性**　酵素は，活性部位で基質と結合して反応を促進するため，それぞれ活性部位の立体構造に対応した特定の基質としか反応しない。この性質を酵素の**基質特異性**という。

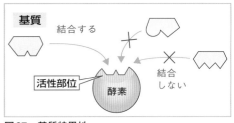

図37．基質特異性

■ **最適温度**　一般に化学反応は温度が高いほど速く進行する。酵素による反応も同様であるが，酵素はタンパク質でできているため，一定温度以上になるとタンパク質の立体構造が変化して変性し，失活するために急激に反応速度は低下する。酵素が最もよく働く温度を**最適温度**という。

■ **最適pH**　酵素はタンパク質でできているため，強い酸や強いアルカリで立体構造が変化して変性してしまうものが多い。このため，溶液のpHによって酵素の活性は変化する。酵素活性が最大になるpHを**最適pH**という。

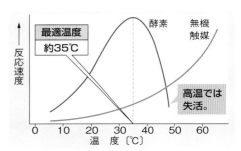

図38．最適温度

〔酵素の特性〕

> **基質特異性**…1種類の酵素は1種類の基質としか反応しない。
>
> **最適温度**…多くの酵素では30〜40℃の範囲にある。
>
> **最適pH**　例　ペプシン：pH2付近，
> トリプシン：pH8付近，
> だ液アミラーゼ：pH7付近

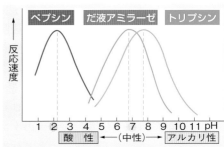

図39．最適pH

■ **基質濃度と反応速度**　一定量の酵素に対して反応する基質濃度を上げていくと，酵素は基質と結合しやすくなるため，基質濃度が低いうちは基質濃度に比例して反応速度は上昇する。しかし，基質濃度がある程度に達すると，すべての酵素が酵素−基質複合体をつくっている状態になる。酵素−基質複合体から生成物をつくるまでに要する時間は一定であるため，さらに基質濃度を上げても反応速度は一定となる。

基質濃度と反応速度…酵素反応の速度は**基質濃度に比例**するが，一定以上の基質濃度では，酵素反応はそれ以上速くならない。

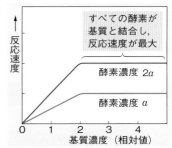

図40．基質濃度と反応速度

4 酵素の働きを助ける補酵素

■ **補酵素**　酵素の触媒作用のために，酵素タンパク質以外に金属や低分子有機化合物などの**補助因子**が必要な場合もある。このうち，**タンパク質からはずれやすい低分子有機化合物を補酵素**といい，**活性部位に結合して働く**。

■ **脱水素酵素の補助因子**　**脱水素酵素**(デヒドロゲナーゼ)の補助因子には，呼吸で働く**NAD⁺**(ニコチンアミドアデニンジヌクレオチド)（⇨p.95），と**FAD**(フラビンアデニンジヌクレオチド)，光合成で働く**NADP⁺**(ニコチンアミドアデニンジヌクレオチドリン酸)（⇨p.101）などがある。✪2

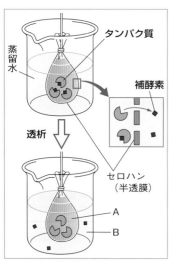

✪2. NAD^+，$NADP^+$(補酵素)，FAD(タンパク質と強く結合)には酸化型と還元型がある。

酸化型		還元される → / ← 酸化される	還元型
NAD^+			NADH
$NADP^+$	＋e^-（電子）	⇄	NADPH
FAD			FADH

✪3. 酸化型のNAD^+は他の物資から電子を受け取って還元型のNADHとなり，NADHはさらに他の物資へ電子を渡すことで，自分は再び酸化型のNAD^+に戻る。

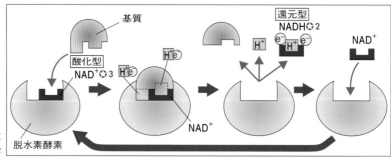

図41. 脱水素酵素と補酵素の働き

■ **透析と補酵素**　大きさの異なる物質をセロハンなどの半透膜によって分離することを**透析**という。補酵素をもつ酵素は，透析によって本体のタンパク質と補酵素に分離することができる。

■ **透析実験**　酵素のタンパク質部分と補酵素は，酵素をセロハンなどの半透膜に包んで蒸留水につけると，高分子のタンパク質部分は膜内に，低分子の補酵素は外液に分離される(透析)。内液をA，外液をBとすると，

- Aのみ　⇨　酵素反応しない。
- A＋B　⇨　**酵素反応する。**
- 煮沸A ＋ B　⇨　酵素反応しない。
- A ＋ 煮沸B　⇨　**酵素反応する。**

■ **結果**　内液に含まれる**酵素タンパク質は熱に弱く**，高温では失活するが，外液に含まれる**補酵素は比較的熱に強く**，ふつう煮沸ぐらいでは変化しない。

図42. 補酵素と透析

ポイント
酵素＝タンパク質＋低分子有機化合物（補酵素）
タンパク質 → 熱に弱い　　低分子有機化合物（補酵素） → 熱に強い

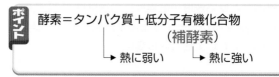

5 基質に似た物質による酵素作用の阻害

■ **競争的阻害** 酵素の基質と形がよく似た物質(阻害物質)があると，基質との間で活性部位を奪い合う競争が起こり，酵素反応が阻害される。これを**競争的阻害**という。

■ **基質濃度と競争的阻害** 競争的阻害は基質濃度が上昇すると基質と酵素の結合する確率が上昇するため，阻害の程度は低下する。

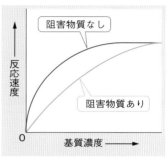

図44. 基質濃度と競争的阻害

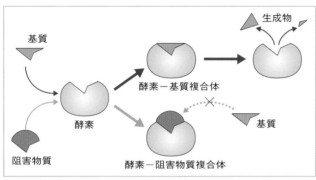

図43. 競争的阻害のしくみ

〔競争的阻害〕
基質と構造のよく似た物質は阻害物質となる。
基質濃度が上昇すると阻害の程度は低下する。

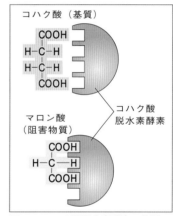

図45. コハク酸脱水素酵素の基質
（コハク酸）と阻害物質

6 最終生産物による酵素反応の調節

■ **フィードバック調節** 細胞内には，一連の代謝経路があり，その最終産物が代謝の初期の反応に関係する酵素の働きを調節して反応系全体の進行具合を調節することを**フィードバック調節**という。最終産物が初期の反応を阻害して反応系の進行を止めることを**フィードバック阻害**という。

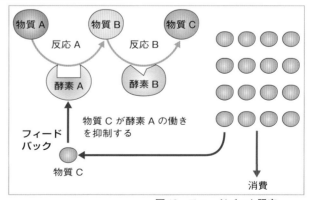

図46. フィードバック阻害

フィードバック調節…最終産物が初期反応の酵素に働いて生成物の量を調節

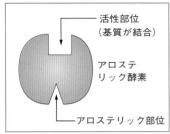

図47. アロステリック酵素

7 活性部位以外に穴ぼこがある酵素

■ **アロステリック酵素** 酵素には，基質と結合する活性部位とは別に，特定の物質と結合する部分（アロステリック部位）をもつ酵素がある。これを**アロステリック酵素**という。

■ **アロステリック効果** アロステリック酵素のアロステリック部位に特定の物質が結合することによって酵素の活性部位の構造が変化することを**アロステリック効果**といい，このような阻害を**非競争的阻害**という。

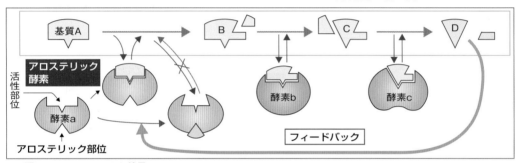

図48. アロステリック効果

ポイント アロステリック酵素…アロステリック部位をもつ。
非競争的阻害…アロステリック効果による阻害。

8 いろいろな酵素

■ 生体内で働く酵素は，次のように3つに大別できる。

表3. いろいろな酵素

酵素の種類	酵素の例	酵素の働き
酸化還元酵素 （酸化還元反応に関係する）	脱水素酵素（デヒドロゲナーゼ） 酸化酵素 カタラーゼ	基質から水素を奪う。 基質と酸素を結合する。 $2 H_2O_2$（過酸化水素）$\longrightarrow 2 H_2O + O_2$
加水分解酵素 （基質を加水分解する）	アミラーゼ ペプシン リパーゼ ATPアーゼ	デンプン$\longrightarrow$マルトース（麦芽糖） タンパク質$\longrightarrow$ペプチド 脂肪$\longrightarrow$脂肪酸＋モノグリセリド ATP$\longrightarrow$ADP＋リン酸
その他の酵素 （酸化還元反応・加水分解以外の反応に関係する）	アミノ基転移酵素 （トランスアミナーゼ） 脱炭酸酵素 （デカルボキシラーゼ） DNAリガーゼ	基質からアミノ基($-NH_2$)を奪い他の物質に移動させる。 基質のカルボキシ基($-COOH$)を分解してCO_2を発生させる。 DNAどうしを結合させる。

重要実験 酸素の反応条件を調べる実験

温度・熱と pH の影響をしっかりおさえよう！

方法

1. 5gの肝臓片を乳鉢ですりつぶし，10mLの蒸留水を加えたものを酵素液Ⅰとする。
2. 5gのシロツメクサを乳鉢ですりつぶし，10mLの蒸留水を加えたものを酵素液Ⅱとする。
3. 酸化マンガン(Ⅳ)の粉末5gに10mLの蒸留水を加えたものを無機触媒とする。
4. 細かな石英砂5gに10mLの蒸留水を加えたものを対照実験に使用する液とする。
5. 基質として4%の過酸化水素水，pH調節用に1%の水酸化ナトリウム(NaOH)溶液と1%の塩酸(HCl)溶液を用意して，下図のように組み合わせて加え，反応を観察する。

1 肝臓片　2 シロツメクサ　3 MnO_2　4 石英砂

すりつぶす

いずれか

5 水（中性）
HCl（酸性）
NaOH（アルカリ性）

いずれか

4%過酸化水素水
基質

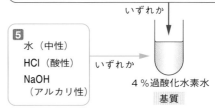

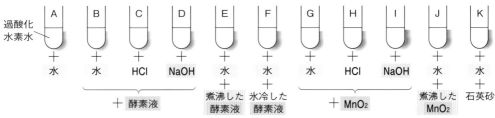

過酸化水素水

A	B	C	D	E	F	G	H	I	J	K
+	+	+	+	+	+	+	+	+	+	+
水	水	HCl	NaOH	水	水	水	HCl	NaOH	水	水

＋酵素液（B,C,D）　煮沸した酵素液（E）　氷冷した酵素液（F）　＋MnO_2（G,H,I）　煮沸したMnO_2（J）　石英砂（K）

結果

各試験管の泡の発生量をまとめると次のようになった。+は泡の発生を，+の数はその量を示す。−は泡が発生しなかったことを，±は泡の発生がわずかであったことを示す。

試験管	A	B	C	D	E	F	G	H	I	J	K
酵素液Ⅰ	−	+++	−	−	−	+	+++	+++	+++	++++	−
酵素液Ⅱ	−	+	−	−	−	±	+++	+++	+++	++++	−

考察

1. 実験区Bで起こる反応の反応式を示せ。 → $2H_2O_2 \longrightarrow 2H_2O + O_2$
2. この実験でH_2O_2を分解する触媒作用を示した物質名を2つ答えよ。 → 酸化マンガン(Ⅳ)，カタラーゼ
3. 煮沸した実験区Eでは泡の発生が見られなかった。これはなぜか。 → 熱によって酵素が失活したため。
4. NaOHやHClを加えた実験区C，Dでは泡の発生が見られなかったのはなぜか。 → カタラーゼの最適pHは約7であり，強い酸性や強いアルカリ性では酵素の活性が低下するため。
5. 実験区Fではなぜ泡の発生が少ないか。 → 温度が低いと反応速度が低下するから。
6. 酵素液Ⅱでは泡の発生量がなぜ少ないか。 → 植物の酵素活性は低いから。

1 ☐ 　細胞内でタンパク質を合成する場となる細胞小器官を何という？

2 ☐ 　1が多数表面に付着した小胞体を何という？

3 ☐ 　DNAがヒストンに巻きついた状態の構造を何という？

4 ☐ 　原核細胞になくて真核細胞にあるものは何か？

5 ☐ 　生体膜を構成する2つの物質は何か？

6 ☐ 　5からなる生体膜の構造を示したモデルを何という？

7 ☐ 　生体膜が特定の物質だけを透過させる性質を何という？

8 ☐ 　生体膜がエネルギーを使って物質を輸送することを何という？

9 ☐ 　タンパク質を構成する単位となる物質は何か？

10 ☐ 　タンパク質を構成するアミノ酸の配列をタンパク質の何次構造という？

11 ☐ 　複数のポリペプチドがつくるタンパク質の構造を何次構造という？

12 ☐ 　タンパク質の立体構造が熱や酸で変化することを何という？

13 ☐ 　生体膜にはまっていて，イオンなどを通す輸送タンパク質を何という？

14 ☐ 　13の一種で水を通す輸送タンパク質を何という？

15 ☐ 　ATPのエネルギーを用いてNa^+を運ぶ生体膜の輸送タンパク質を何という？

16 ☐ 　細胞の構造を支える，タンパク質でできた繊維状構造を何という？

17 ☐ 　3種類ある16のうち，アメーバ運動に重要な働きを果たしているのは？

18 ☐ 　3種類ある16のうち，細胞分裂のときに紡錘糸をつくるのは？

19 ☐ 　酵素が基質と結合する部分を何という？

20 ☐ 　1種類の酵素が1種類の基質としか反応しない性質を何という？

21 ☐ 　酵素が最もよく働く温度を何という？

22 ☐ 　活性部位以外に阻害物質が結合して起こる反応阻害を何という？

23 ☐ 　酵素の働きを助ける低分子の有機化合物でタンパク質からはずれやすいものを何という？

解答

1. リボソーム	8. 能動輸送	15. ナトリウムポンプ	22. アロステリック阻害
2. 粗面小胞体	9. アミノ酸	16. 細胞骨格	23. 補酵素
3. クロマチン繊維	10. 一次構造	17. アクチンフィラメント	
4. 核と細胞小器官	11. 四次構造	18. 微小管	
5. リン脂質，タンパク質	12. 変性	19. 活性部位	
6. 流動モザイクモデル	13. チャネル	20. 基質特異性	
7. 選択的透過性	14. アクアポリン	21. 最適温度	

定期テスト予想問題 解答→ p.251~253

① 細胞の構造

下の図は、電子顕微鏡で観察した動物細胞と植物細胞の微細構造を示したものである。各問いに答えよ。

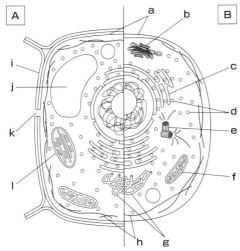

(1) Aで示された側は植物細胞，動物細胞のいずれを示しているか。

(2) 図中のa～lの名称をそれぞれ答えよ。

(3) 次の①，②を，図中のa～gから選べ。
   ① タンパク質合成の場となる構造
   ② タンパク質をbへと輸送する構造

② 細胞内構造の働き

下の(1)～(5)の働きをもつ細胞小器官の名称を，それぞれ答えよ。

(1) 二重の膜に包まれ，酸素を使って有機物を分解し，ATPを生産する場である。

(2) 一重の膜からなる袋状の構造が層状に重なった細胞小器官で，タンパク質を小胞で包んで細胞外に分泌しやすくする。

(3) 内部には消化酵素が含まれており，細胞内の不要物を分解する。

(4) 二重の膜に包まれており，内部にはチラコイドという光合成色素を含む膜構造があり，

光エネルギーを利用して，二酸化炭素と水から有機物を合成する。

(5) 表面には多数のリボソームが付着しており，タンパク質を小胞で包み(2)の細胞小器官へ輸送する。

③ 生体膜の構造

下の図は，生体膜の構造を分子レベルで示したものである。各問いに答えよ。

（細胞外）

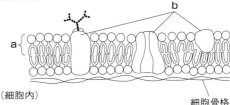

（細胞内）　　　　　　　　　　　　細胞骨格

(1) 図中のa，bの物質名をそれぞれ答えよ。

(2) 図で示したような生体膜の構造モデルを何というか。

(3) 図中のaの分子では，水になじみやすい部分（親水基）は，○の部分と棒で示した部分のどちらか。

(4) 生体膜が特定の物質を透過させる性質を何というか。

(5) 生体膜を通じた物質の輸送のうち，濃度勾配にしたがって生体膜の内外の物質を輸送することを何というか。

(6) 生体膜を通じた物質の輸送のうち，(5)とは逆に，濃度勾配に逆らって生体膜の内外の物質を輸送することを何というか。

④ タンパク質の構成単位

右の図は，タンパク質の構成単位を示したものである。各問いに答えよ。

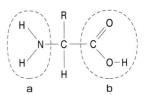

(1) 図のような化合物を何というか。

(2) 図中の a, b の名称をそれぞれ答えよ。

(3) 図中の R で示したものは, 生体を構成するタンパク質としては何種類あるか。

(4) 図の化合物 2 分子の隣接する部分から水がとれてできる結合を何というか。

5 タンパク質の立体構造

(1) タンパク質の二次構造のうち, 次の立体構造の名称をそれぞれ答えよ。
① 側鎖が外側を向いたらせん状の構造
② 平行したポリペプチドがびょうぶ状に折れ曲がった構造

(2) タンパク質の一次構造にもとづいて固有の立体構造をつくる過程の名称を答えよ。

6 膜タンパク質の働き

下の図は, 輸送タンパク質の働きを模式的に示したものである。各問いに答えよ。

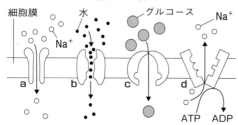

(1) a のように, イオンの透過を調節する輸送タンパク質を何というか。

(2) b のように, 水の透過を調節する輸送タンパク質を何というか。

(3) c のように特定の分子の透過を調節する輸送タンパク質を何というか。

(4) d のように, ATP を消費しながら Na^+ を運ぶ輸送タンパク質を何というか。

(5) 受動輸送をするタンパク質を, a〜d からすべて選び, 記号で答えよ。

7 細胞間結合

右の図は, いろいろな細胞間結合に働くタンパク質を示したものである。各問いに答えよ。

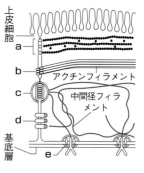

(1) 図の a〜e のような細胞間結合をそれぞれ何というか。下から選べ。
ア ギャップ結合　イ 密着結合
ウ デスモソーム
エ ヘミデスモソーム　オ 接着結合

(2) 消化管の内面の上皮細胞などの結合に使われ, 小さな分子でも通さないほど密な結合はどれか。図中の記号で答えよ。

(3) 中空のタンパク質による結合で, 管の中空の部分をイオンなどが移動する結合はどれか。図中の記号で答えよ。

(4) カドヘリンなどのタンパク質が関係する結合はどれか。図中の記号で答えよ。

(5) a〜e の結合の中で, 最も強固な結合をつくるのはどれか。(1)のア〜オで答えよ。

8 細胞骨格

下の図の細胞骨格について, 各問いに答えよ。

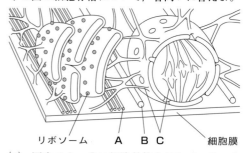

(1) 図中の A〜C は細胞骨格を示している。A〜C の名称をそれぞれ答えよ。

(2) 次の細胞骨格を図中の記号で答えよ。
　① 細胞分裂のときに紡錘糸をつくる。
　② アメーバ運動に関係する。
　③ 骨格筋の収縮に関係する。
　④ 繊毛や鞭毛の形成に関係する。
(3) 図中のA〜Cのうち，最も強度があるものはどれか。図中の記号で答えよ。

⑨ 酵素の性質

図Ⅰ〜Ⅲは，いろいろな条件での酵素反応の速度を示したものである。各問いに答えよ。

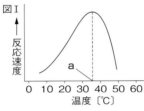

(1) 図Ⅰのaの温度を何というか。
(2) 図Ⅰのa以上の温度で反応速度が急激に低下している理由を説明せよ。
(3) 図ⅡのbのpHを何というか。

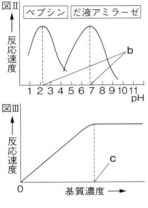

(4) 図Ⅱのb以外のpHでは反応速度が低下する理由を説明せよ。
(5) 図Ⅲのcまでの基質濃度では，濃度が上がるにつれて反応速度が速くなるのはなぜか。
(6) 図Ⅲのc以上の基質濃度では，濃度が上がっても反応速度が上昇しないのはなぜか。

⑩ 酵素反応

アルコールを分解するチマーゼという酵素（群）がある。これの酵素液をセロハン膜に包んで蒸留水に浸して1日置いた。セロハン膜に包ま

れた内液をA，外液をBとした。AとB液の組み合わせと酵素反応の関係を調べたところ，次のようになった。反応した場合を＋，しない場合を−で示した。各問いに答えよ。

	液の組み合わせ	反応
①	A液＋B液	＋
②	A液のみ	−
③	B液のみ	−
④	A液＋煮沸B液	＋
⑤	煮沸A液＋B液	−

(1) B液に含まれるような性質を示す物質を何というか。
(2) ④では反応が起こったが，⑤では反応が起こらなかった理由を説明せよ。

⑪ 酵素反応の調節のしくみ

下の図は，一連の酵素群による反応調節のしくみを示したものである。各問いに答えよ。

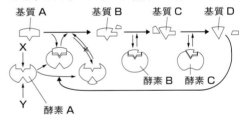

(1) 図中の酵素Aのようなタイプの酵素を何というか。
(2) 酵素AのX，Yの各部分のへこみをそれぞれ何というか。
(3) 基質以外のものが酵素AのYの部分に結合することによって，酵素Aの立体構造が変化してXに基質が結合できなくなることを何というか。
(4) このようなしくみで最終生産物の量を調節するしくみを何というか。
(5) (4)のような阻害を何というか。
(6) (4)のような調節のしくみは，生体内にとってどのような意義があるか。

代謝とエネルギー

1 代謝とエネルギー

☆1. 代謝

代謝 {
- 同化…物質の合成
  - 炭酸同化
    - (光合成，化学合成)
  - 窒素同化
- 異化…物質の分解
  - 呼吸
  - 発酵
}

■ 細胞内で酵素の触媒作用によって起こる化学反応や，物質の合成や分解といった物質の変化をまとめて**代謝**という。

1 代謝と物質の変化

■ **代謝とエネルギー代謝** 細胞内で起こる物質の化学反応をまとめて代謝といい，同化と異化の2つに大別される[☆1]。また，このとき代謝に伴ってエネルギーの変化や出入りも起こり，これを**エネルギー代謝**という。

■ **同化** CO_2 や H_2O などの簡単な物質から自分に有用な物質(有機物)を合成する過程を**同化**といい，エネルギーを必要とするエネルギー吸収反応である。同化には，CO_2 を同化する炭酸同化，窒素を同化する窒素同化などがある。

■ **異化** 体内の複雑な有機物を分解して簡単な物質にする過程を**異化**といい，エネルギー放出反応である。グルコースを分解してエネルギーを取り出す呼吸は異化の代表である。呼吸の反応において酸素を利用する場合を呼吸，酸素を利用しない場合を発酵(⇒p.98)という。

図1. 生物界における代謝と
エネルギー代謝

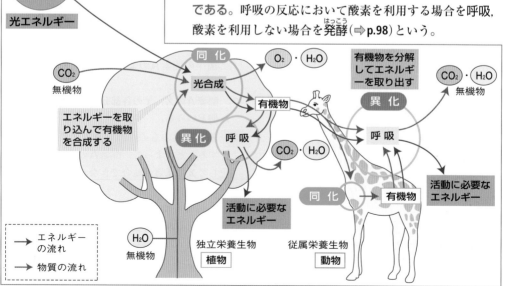

〔代謝〕
｛同化…有機物を合成。エネルギーを使う・蓄える。
｛異化…有機物を分解。エネルギーを取り出す。

② 独立栄養生物と従属栄養生物

■ **独立栄養生物**　緑色植物のように炭酸同化によって有機物をつくる能力をもつ生物を，**独立栄養生物**という。
■ **従属栄養生物**　自らは炭酸同化できないため，他の生物がつくった有機物を摂取する生物を**従属栄養生物**という。

> 光合成を行わないけど，化学合成細菌も独立栄養生物だよ。

③ エネルギーの通貨ATP

■ **ATP**　エネルギー代謝では，ATP（アデノシン三リン酸）と呼ばれる物質が仲立ちをしている。
■ **高エネルギーリン酸結合**　ATPは塩基であるアデニン[*2]と糖の一種リボース[*3]にリン酸が3個直列に結合した物質である。このリン酸どうしの結合が切れるとき，多量のエネルギーが放出されるので，この結合を**高エネルギーリン酸結合**という。
■ **エネルギーの通貨**　生体内では，ATPをADP（アデノシン二リン酸）とリン酸に分解してエネルギーを取り出し，異化などで生じたエネルギーはADPとリン酸からATPを合成して蓄える。生命活動で使われるエネルギーはATPから取り出したものが使われる。これはすべての生物に共通で，ATPは「**エネルギーの通貨**」と呼ばれる。

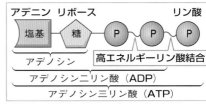

図2．ATPの構造

〔ATP（アデノシン三リン酸）〕
｛リン酸どうしの結合は高エネルギーリン酸結合
｛生命活動における「エネルギーの通貨」

✿**2．アデニン**
アデニンはDNAを構成する塩基の1つでもあり略号Aで示される。

✿**3．リボース**
リボースは炭素数5のRNAの材料となる糖で$C_5H_{10}O_5$で示される。アデニンとリボースが結合したものをアデノシンと呼ぶ。

図3．エネルギーの通貨としてのATPの働き

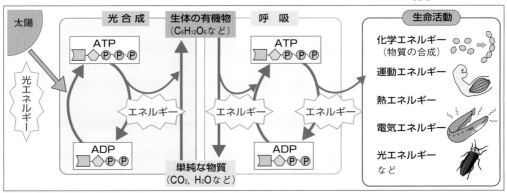

2 呼吸

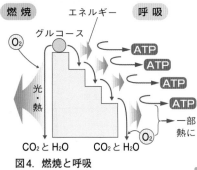

燃焼　　　エネルギー　　呼吸

図4. 燃焼と呼吸

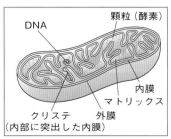

図5. ミトコンドリアのつくり

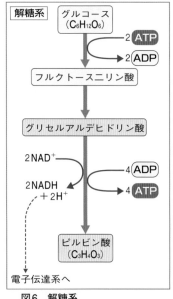

図6. 解糖系

■ 酸素を使って有機物を分解して，生じるエネルギーをATPとして取り出す過程を**呼吸**という。

1 呼吸と燃焼

■ **呼吸と燃焼**　有機物などの急激な酸化が**燃焼**で，光と高熱を発生する。一方，**呼吸**は有機物を段階的に酸化してエネルギーを取り出す過程で，放出されたエネルギーは効率的にATPに蓄えられる。

■ **ミトコンドリア**　呼吸はミトコンドリアで進行する。ミトコンドリアは二重の膜で囲まれ，内膜は**クリステ**という多数の突起をもつ。内膜で囲まれた部分を**マトリックス**(基質)という。ミトコンドリアは独自のDNAをもつ。

 ミトコンドリア…呼吸の場。内膜の突起を**クリステ**，その内側の基質を**マトリックス**という。

2 有機物からATPを取り出す呼吸のしくみ

■ **呼吸の過程**　①解糖系→②クエン酸回路→③電子伝達系の順に進む。解糖系の反応は細胞質基質で，クエン酸回路と電子伝達系はミトコンドリア内で進む。

■ **酸素の消費**　呼吸の過程で酸素が使われ，電子伝達系で生成した水素が酸化されて無害な水になる。

■ **呼吸のしくみ**

①解糖系(細胞質基質での反応)

・解糖系では2分子のATPを使ってグルコースを活性化した後，分解して2分子の**ピルビン酸**，2 NADH，$2H^+$ができる。このとき，4分子のATPが生じる(基質レベルのリン酸化)ので，差し引きで2 ATP生成する。

・反応式：$C_6H_{12}O_6 + 2NAD^+$

$$\longrightarrow 2C_3H_4O_3 + 2NADH + 2H^+ + 2ATP$$

 解糖系…細胞質基質で起こる。酸素は不要。
グルコース ⇨ ピルビン酸，ATP，NADH，H^+

② **クエン酸回路**(ミトコンドリアのマトリックス(基質)での反応)

- ピルビン酸は**脱炭酸酵素**の働きでC_2化合物となり,さらにコエンザイムA(CoA)という補酵素が結合して**アセチルCoA**(活性酢酸)となる。

- アセチルCoAは**オキサロ酢酸**(C_4化合物)と結合して**クエン酸**(C_6化合物)となる。

- クエン酸は脱炭酸酵素の働きで段階的にCO_2を放出し,脱水素酵素(補酵素はNAD⁺, FAD)の働きで**オキサロ酢酸**にもどる。この回路状の反応を**クエン酸回路**という。

- 解糖系と同様,反応過程で基質レベルのリン酸化でリン酸がADPに付加してATPが2分子できる。

- 反応式:$2C_3H_4O_3 + 6H_2O + 8NAD^+ + 2FAD$
$$\longrightarrow 6CO_2 + 8NADH + 8H^+ + 2FADH_2 + 2ATP$$

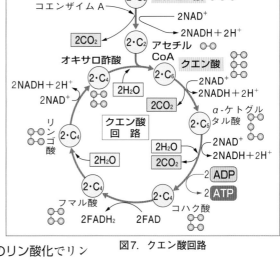

◯は炭素を示す　　　　(解糖系より)

図7. クエン酸回路

ポイント
クエン酸回路…マトリックスでの反応
ピルビン酸 ⇨ CO_2, ATP, NADH, H⁺, $FADH_2$

③**電子伝達系**(ミトコンドリアの内膜での反応)

- NADHやFADH₂が運んできた電子(e⁻)は**電子伝達系**に渡され,ミトコンドリアの内膜にあるタンパク質複合体の間を受け渡される。このとき生じた**エネルギー**を利用し,H⁺をマトリックス側から膜間(外膜と内膜の間)に出す。

- 膜間のH⁺濃度が高くなると,H⁺は濃度勾配にしたがい,**ATP合成酵素**を通ってマトリックス側にもどる。

- ATP合成酵素はこのH⁺の流れを使い,ATPを合成する。これを**酸化的リン酸化**といい,最大**34ATP**生成する。

- 電子伝達系を流れた電子とH⁺は,酸素で酸化されて無害な水となる。

- 反応式:$10NADH + 10H^+ + 2FADH_2 + 6O_2$
$$\longrightarrow 10\,NAD^+ + 2FAD + 12H_2O + 最大34ATP$$

☆1. NAD⁺はニコチンアミドアデニンジヌクレオチド,FADはフラビンアデニンジヌクレオチドの略。

図8. 電子伝達系

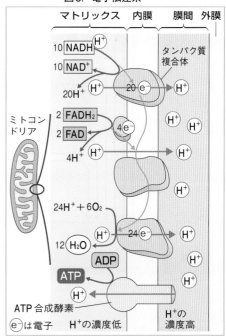

e⁻は電子　　H⁺の濃度低　　H⁺の濃度高

電子伝達系…ミトコンドリアの内膜での反応
H$^+$と電子は酸素O$_2$で酸化されてH$_2$Oとなる。
H$^+$の流れでATP合成酵素はATPを合成
（酸化的リン酸化）

④呼吸全体の反応式

$$C_6H_{12}O_6 + 6H_2O + 6O_2 \longrightarrow 6CO_2 + 12H_2O + 最大38\,ATP$$

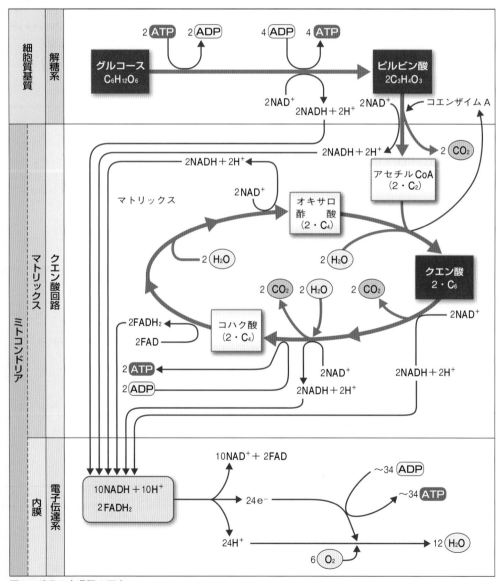

図9. 呼吸の全過程の反応

③ タンパク質・脂肪の分解

■ **タンパク質の分解**　タンパク質は加水分解されてアミノ酸となる。アミノ酸は**脱アミノ反応**でアミノ基($-NH_2$)を**アンモニア**(NH_3)として遊離する。アミノ基以外の部分は、ピルビン酸や有機酸となってクエン酸回路に入って分解される。有害なアンモニアは、肝臓の尿素回路で毒性の低い尿素に変えられ、腎臓を通じて排出される。

■ **脂肪の分解**　脂肪は加水分解されて**グリセリン**と**脂肪酸**となる。

・グリセリン…解糖系に入って分解される。
・脂肪酸…端から炭素数2個の化合物として切り取られ、これに**コエンザイムA**が結合して**アセチルCoA**となる（**β酸化**）。アセチルCoAは**クエン酸回路**に入り、最終的にCO_2とH_2Oに分解される。

✿2. 脊椎動物の窒素排出物
アンモニアは、両生類や哺乳類では肝臓の尿素回路（オルニチン回路）で毒性の低い尿素に変えられ、腎臓を通じて尿に含まれた状態で体外に排出される。ハ虫類や鳥類では、排出に用いる水の不足や卵殻内での蓄積に対応するため、アンモニアを水に不溶性で無毒な尿酸に変えて排出している。

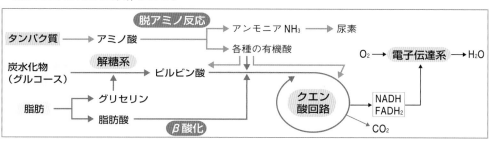

図10. 各呼吸基質の分解経路

④ 呼吸商でわかる呼吸基質

■ **呼吸商(RQ)**　呼吸で発生するCO_2と消費したO_2の体積比 $\dfrac{CO_2}{O_2}$ を**呼吸商**(RQ)という。次のように呼吸商は呼吸基質によって異なるため、呼吸商から消費された有機物を推定することができる。

■ 炭水化物　$C_6H_{12}O_6 + 6H_2O + 6O_2 \longrightarrow 6CO_2 + 12H_2O$
グルコース

$\Rightarrow RQ = \dfrac{6}{6} = 1.0$

■ 脂肪　$2C_{57}H_{110}O_6 + 163O_2 \longrightarrow 114CO_2 + 110H_2O$
トリステアリン

$\Rightarrow RQ = \dfrac{114}{163} \fallingdotseq 0.7$

■ タンパク質　$2C_6H_{13}O_2N + 15O_2 \longrightarrow 12CO_2 + 10H_2O + 2NH_3$
ロイシン

$\Rightarrow RQ = \dfrac{12}{15} = 0.8$

ポイント　〔いろいろな呼吸基質の呼吸商(RQ)〕
炭水化物：1.0，脂肪：約0.7，タンパク質：約0.8

3 発酵

☘ **1. 発酵と嫌気呼吸**
かつては，酸素を使わない異化を嫌気呼吸と呼び，発酵はその1つとして扱われていた。しかし，嫌気呼吸は脱窒やメタン発酵など反応が全く異なる代謝も指すためここでは嫌気呼吸の語は用いない。

☘ **2.** 反応生成物であるNADHが蓄積すると，NADHを生成する反応は停止してしまい，ADPとリン酸からATPを生成することができなくなる。そのため，NADHを何らかの方法で酸化してNAD⁺にもどす必要がある。

■ 酸素を使わずに呼吸基質を分解してエネルギーを取り出す過程を**発酵**$^{♿1}$という。

① 発酵とは

■ **発酵** グルコースなどの有機物を酸素のない条件下で分解して，細胞質基質でADPとリン酸からATPを生成する過程を**発酵**という。発酵の過程では，脱水素酵素の働きで生じたNADHはピルビン酸を乳酸などに還元するために使われ，NADHは酸化されてNAD⁺へと再生される$^{♿2}$。これによって，ピルビン酸やNADHが蓄積して解糖系の反応が停止しないようにしている。

② 乳酸発酵

■ **乳酸発酵** 乳酸菌が酸素を使わずにグルコースを乳酸に分解する過程を**乳酸発酵**という。

■ **乳酸発酵の過程** 乳酸菌は解糖系で，グルコースを2分子の**ピルビン酸**に分解する。この過程では，グルコースを活性化するために2ATPを消費し，4ATPができる。つまり，差し引き2ATPが生成する。また，同時に2NADHができる。

NADHやピルビン酸が解糖系内に蓄積すると反応を継続することができないので，ピルビン酸（$C_3H_4O_3$）を乳酸（$C_3H_6O_3$）に還元するときに，NADHを酸化してNAD⁺にもどして再生している。その結果，解糖系の反応を継続させることができる。

生成した乳酸は細胞外に放出される。これを利用してヨーグルトや漬け物などの発酵食品がつくられる。

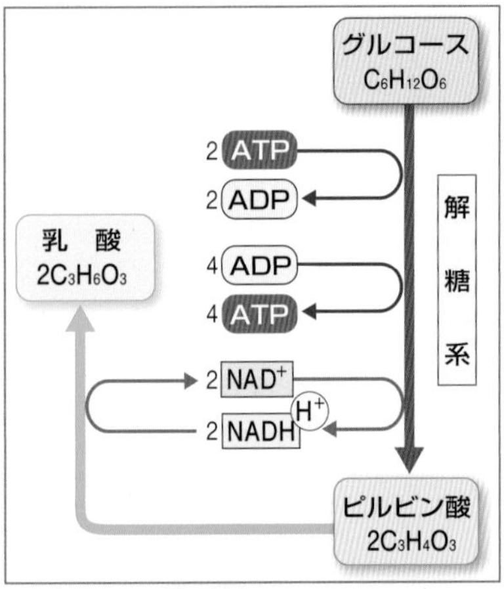

図11. 乳酸発酵のしくみ

■ **乳酸発酵の反応式**

$C_6H_{12}O_6$（グルコース）$\longrightarrow 2C_3H_6O_3$（乳酸）$+ 2ATP$

> **ポイント**
> 〔乳酸発酵〕
> 乳酸菌が行う発酵，2分子の乳酸と2ATPが生成
> $C_6H_{12}O_6 \longrightarrow 2C_3H_6O_3 + 2ATP$

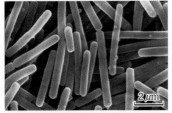

図12. 乳酸菌

③ 解糖

■ **解糖** 激しい運動をしている筋肉などでは，ATPの供給が不足すると，乳酸発酵と同じ過程でグルコースやグリコーゲンを分解してATPを生成する。この過程を解糖という。解糖の結果，筋肉には**乳酸**が蓄積する。

■ **解糖の反応式**

$$C_6H_{12}O_6 やグリコーゲン \longrightarrow 2C_3H_6O_3 + 2ATP$$
（グルコース） 　　　　　　　　　（乳酸）

〔解糖〕
グルコースなどを乳酸に分解してATPをつくる。
　$(C_6H_{10}O_5)_n$，$C_6H_{12}O_6 \longrightarrow 2C_3H_6O_3 + 2ATP$
　グリコーゲン　グルコース　　　乳酸

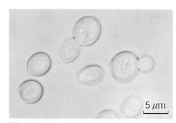

図13. 酵母

④ アルコール発酵

■ **アルコール発酵** 酵母は，解糖系で生じたピルビン酸（$C_3H_4O_3$）から脱炭酸酵素を使ってCO_2を除去して**アセトアルデヒド**をつくる。さらに，このアセトアルデヒドを解糖系で生じたNADHを使って**エタノール**（C_2H_6O）に還元する。このときにNADHは酸化されてNAD^+にもどり，再利用される。この反応過程で，グルコースはアセトアルデヒドを経てエタノール（飲用にできるアルコール）となるので，これを**アルコール発酵**という。[3]

　生じたエタノールとCO_2は細胞外に放出される。パン製造では，生成するCO_2でパン生地を膨らませている。ワイン製造では，ブドウの果汁に含まれるグルコースからエタノール（ワイン）をつくっている。

■ **アルコール発酵の反応式**

$$C_6H_{12}O_6 \longrightarrow 2C_2H_6O + 2CO_2 (+2ATP)$$
（グルコース）（エタノール）

〔アルコール発酵〕
酵母が酸素のない条件下で
　$C_6H_{12}O_6 \longrightarrow 2C_2H_6O + 2CO_2 (+2ATP)$
の反応で分解して**エタノール**を生成する。

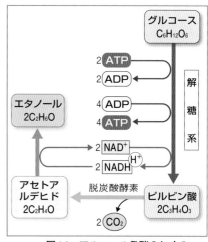

図14. アルコール発酵のしくみ

✿3. 日本酒をつくるときは，コメ（イネの種子）のデンプンをコウジカビのアミラーゼでグルコース（甘酒）にした後，日本酒酵母を使ってエタノール（日本酒）にしている。また，ビールではムギの麦芽に含まれるアミラーゼで胚乳のデンプンを糖化した後，アルコール発酵をしている。

光合成

■ 二酸化炭素と水を材料に，光エネルギーを使って複雑な過程で行われる光合成のしくみを調べよう。

図15. ヒルの実験（1905年）

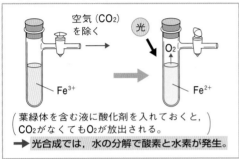

空気（CO_2）を除く　光

O_2

Fe^{3+}　Fe^{2+}

葉緑体を含む液に酸化剤を入れておくと，CO_2がなくてもO_2が放出される。

➡ 光合成では，水の分解で酸素と水素が発生。

図16. ルーベンの実験（1941年）

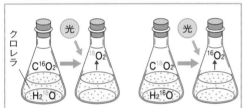

クロレラ

$C^{16}O_2$　光　$^{18}O_2$　$C^{18}O_2$　光　$^{16}O_2$

$H_2^{18}O$　$H_2^{16}O$

酸素の同位体でできた水を用いて光合成を行わせると，同位体でできた気体の酸素が発生する。

➡ 光合成で発生する酸素は，水に由来する。

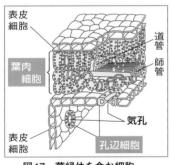

表皮細胞

道管

師管

葉肉細胞

気孔

表皮細胞

孔辺細胞

図17. 葉緑体を含む細胞

外膜

DNA

内膜

チラコイド　ストロマ　グラナ

図18. 葉緑体のつくり

1 光合成とは

■ **光合成**　光エネルギーを利用してCO_2とH_2Oから有機物をつくる過程を**光合成**という。

■ **光合成をする生物**　緑色植物のほかに光合成細菌やシアノバクテリアなども光合成をする。

2 光合成の研究の歴史

■ **プリーストリー**　光合成で酸素が発生。

■ **インゲンホウス**　光照射時のみ植物は光合成をする。

■ **ザックス**　光合成の場は葉緑体。

■ **ヒル，ルーベン**　光合成で発生する酸素は水に由来する（二酸化炭素由来ではない）。

■ **カルビン，ベンソン**　二酸化炭素を還元するカルビン回路（➡p.102）を発見。

〔光合成研究の歴史で解明されたこと〕
材料：H_2OとCO_2（O_2はH_2O由来）
カルビン回路でCO_2を固定

3 光合成の場

■ **葉緑体**　葉緑体は緑葉の**葉肉細胞**，気孔の**孔辺細胞**などに含まれ，二重膜で包まれた直径3〜10μmの細胞小器官で，独自のDNAをもつ。

■ **チラコイド**　葉緑体の内部には，**チラコイド**という扁平な袋状構造があり，その膜には**光合成色素**がはまっている。チラコイドの間の液状部分を**ストロマ**という。

葉緑体…光合成の場。内部の袋状構造を**チラコイド**，その間の液状部分を**ストロマ**という。

④ 光を吸収する色素

■ **光合成色素** チラコイド膜には，**クロロフィルa，クロロフィルb，カロテン，キサントフィル**などの光合成色素がある。

■ **吸収スペクトルと作用スペクトル** 光の波長と光合成色素による光の吸収率との関係を示したグラフを**吸収スペクトル**，光の波長と光合成速度の関係を示したグラフを**作用スペクトル**という。吸収スペクトルと作用スペクトルはほぼ一致するので，光合成に利用される光は**青色光と赤色光**である。

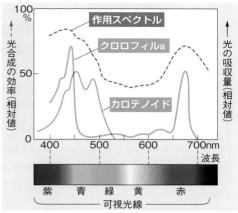

図19．光合成の吸収スペクトルと作用スペクトル

⑤ 光合成のしくみ

■ **光合成の4つの過程**

①**光エネルギーの捕集**（チラコイドでの反応）
- **光化学系** チラコイドには**光化学系Ⅰ**と**光化学系Ⅱ**と呼ばれる光エネルギーを捕集する2つの反応系がある。反応系はクロロフィルa・b，カロテノイドなどの光合成色素とタンパク質の複合体からなる。
- **反応中心** カロテノイドなどの光合成色素が集めた光エネルギーは，反応中心の**クロロフィル**に集められる。

②**光化学系での水の分解**
（チラコイドでの反応）
- **光化学系Ⅱの反応** 光エネルギーを受容した光化学系Ⅱでは，活性化したクロロフィルから電子(e^-)が飛び出し，電子伝達系へ流れる。不足した電子はH_2OをO_2とH^+とe^-に分解したときのe^-で補充され，O_2は気孔から排出される。e^-は電子伝達系を通り光化学系Ⅰへ渡される。
- **光化学系Ⅰの反応** 光化学系Ⅰでは，光エネルギーを受容したクロロフィルから$NADP^+$に

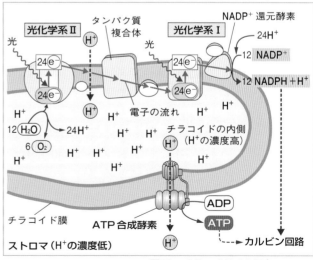

図20．チラコイドでの反応

e^-が渡され，H^+と**NADPH**をつくる。不足した電子は光化学系Ⅱから電子伝達系を経由して補充される。

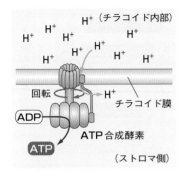

図21．ATP生成

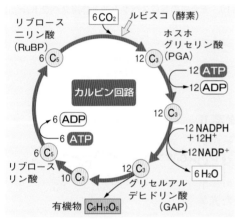

図22．カルビン回路

③ **ATPの生成**（チラコイドでの反応）

- **電子伝達系** 光化学系ⅡからⅠにe⁻が伝達される経路を**電子伝達系**という。呼吸の電子伝達系とよく似たしくみである。光合成色素とタンパク質複合体の間をe⁻が受け渡しされるときに生じたエネルギーを使ってH^+がストロマ側からチラコイドの内側に運ばれる。
- **ATPの生成—光リン酸化** チラコイドの内側のH^+濃度が上がり，H^+濃度の勾配が大きくなると，チラコイド膜のATP合成酵素を通ってH^+がストロマ側にもどる。このとき，ATP合成酵素の一部（⇨図21）が回転してエネルギーを発生し，ATPを生成する。この反応を**光リン酸化**という。光リン酸化は，呼吸の酸化的リン酸化でATPを生成するしくみとよく似ている。

④ **カルビン回路**（ストロマでの反応）

- **二酸化炭素の還元** ストロマでは，ATPとNADPHを使ってCO_2を還元し，グルコースなどの有機物を合成する。この回路状の反応系を，**カルビン回路**という。

■ **転流** グルコースはスクロースに合成された後，師管を通って各部に運ばれる（**転流**）。運びきれないものは葉緑体でデンプンに合成される（同化デンプン）。転流したスクロースは，根や茎でデンプンに合成される（貯蔵デンプン）。

図23．光合成のしくみ

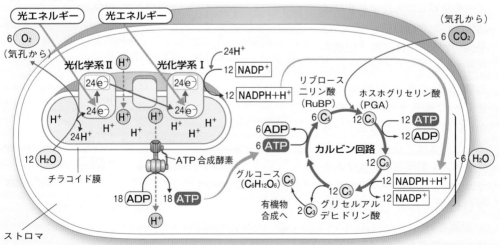

■ 光合成全体の反応式

$$6CO_2 + 12H_2O \xrightarrow[\text{光エネルギー}]{} 有機物(C_6H_{12}O_6) + 6H_2O + 6O_2$$

> **ポイント**
> 〔光合成の4段階〕
> ① 光合成色素による光エネルギーの捕集
> ② 還元物質であるNADPHの生成
> ③ 電子伝達系で光リン酸化によりATPを生成
> ④ カルビン回路でCO₂を還元

⑥ 熱帯や砂漠に適応した植物

■ **C₄植物**　多くの植物は，光合成においてCO₂がまずC₃化合物のPGAに固定されることからC₃植物という。これに対して熱帯産のトウモロコシやサトウキビは，維管束鞘細胞でのカルビン回路以外に，葉肉細胞でCO₂を一時的にリンゴ酸などのC₄化合物に固定する経路をもつので，C₄植物という。高温・乾燥条件で光合成の能率がよい。

■ **CAM植物**　砂漠地帯で生育するサボテンなどは，昼間は極度に乾燥するため，気孔を開いてCO₂を取り入れることができない。そこで夜間に気孔を開いてCO₂を吸収し，オキサロ酢酸を経てリンゴ酸などに蓄え，このCO₂を利用して昼間光合成を行う。これをCAM植物という。

⑦ 光合成をする原核生物

■ **光合成細菌の光合成**　細菌（原核生物）のなかで光合成を行うものを光合成細菌という。

① **シアノバクテリアの光合成**　シアノバクテリアのネンジュモなどは，**クロロフィルa**をもち，光化学系ⅠとⅡを使って，緑葉と同じような光合成を行う。

$$6CO_2 + 12H_2O + 光エネルギー \longrightarrow (C_6H_{12}O_6) + 6H_2O + 6O_2$$

② **紅色硫黄細菌・緑色硫黄細菌の光合成**　紅色硫黄細菌や緑色硫黄細菌など多くの細菌は，光合成色素として**バクテリオクロロフィル**をもつ。

$$\underset{\text{硫化水素}}{6CO_2 + 12H_2S} + 光エネルギー \longrightarrow \underset{\text{有機物}}{(C_6H_{12}O_6)} + 6H_2O + \underset{\text{硫黄}}{12S}$$

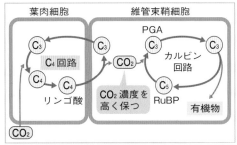

図24. C₄植物のCO₂固定

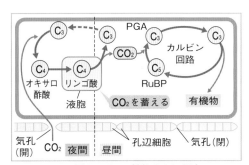

図25. CAM植物のCO₂固定

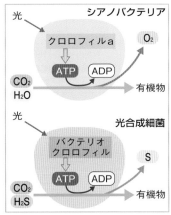

図26. 原核生物の光合成

5 化学合成と窒素同化

■ 化学エネルギーを使って二酸化炭素から有機物をつくる過程を化学合成，無機窒素化合物からアミノ酸などの有機窒素化合物をつくる過程を窒素同化という。

1 光を使わない炭酸同化

■ **化学合成** 酸素を使って無機物を酸化するときに生じる化学エネルギーを利用して二酸化炭素から有機物をつくる過程（炭酸同化）を**化学合成**という。

$$6CO_2 + 12H_2O + 化学エネルギー \longrightarrow (C_6H_{12}O_6) + 6H_2O + 6O_2$$

■ **化学合成細菌** 化学合成をする細菌を**化学合成細菌**という。 例 亜硝酸菌・硝酸菌・硫黄細菌・鉄細菌など。

■ **亜硝酸菌** アンモニウムイオンを亜硝酸イオンにする。

$$2NH_4^+ + 3O_2 \longrightarrow 2NO_2^- + 2H_2O + 4H^+ + 化学エネルギー$$

■ **硝酸菌** 亜硝酸イオンを硝酸イオンにする。

$$2NO_2^- + O_2 \longrightarrow 2NO_3^- + 化学エネルギー$$

> **ポイント** 化学合成…無機物を酸化して行う炭酸同化。
> 化学合成細菌…硝化菌・硫黄細菌・鉄細菌など

○1. 亜硝酸菌と硝酸菌は，ともに働いてアンモニウムイオンから硝酸イオンをつくるので，硝化菌（硝化細菌）と呼ばれる。硝化菌は生態系の窒素循環(⇨ p.237)において重要な働きをする。

○2. 硫黄細菌は，深海の熱水噴出孔などに生息している。

2 植物の窒素同化

■ **窒素同化** 植物が体外から吸収した無機窒素化合物から有機窒素化合物を合成する働きを**窒素同化**という。

植物が吸収したNO_3^-やNH_4^+は葉に運ばれ，NO_3^-は還元酵素によりNH_4^+になり，グルタミンが合成される。このグルタミンのアミノ基($-NH_2$)を，アミノ基転移酵素により他の有機酸に転移し，20種類のアミノ酸を合成する。

図27．窒素同化のしくみ

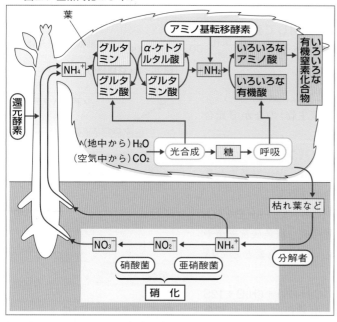

■ **有機窒素化合物**　アミノ酸はペプチド結合してタンパク質になるほか，核酸やATP，クロロフィルなどのいろいろな有機窒素化合物の原料となる。

> **ポイント** 窒素同化…NO_3^-やNH_4^+から核酸やATPなどの有機窒素化合物を合成する過程。

③ N_2からNH_4^+をつくる窒素固定

■ **窒素固定**　一部の細菌は，空気中の窒素（N_2）を取り込んでNH_4^+に還元できる。この過程を窒素固定という。

■ **窒素固定細菌**　窒素固定細菌は，N_2を固定する**ニトロゲナーゼ**（酵素）をもっていてN_2からNH_4^+をつくり，これを利用して窒素同化を行う。

> 独立生活：アゾトバクター，クロストリジウム，シアノバクテリア
> 共生生活：根粒菌（マメ科と共生），放線菌（グミと共生）

■ **根粒菌**　根粒菌は，マメ科植物の根に**根粒**をつくって**共生**すると窒素固定を行う。根粒菌は窒素固定でできたNH_4^+をマメ科植物に供給し，マメ科植物からは光合成でできた有機物を得る。このため，根粒菌と共生したマメ科植物は窒素源の少ないやせた土地でも生育できる。

例　マメ科植物のゲンゲ（レンゲソウ）が，やせた農地で緑肥として利用される。

> **ポイント** 窒素固定…窒素N_2からNH_4^+を合成する働き。根粒菌などが行う。

④ 動物での有機窒素化合物の合成

■ **動物の窒素同化**　動物は食物としてタンパク質などの有機窒素化合物を摂食し，これを消化してアミノ酸とした後，腸から吸収する。このアミノ酸を使ってタンパク質，核酸（DNA・RNA），ATPなどを合成する。この過程を**動物の窒素同化**という。

■ **必須アミノ酸**　動物が体内で合成できないアミノ酸を**必須アミノ酸**といい，動物により異なる。動物は必須アミノ酸を食物から吸収する必要がある。

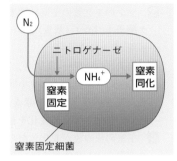

図28. 窒素固定細菌の働き

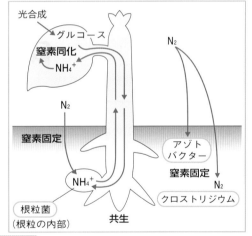

図29. 窒素固定と窒素同化

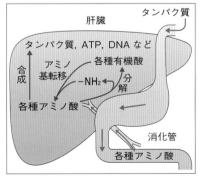

図30. 動物の窒素同化

重要実験 脱水素酵素の実験

メチレンブルーは
水素と結合すると
(還元されると)
無色になるよ!

方法

1. ニワトリの胸筋とリン酸緩衝液を乳鉢に入れてよくすりつぶし, ガーゼでこして脱水素酵素液とする。
2. ツンベルク管の主室に酵素液, 副室にコハク酸ナトリウム(基質)とメチレンブルー(指示薬)を入れる。
3. アスピレーター(真空ポンプ)でツンベルク管の空気を排気し, 副室を回して密閉してから, 副室の液と主室の酵素液を混ぜて35〜40℃で保温して色の変化を観察する。
4. 主室の液の色が変化したら, ツンベルク管の副室を回して空気を吸い込ませ, 主室の液の変化を観察する。
5. 4のツンベルク管をよく振って, 色の変化を観察する。
6. 5のツンベルク管の副室をひねって主室に空気が入らないようにした後, 35〜40℃で保温して色の変化を観察する。

1. 酵素液をつくる。

ニワトリのささみ
リン酸緩衝液
乳鉢ですりつぶす。
ガーゼでしぼる。

2.
| 基質 | コハク酸ナトリウム |
| 指示薬 | メチレンブルー |

副室
主室
脱水素酵素液
すり合わせにグリースをぬる。

3.
アスピレーターで排気 → 密閉 → 主室と副室の液を混ぜ合わせる。

結果

1. 3のツンベルク管の中の液の色は青色から無色に変化した。
2. 4で空気が入ると, 主室の液の上部が青色に変化した。
3. 5では主室の液全体が青色に変化した。
4. 6では主室の液の色は再び無色となった。

考察

1. 3のツンベルク管で液の色が青色から無色に変化したのはなぜか。 → 基質のコハク酸ナトリウムがコハク酸脱水素酵素の作用によって水素を奪われた。この水素によってメチレンブルー(青色)が還元され, 還元型メチレンブルー(無色)となった。

2. なぜ, この実験ではツンベルク管を使って実験を行ったのか。 → 酸素の影響がない条件下で基質と酵素を混ぜ合わせるため。

3. 4では主室の液の上部が, 5では液全体が青色に変化したのはなぜか。 → 4では空気と接する液面付近, 5では振ったことで液全体に酸素が溶け込み還元型メチレンブルーがメチレンブルーにもどったため。

4. 6で主室の液の色が再び無色になったのはなぜか。 → 脱水素酵素はくり返し働くため, 再び1と同様のことが起こったため。

重要実験 アルコール発酵の実験

温度と発酵速度の関係。

方法

1. 10％グルコース溶液100 mLに乾燥酵母1 gを入れてよくかき混ぜ10分程度放置したものを酵母・グルコース溶液とする。
2. 1の溶液を5本のキューネの発酵管に入れる。このとき盲管部に空気が残らないようにすること。
3. 1本の発酵管には10％グルコース溶液だけを入れて対照実験区とする。
4. 2の4本の発酵管を，それぞれ10℃，20℃，30℃，40℃に設定した恒温器に入れて保温する。
5. 1分ごとに各発酵管の盲管部にたまる気体の量を，盲管部の目盛りを使って測定する。
6. 縦軸に気体の発生量，横軸に測定時間をとってグラフをかく。

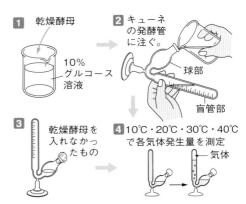

結果

1. それぞれの温度の発酵管における気体の発生量と時間との関係をグラフに示すと，右図のようになる。
2. 対照実験区では気体は発生しなかった。

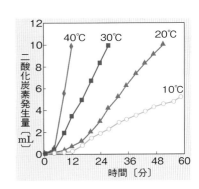

考察

1. 盲管部にたまった気体は何か。 → 二酸化炭素（CO_2）
2. 対照実験区を設定した目的を答えよ。 → グルコースが自然に分解して気体を発生しないことを確かめるため。
3. 対照実験区で気体が発生しなかったのはなぜか。 → 酵母がいないためアルコール発酵が起こらなかったから。
4. アルコール発酵に最も適した温度は，10℃・20℃・30℃・40℃のうちどれか。 → 40℃
5. キューネの発酵管には，なぜ球部が作ってあるか。 → CO_2によって盲管部から押し出されてきた溶液があふれ出ないようにするため。

重要実験 光合成色素の分離

クロマトグラフィーのしくみとやり方をおさえよう。

方法

1 水をよく切った緑葉を細かく切って乳鉢でよくすりつぶし，抽出液を加える。

2 ペーパークロマトグラフィー用ろ紙または薄層クロマトグラフィーシート（TLCシート）の下から2cm位のところに鉛筆で基線を引き，その1点（原点）にガラス毛細管で**1**の抽出液を数回つけて乾かす。

3 **2**のろ紙（またはTLCシート）を，展開液を5mmほどの深さまで入れた試験管につけて，直立させて，密封し，展開液が上端近くに上がるまで放置する。

4 展開液が上端近くまで上がったらろ紙（またはTLCシート）を取り出し，展開液が上昇した上端（溶媒前線）と各色素の輪郭を鉛筆でなぞる。

5 各色素のRf値を次の式から計算する。

$$Rf値 = \frac{原点から各色素のしみの中点までの距離}{原点から展開液の上昇した上端までの距離}$$

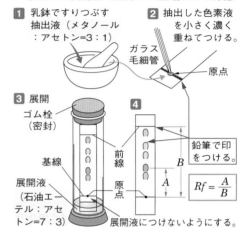

1 乳鉢ですりつぶす 抽出液（メタノール：アセトン=3:1）
ガラス毛細管

2 抽出した色素液を小さく濃く重ねてつける。
原点

3 展開
ゴム栓（密封）
基線
展開液（石油エーテル：アセトン=7:3）

4
前線
原点
鉛筆で印をつける。
展開液につけないようにする。
$Rf = \dfrac{A}{B}$

結果

1 ペーパークロマトグラフィーと薄層クロマトグラフィー（TLC）で分離した結果は右図のようになる。2つの方法では色素が展開される順序が異なる。TLCの方が短時間で鮮明に分離する。

2 色素の色とRf値はおよそ次のようになる。

色素		色	Rf値（ろ紙）
カロテン		橙色	0.9～1.0
キサントフィル	ルテイン	黄	0.7～0.8
	ビオラキサンチン	黄	0.6～0.7
クロロフィルa		青緑	0.5～0.6
クロロフィルb		黄緑	0.4～0.5

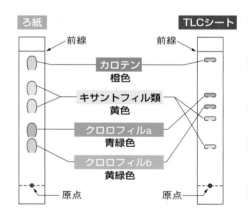

ろ紙　　　　　　　　　　　　　TLCシート
前線　　　　　　　　　　　　　前線
カロテン 橙色
キサントフィル類 黄色
クロロフィルa 青緑色
クロロフィルb 黄緑色
原点　　　　　　　　　　　　　原点

考察

1 光合成色素は水溶性か油溶性か。 ━━▶ 有機溶媒で抽出されるので油溶性である。

2 直視分光計で抽出液に光を透過して見たとき，どのように見えるか。 ━━▶ 赤色と青紫色の部分が暗く見える。光合成色素に吸収された波長の光は目に届かない。

1 ☐ 代謝の仲立ちをする，高エネルギーリン酸結合をもつ物質を何という？

2 ☐ 複雑な物質が簡単な物質に分解される代謝を何という？

3 ☐ 簡単な物質から複雑な物質をつくる代謝を何という？

4 ☐ 呼吸の過程を3段階に分けると，その名称は何と何と何か？

5 ☐ 4の3段階のうち，第2・3段階が行われる細胞小器官を何という？

6 ☐ 4の3段階のうち，酸素を消費するのはどの段階か？

7 ☐ 4の3段階のうち，ATPが最も多くできるのはどの段階か？

8 ☐ 7の段階で行われるADPのリン酸化のことを何という？

9 ☐ 酵母が行う発酵を何という？

10 ☐ 乳酸菌が行う発酵を何という？

11 ☐ 激しい運動をしている筋肉などで，10と同じ過程でATPを生成することを何という？

12 ☐ 光合成の場となる細胞小器官を何という？

13 ☐ 光合成で行われるADPのリン酸化を何という？

14 ☐ 13は12のどこで行われるか？

15 ☐ 光合成の過程で水素イオンを受け取る，脱水素酵素の補酵素は何？

16 ☐ 光合成で，二酸化炭素を還元して有機物にする回路状の反応経路を何という？

17 ☐ 16は12のどこで行われるか？

18 ☐ 光合成色素によく吸収され，光合成に有効な波長の光は何色光と何色光？

19 ☐ 植物とシアノバクテリアが共通してもつ光合成色素は何？

20 ☐ 紅色硫黄細菌などの光合成細菌がもつ光合成色素を何という？

21 ☐ 無機物を酸化するときに生じる化学エネルギーを使って行う炭酸同化を何という？

22 ☐ 緑色植物が無機窒素化合物から有機窒素化合物をつくる過程を何という？

23 ☐ 根粒菌がN_2からNH_4^+をつくる過程を何という？

解 答

1. ATP
2. 異化
3. 同化
4. 解糖系，クエン酸回路，電子伝達系
5. ミトコンドリア
6. 電子伝達系

7. 電子伝達系
8. 酸化的リン酸化
9. アルコール発酵
10. 乳酸発酵
11. 解糖
12. 葉緑体
13. 光リン酸化

14. チラコイド
15. $NADP^+$(NADP)
16. カルビン回路
17. ストロマ
18. 赤色光と青色光
19. クロロフィルa

20. バクテリオクロロフィル
21. 化学合成
22. 窒素同化
23. 窒素固定

1 代謝

代謝に関して，各問いに答えよ。
(1) 簡単な物質から複雑な物質を合成する過程を何というか。
(2) 複雑な物質を簡単な物質に分解する過程を何というか。
(3) (2)のときに生じたエネルギーは何という物質に蓄えられるか。
(4) (3)の物質にエネルギーを蓄える働きがあるのは，何という結合をもつからか。
(5) (3)の物質が合成される反応を，次の**ア**~**エ**からすべて選べ。

　ア 呼吸　　　**イ** 光合成
　ウ 発酵　　　**エ** 消化

2 呼吸のしくみ

下の図は，グルコースを基質としたときの呼吸の過程を示したものである。各問いに答えよ。

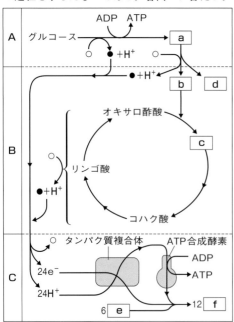

(1) 図中のA，B，Cの過程をそれぞれ何というか。
(2) 図中のa~fにそれぞれ適当な物質名を答えよ。
(3) ミトコンドリアのマトリックス，細胞質基質で起こる過程をA~Cからそれぞれ選べ。
(4) Bの過程では，グルコース1分子につき何分子のATPが生成するか。
(5) Cの過程では，グルコース1分子につき最大何分子のATPが生成するか。また，この過程でのATP生成の反応のことを，特に何というか。
(6) 図中の○は補酵素として働く有機物を示している。○は何という酵素の補酵素となっているか。
(7) 呼吸の過程全体の反応を示した化学反応式を答えよ。

3 脱水素酵素の実験

右の図のような器具を使ってコハク酸脱水素酵素の働きを調べる実験を行った。

副室

主室

実験 器具の主室に，ニワトリの胸筋をすりつぶしてガーゼでろ過した液を酵素液として加え，副室に8%コハク酸ナトリウム溶液5mLと0.1%メチレンブルー溶液を3滴加えた。副室を主室に取り付けた後，アスピレーターで排気した。次に副室の液を主室に加えて38℃に保温した。
結果 液の色が青色から無色に変化した。
(1) 図のような器具を何というか。
(2) アスピレーターで排気したのはなぜか。
(3) 液が青色から無色に変化したのはなぜか。
(4) 副室を回して管内に空気を入れると，液の色は無色からどのように変化するか。
(5) (4)の理由はなぜか。

④ 電子伝達系

下の図は，ミトコンドリア内膜における電子伝達系を示したものである。各問いに答えよ。

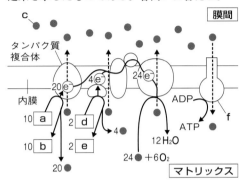

(1) 図中のa～eにあてはまるものを，次のア～オから選べ。

　ア　FAD　　　イ　NAD^+　　　ウ　H^+
　エ　$FADH_2$　　オ　$NADH+H^+$

(2) 図中のfがATPを合成するときのcの輸送は，能動輸送と受動輸送のどちらか。

(3) 図中のfによるADPのリン酸化のことを何というか。

⑤ いろいろな呼吸基質

下の図は，いろいろな呼吸基質の異化の過程を示したものである。各問いに答えよ。

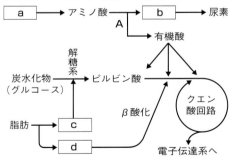

(1) 図中のaにあてはまる呼吸基質の名称を答えよ。

(2) 図中のb～dにあてはまる物質名をそれぞれ答えよ。

(3) 図中のAのように，アミノ酸をbと有機酸に分解する反応を何というか。

⑥ 酵母による発酵

15％グルコース溶液と酵母0.5gをキューネ発酵管に入れて43℃に保温した。各問いに答えよ。

盲管部

(1) 盲管部にたまる気体は何か。

(2) (1)の気体のほかに，溶液中に蓄積する物質は何か。

(3) キューネ発酵管の中で起こる化学反応式を答えよ。

(4) (3)のような発酵を何というか。

⑦ 光合成のしくみ

次の図は光合成のしくみを示したものである。各問いに答えよ。

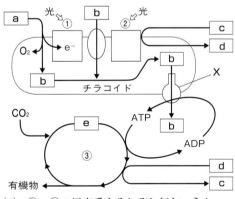

(1) ①～③の反応系をそれぞれ何というか。

(2) 図中のa～eにあてはまるものを，次のア～クから選べ。

　ア　CO_2　　イ　$NADP^+$　　　ウ　H^+
　エ　H_2O　　オ　$NADPH+H^+$
　カ　GAP　　キ　PGA　　　　ク　RuBP

(3) 光合成全体の化学反応式を答えよ。

○いろいろなタンパク質

◉生物のからだを構成するタンパク質は、いろいろな構造と働きをもった
非常に多くの種類からなる。そのうちの代表的なものを見てみよう。

ミオグロビン

筋肉に含まれ、呼吸に必要な酸素をためておく働きをもっている赤い色素タンパク質。
◉ 1本のポリペプチドに鉄 Fe を含んだヘムという構造が組み合わさってできている。

> マグロの刺身が赤いのは筋肉にミオグロビンが多く含まれているからだよ。

ヘモグロビン

赤血球の細胞膜に含まれ、血液の酸素運搬に働く。
◉ ミオグロビンとよく似たサブユニットが4つ組み合わさった構造をしている(p.73)。

ロドプシン

網膜の桿体細胞(p.166)がもつ赤紫色のタンパク質で、視紅とも呼ばれる。可視光が当たると白くなり、この反応で生じたエネルギーによって桿体細胞は視覚中枢に情報を伝える。

コラーゲンとケラチン

コラーゲンは皮ふや軟骨などに含まれる繊維状のタンパク質で、引っぱりに対する強度を与える。ケラチンは細胞を支える細胞骨格の中間径フィラメント(p.80)をつくり、毛や爪などの主成分である。

> コラーゲンはゼラチンの原料でもあるよ。

アクチンとミオシン (p.81, 178)

筋原繊維を構成し、筋収縮に働くタンパク質。アクチンは細胞骨格をつくるタンパク質の1つでもあり、原形質流動にも働く。
◉ アクチンフィラメントはアクチンが多数つながった二重らせん構造。

免疫グロブリン

抗体として抗原と結合し(抗原抗体反応)、体液性免疫に働く。

一部のホルモン(ペプチドホルモン)

ホルモン(内分泌腺で合成され、受容体をもつ細胞の働きを調節する物質)には、インスリンや成長ホルモンのように、タンパク質でできたものが多い。

アルブミン

卵白に含まれるタンパク質の大部分を占め、加熱すると白くかたまる。血しょうや乳に含まれるものもある。

リゾチーム

鼻水や乳、卵白に含まれる酵素で、細菌の細胞膜を破壊する。

> このほか、酵素はすべてタンパク質が主成分。

3編

編

遺伝情報の発現と発生

1章 遺伝情報と形質発現

1 DNAの構造

✿ 1. 核酸の発見
19世紀，ミーシャー（スイス）は病院の使用済みガーゼから死んだ白血球を集め，リンと窒素を含む物質を分離して，これをヌクレインと呼んだ。

✿ 2.
核酸にはDNA（デオキシリボ核酸）のほかにRNA（リボ核酸）がある。

✿ 3. デオキシリボース
デオキシリボースは炭素原子を5つ含む単糖で五炭糖と呼ばれる。これに対してグルコースなど炭素数が6の糖は六炭糖と呼ばれる。

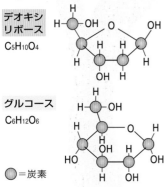

デオキシ
リボース
$C_5H_{10}O_4$

グルコース
$C_6H_{12}O_6$

● ＝炭素

■ DNAは，どのような構造で，どこに遺伝情報を保存し，どのように調節しながら，その情報を発現しているのか。

1 核酸とヌクレオチド

■ **核酸** DNAは核に含まれる酸性物質として発見され，**核酸**（**nucleic acid**）と名づけられた。[✿1]

■ **ヌクレオチド** 核酸を構成する単位は**ヌクレオチド**で，これは**糖とリン酸と塩基**からなる。[✿2]

■ **DNAのヌクレオチド** DNAのヌクレオチドはリン酸と**デオキシリボース**にA，T，G，Cのうち1つの塩基が結合してできているため4種類ある。[✿3]

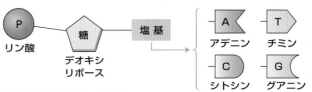

図1．DNAのヌクレオチド

2 DNAの構造

■ **塩基の相補性** 生物のDNAを化学的に分析してみると，どの生物の細胞も**AとT，GとC**の数は同じである。

■ **二重らせん構造** DNAは，多数のヌクレオチドが結合してできた2本の鎖からなる。2本のヌクレオチド鎖はAとT，GとCが相補的な塩基対をつくり，水素結合でつながった**二重らせん構造**をしている（図2）。この構造は1953年，**ワトソンとクリック**が解明した。

■ **DNAと遺伝情報** DNAのA・T・G・Cの塩基の並び方（塩基配列）が遺伝情報（遺伝子）となっている。

表1．DNAの塩基の割合〔%〕

	A	T	C	G
ヒト	30.3	30.3	19.9	19.5
ウシ	28.8	29.0	21.1	21.0
サケ	29.7	29.1	20.4	20.8
大腸菌	24.7	23.6	25.7	26.0

ヒト，ウシは肝臓の細胞，サケは精子から抽出したものを分析。

〔DNAの二重らせん構造〕
① 2本鎖は，A－T，C－Gで相補的に対合。
② 塩基（A・T・G・C）の配列が遺伝情報である。

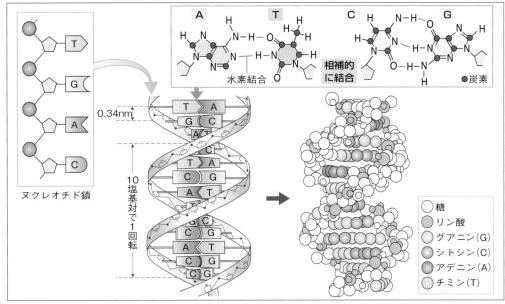

図2. DNAの構造

③ DNA と染色体の関係

■ **真核生物の染色体** 真核生物のDNAは，**ヒストン**と呼ばれるタンパク質に巻きついて**染色体**をつくっている。１本の染色体に含まれるDNAは，１つのDNA分子からできている。この染色体は核の中に存在し，分裂期以外は核全体に分散して遺伝情報を発現している。

■ **原核生物の染色体** 大腸菌のような原核生物では，１個の環状になったDNA分子が細胞質基質内に存在し，これも広い意味で染色体DNAと呼ばれる。

✿4. 細菌では，この染色体DNA以外に，プラスミドと呼ばれる小さな環状のDNAももっていて，これも形質の発現に働く。

{ 真核生物の染色体…DNA＋ヒストン
{ 原核生物のDNA…環状DNA

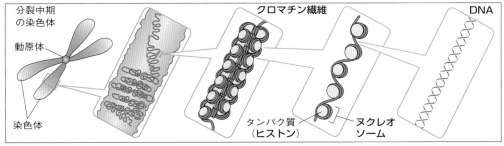

図3. 染色体とDNAの関係

② DNAの複製

遺伝子の本体であるDNAは親から子孫へ，また細胞分裂のとき母細胞から娘細胞に伝えられる。そのときどのようにして同じ情報をもつDNAが複製されるのだろうか。

① DNAが複製される時期

■ **細胞周期** 細胞分裂でできた細胞が次の細胞分裂を経て新しい娘細胞を生じるまでの周期を**細胞周期**といい，分裂期(M期)と間期に分けられる。

■ **細胞周期とDNA量** 細胞のDNA量は，間期のある期間に複製により2倍に増え，これを**DNA合成期(S期)** という。S期の前後はG₁期・G₂期と呼ばれる[1]。倍加したDNA量は体細胞分裂でもとにもどり，減数分裂でできた生殖細胞はもとのDNA量の半分になっている。

> **ポイント** 〔細胞周期とDNA量〕
> 間期(S期)に倍加して分裂期(M期)に半減。

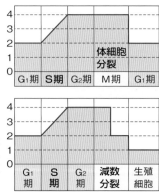

細胞1個あたりのDNA量(相対値)

| G₁期 | S期 | G₂期 | M期 | G₁期 |
体細胞分裂

| G₁期 | S期 | G₂期 | 減数分裂 | 生殖細胞 |

図4. 細胞分裂とDNA量の変化

② DNA複製のしくみ

■ **半保存的複製** DNAの複製は，2本のヌクレオチド鎖がそれぞれ鋳型となって，新しいDNA2分子が複製される。新しいDNAは二重らせん構造のうち1本の鎖をもとのDNA分子からそのまま受け継いでおり，このようなしくみを**半保存的複製**という。これは，**メセルソンとスタール**によって証明された(⇒p.117)。

■ **複製のしくみ** (⇒図5)
① 2本鎖の一部がほどけて2本のヌクレオチド鎖になる。
② ヌクレオチド鎖の塩基に対して相補的な塩基(AとT，CとG)をもつヌクレオチドが水素結合する。
③ **DNAポリメラーゼ(DNA合成酵素)** が隣り合うヌクレオチドどうしを結合させ，新しいヌクレオチド鎖をつくる。これによって新しい2本鎖DNAができる[2]。

> **ポイント** DNAの複製は半保存的複製。
> メセルソンとスタールが証明。

1. S期とG₁期・G₂期
Sはsynthesis(合成)の，Gはgap(すき間・間隔)の頭文字である。

2. 真核生物と原核生物のDNA複製の相違点
真核生物では，DNA分子が長く，多数の複製の起点があるので，それぞれで複製が行われた後，結合して1本のDNAとなる。
原核生物ではDNAの長さは比較的短く，環状のDNAの1か所の複製の起点から両側へ進行する。

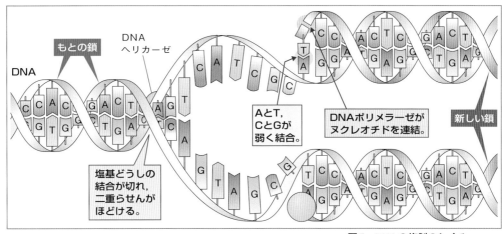

もとの鎖

DNA
ヘリカーゼ

DNA

AとT,
CとGが
弱く結合。

DNAポリメラーゼが
ヌクレオチドを連結。

新しい鎖

塩基どうしの
結合が切れ,
二重らせんが
ほどける。

図5. DNAの複製のしくみ

③ メセルソンとスタールの実験

■ **重いDNAの作成** 窒素源としてふつうの窒素(^{14}N)
よりも重い^{15}Nからなる^{15}NH$_4$Clの培地で大腸菌を何代も
培養すると, 大腸菌のDNAに含まれる塩基中の窒素はす
べて^{15}Nに置きかわり, 重いDNA(^{15}N-^{15}NDNA)ができる。

■ **^{14}N培地で分裂** この重いDNAをもつ大腸菌を, 窒素
源として^{14}NH$_4$Clをもつ普通の培地に移して, 分裂をそろ
える薬剤を加えて培養し, 分裂後の大腸菌のDNAの重さ
を密度勾配遠心法[3]によって調べた。

■ **結果** 1回目の分裂後, すべての大腸菌のDNAは中間
の重さのDNA(^{14}N-^{15}NDNA)となり, 2回目の分裂後には,
中間の重さのDNAと軽いDNA(^{14}N-^{14}NDNA)の比が1:
1となった。

^{15}N-^{15}NDNA とは, 2本の
ヌクレオチド鎖とも^{15}Nよ
りなるDNAという意味。

3. 密度勾配遠心法
塩化セシウム(CsCl)溶液に遠心
力を加えて, 底に近いほどCsCl
濃度が高い状態をつくる。この試
験管にDNAを加えると, DNAは
その密度とつり合った部分に集ま
るので, わずかな質量の差でも物
質を分離できる。

図6. メセルソンとスタールの実験

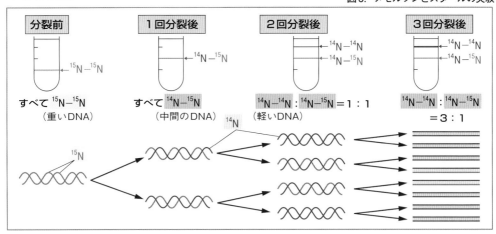

分裂前

1回分裂後

2回分裂後

3回分裂後

← ^{15}N-^{15}N

← ^{14}N-^{15}N

← ^{14}N-^{14}N
← ^{14}N-^{15}N

← ^{14}N-^{14}N
← ^{14}N-^{15}N

すべて^{15}N-^{15}N
(重いDNA)

すべて^{14}N-^{15}N
(中間のDNA)

^{14}N-^{14}N : ^{14}N-^{15}N = 1 : 1
(軽いDNA)

^{14}N-^{14}N : ^{14}N-^{15}N
= 3 : 1

^{15}N

^{14}N

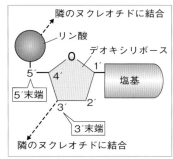

図7. DNAの5′末端と3′末端

図中のラベル:
- 隣のヌクレオチドに結合
- リン酸
- デオキシリボース
- 塩基
- 5′末端
- 3′末端
- 隣のヌクレオチドに結合

◯4. DNAを複製するときには，まず起点となるプライマーという核酸の断片が結合する（⇒ p.151）。

◯5. 岡崎フラグメントという名称は，発見者である岡崎令治にちなんでつけられた。ラギング鎖を複製するときは，5′→3′方向にヌクレオチド鎖の断片を不連続につくり，この断片どうしをDNAリガーゼが連結して新しいヌクレオチド鎖に合成する。

④ DNAの複製における方向性

■ **DNAヘリカーゼ**　DNAを複製するとき，まず**DNAヘリカーゼ**(酵素)がDNAの二重らせんをほどく。

■ **5′→3′方向**　もとの2本のヌクレオチド鎖が鋳型となって，新しいヌクレオチドが相補的に結合し，これを**DNAポリメラーゼ(DNA合成酵素)**が順に結合していくが，DNA合成酵素は5′→3′方向だけにしかヌクレオチド鎖を伸ばすことができない。

■ **リーディング鎖**　DNAがほどけていく方向(複製される方向)には，連続的に新しいヌクレオチド鎖が合成される。これを**リーディング鎖**という。

■ **ラギング鎖**　反対側の鎖を**ラギング鎖**という。DNA合成酵素は，こちらも5′→3′方向にしか結合できないので，連続的につなぐことはできない。そこで**岡崎フラグメント**と呼ばれる小さな断片で5′→3′方向にヌクレオチド鎖を結合させる。

■ **岡崎フラグメントの連結**　フラグメントは**DNAリガーゼ**(酵素)によって結合し，もとのヌクレオチド鎖と対応する新しい1本のヌクレオチドとなる。これはもとの鎖と一緒になり，新しい二重らせん構造のDNAをつくる。

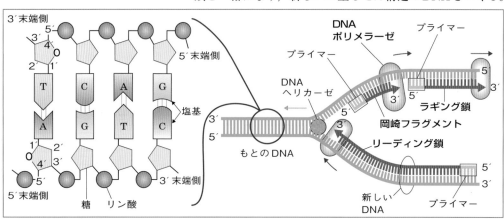

図8. DNAの複製と方向性

〔DNAの複製の方向性〕
- ・DNAポリメラーゼは，5′→3′方向にだけヌクレオチドを結合する。
- ・リーディング鎖は連続的に複製される。
- ・ラギング鎖はDNAリガーゼが岡崎フラグメントを結合してできる。

3 タンパク質の合成とRNA

■ DNAの遺伝情報の発現には, もう1つの核酸である
RNAが関係している。遺伝情報発現のしくみを調べよう。

1 もう1つの核酸RNA（リボ核酸）

■ **RNAのヌクレオチド** RNAのヌクレオチドは, リン
酸, 五炭糖の**リボース**（$C_5H_{10}O_5$）, そしてA（アデニン）・
U（ウラシル）・G（グアニン）・C（シトシン）の4種類か
らなる塩基で構成されている。したがってヌクレオチドの
種類はDNAと同じく4種類である。糖と4種類の塩基の
うち1つがDNAと異なっている。

■ **RNAは1本鎖** RNAもDNA同様にヌクレオチドが
鎖状に多数つながったヌクレオチド鎖からできている。し
かし, RNAは二重らせん構造をつくらず, 1本鎖である。

表2. ヌクレオチドの構造

	DNA	RNA
リン酸	リン酸	リン酸
糖	デオキシ リボース	リボース
塩基	アデニン チミン シトシン グアニン	アデニン ウラシル シトシン グアニン

〔DNAとRNAの違い〕

核酸	塩基	糖	分子構造
DNA	A・T・C・G	デオキシリボース	二重らせん構造
RNA	A・U・C・G	リボース	1本鎖

■ **分布の違い** DNAの99%は核内に存在するが, RNA
は核と細胞質の両方に存在する。[1]

■ **分布を観察** タマネギ細胞などを**メチルグリーン・
ピロニン染色液**で二重染色すると, DNAはメチルグ
リーンによって青〜青緑色に, RNAはピロニンによって
赤桃色に染色されるので, その存在場所を確認することが
できる。

■ **RNAの種類** RNAには次の3種類があり, それぞれ
タンパク質の合成（➡p.120）に重要な働きをもっている。

①**mRNA**（伝令RNA, メッセンジャーRNA） DNAの
　遺伝情報を写し取って核から細胞質に伝える。

②**tRNA**（転移RNA, トランスファーRNA） mRNAの
　遺伝暗号が指定するアミノ酸をリボソームまで運搬する。

③**rRNA**（リボソームRNA） タンパク質と結合してリボ
　ソームをつくっている。

✿1. **核酸の細胞内分布**
真核生物では, DNAは核内のほ
か, ミトコンドリアや葉緑体にも
存在する。

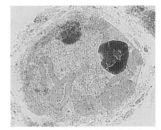

図9. ユスリカのだ腺染色体（メチ
　　ルグリーン・ピロニン染色）

② DNAの形質発現

■ DNAの遺伝情報はタンパク質を合成することによって遺伝形質として発現される。その発現のしかたは次の2つに大別される。

① 合成されたタンパク質がからだの構造をつくる構造タンパク質の場合，タンパク質合成が直接遺伝形質を発現する。

② 合成されたタンパク質が酵素となる場合は，酵素による化学反応の結果できた物質によって，間接的に遺伝形質として発現する。

③ 遺伝情報の転写（真核細胞）

■ DNAからRNAに

① RNAポリメラーゼ（RNA合成酵素）が核内にある2本鎖DNAのプロモーター（⇒p.124）の部分に結合する（図10）。

② DNAのらせん構造がほどけ，相補的な塩基対の水素結合が切れる。

③ 鋳型となるほうの1本鎖[☆2]の塩基に，それぞれ相補的な塩基をもつリボヌクレオシド三リン酸が水素結合[☆3]する。

④ これにRNAポリメラーゼが作用し，隣り合うRNAのヌクレオチドどうしを結合させる。

⑤ これを順にくり返すことで，DNAの遺伝情報となる1本鎖[☆2]の塩基配列を正確にコピーした鎖状のRNAがつくられる。これを遺伝情報の転写という。

RNAポリメラーゼ
⟶ 転写の方向
5′━━━━━3′
3′━━━━━5′
鋳型になる鎖
プロモーター（タンパク質の情報をもつ遺伝子）

図10. RNAポリメラーゼとDNA

☆2. 遺伝情報の鎖と鋳型鎖
RNAポリメラーゼがどちらの鎖を転写するかはプロモーターで指定されている。

☆3. 転写と塩基の対応

DNA
の塩基　A　T　C　G
　　　　↓　↓　↓　↓
RNA
の塩基　U　A　G　C

図11. 遺伝情報の転写と翻訳

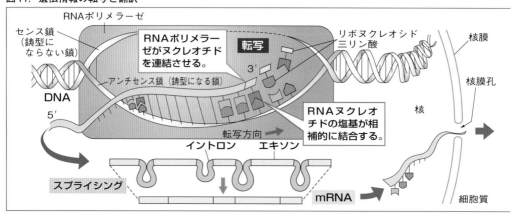

■ **イントロンとエキソン**　真核生物のDNAには, タンパク質の合成に関与する**エキソン**と, タンパク質合成に関係しない**イントロン**という塩基配列が含まれている。

■ **スプライシング**　DNAの塩基配列を転写したヌクレオチド鎖からイントロンの部分を取り除く**スプライシング**[4]という過程を経た後, はじめて**mRNA**(伝令RNA)となって核から細胞質に出て行く。

④ 遺伝情報の翻訳

■ **コドン**　mRNAの塩基配列は3個で1つのアミノ酸を指定する。この遺伝暗号を**コドン**[5]という。

■ **タンパク質の合成**

① 核膜孔から細胞質に出たmRNAに細胞小器官の1つであるリボソームが結合する。

② リボソームはmRNAの遺伝暗号(コドン)に相補的な塩基配列(**アンチコドン**[5])をもったtRNAと結合する。

③ **tRNA**(転移RNA)はそのアンチコドンごとに特定のアミノ酸と結合しており, アミノ酸どうしがペプチド結合で連結するとtRNAは離れていく。

④ リボソームはmRNAの遺伝暗号を読み取りながら移動し, コドンがアミノ酸配列に置き換えられたタンパク質が合成される。これを遺伝情報の**翻訳**という。

ポイント
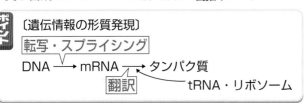
〔遺伝情報の形質発現〕
転写・スプライシング
DNA ─→ mRNA ─┬→ タンパク質
　　　　　翻訳　└→ tRNA・リボソーム

◎ 4. 選択的スプライシング
DNAの同じ領域から転写されたRNAでもスプライシングによって取り除かれるイントロンは異なることがあり, その場合2種類以上のmRNAができ, 結果として異なるタンパク質が合成される。このしくみを選択的スプライシングといい, 限られた遺伝子から多様なタンパク質をつくることを可能にしている。

◎ 5. コドンとアンチコドン
3つの塩基配列で1つのアミノ酸を示すトリプレット(三つ組塩基)のうち, mRNAのものをコドンといい, tRNAのものをアンチコドンという。

DNA (鋳型)	A	T	C	G
	↓	↓	↓	↓
mRNA (コドン)	U	A	G	C
	↓	↓	↓	↓
tRNA (アンチコドン)	A	U	C	G

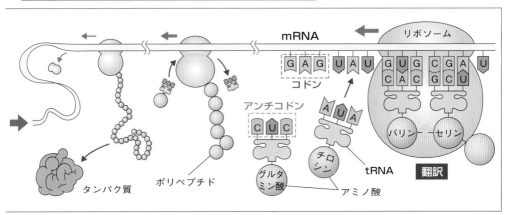

■　原核生物ではどのように遺伝情報が発現されるのか。また，遺伝暗号であるコドンがどのようにして解読されたのかを調べよう。

1 原核生物のタンパク質合成

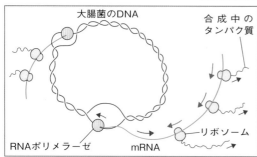

図12. 原核生物のタンパク質合成

■　**転写と翻訳が同時進行**　大腸菌のように核をもたない原核生物では，合成中のmRNAにリボソームが結合し，遺伝情報の転写と翻訳が同時並行で行われる。また，原核生物ではふつうスプライシングは行われない。

> **ポイント**
> 〔原核生物の転写と翻訳〕
> 転写と翻訳が同時に進行。
> スプライシングがない。

2 遺伝暗号の解読

☆1. 何個の塩基で20種類のアミノ酸を指定できるか
1個…4＝4通り　⇒不足
2個…4^2＝16通り　⇒不足
3個…4^3＝64通り　⇒十分

■　**トリプレット**　DNAのヌクレオチドをつくる塩基の種類は4種類。タンパク質をつくるアミノ酸は20種類あるので，3個の塩基が1組(トリプレット)となって1つのアミノ酸を指定する。1

■　**ニーレンバーグらの実験**　1961年，ニーレンバーグらは，大腸菌からの抽出物に人工的に合成したmRNAを加えてタンパク質を合成させることに成功し，このことから核酸の塩基配列とアミノ酸の関係が解明された。

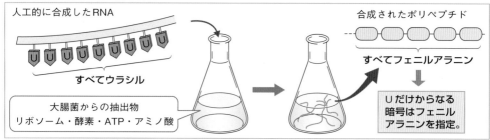

図13. ニーレンバーグらの実験

例題 遺伝暗号の解読

　人工合成RNAを大腸菌をすりつぶした抽出液(リボソーム，酵素，ATP，アミノ酸を含む)に加えて，タンパク質合成を行わせたところ次のようになった。

実験1　CACACA…の塩基配列をもつ人工合成RNAでは，ヒスチジンとトレオニンを1：1の比で含むタンパク質が得られた。

実験2　CAACAA…の塩基配列をもつ人工合成RNAでは，トレオニンだけからなるタンパク質，グルタミンだけからなるタンパク質，アスパラギンだけからなるタンパク質が1：1：1の比で得られた。

問　トレオニンを指定するコドンは何だと考えられるか。

解説　実験1からCAC，ACAは一方がヒスチジンを，もう片方がトレオニンを指定するコドン，実験2からCAA，AAC，ACAはそれぞれトレオニン，グルタミン，アスパラギンのいずれかを指定するコドンであることがわかる。この2つの実験結果の重なる部分から，トレオニンを指定するコドンはACAであることがわかる。　　答　ACA

✿2. 合成開始と終了の暗号
AUGはメチオニンを指定するとともに，タンパク質合成の開始点を指定する開始コドンとなっている。UAA，UAG，UGAは終止コドンで，アミノ酸を指定しない。

③ 遺伝暗号表

■ 遺伝暗号表　ニーレンバーグらの実験により，下表のような遺伝暗号表が作成された。✿2

表3. 遺伝暗号表

		第2番目の塩基				
		ウラシル(U)	シトシン(C)	アデニン(A)	グアニン(G)	
第1番目の塩基	U	UUU UUC }フェニルアラニン UUA UUG }ロイシン	UCU UCC UCA UCG }セリン	UAU UAC }チロシン UAA (終止) UAG (終止)	UGU UGC }システイン UGA (終止) UGG トリプトファン	U C A G 第3番目の塩基
	C	CUU CUC CUA CUG }ロイシン	CCU CCC CCA CCG }プロリン	CAU CAC }ヒスチジン CAA CAG }グルタミン	CGU CGC CGA CGG }アルギニン	U C A G
	A	AUU AUC }イソロイシン AUA AUG メチオニン(開始)	ACU ACC ACA ACG }トレオニン	AAU AAC }アスパラギン AAA AAG }リシン	AGU AGC }セリン AGA AGG }アルギニン	U C A G
	G	GUU GUC GUA GUG }バリン	GCU GCC GCA GCG }アラニン	GAU GAC }アスパラギン酸 GAA GAG }グルタミン酸	GGU GGC GGA GGG }グリシン	U C A G

5 形質発現の調節

細胞内では必要なときに必要な遺伝子だけが働くように，遺伝子レベル，染色体レベルで調節されている。

1 原核生物の基本的な転写調節

オペロン説 ジャコブとモノーは，大腸菌の遺伝子発現の研究から，一連の反応に関係する酵素群の情報をもつ酵素遺伝子群であるオペロンとオペレーター，そしてプロモーター⚙1による，オペロンの遺伝子発現の調節のしくみであるオペロン説を提唱した。

大腸菌のラクトース分解酵素合成 大腸菌はラクトース(乳糖)を利用するため，ラクトース分解酵素(βガラクトシダーゼなど)を図14のようなしくみで合成する⚙2。このような，リプレッサー(抑制因子)による転写調節を**負の調節**という。

⚙ **1. プロモーター**
転写開始に関係する遺伝子の領域をプロモーターという。プロモーターに転写因子が結合すると，転写が始まる。

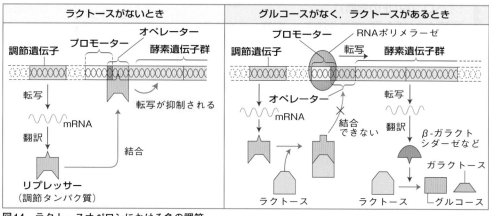

図14. ラクトースオペロンにおける負の調節

⚙ **2.** 大腸菌は，グルコースを得られるときにはこれを栄養分として優先的に利用し，ラクトースやアラビノースを利用しない。グルコースがある場合には，図14や図15とは別のしくみでラクトースやアラビノースの分解酵素の転写が抑制されている。

〔オペロン説(負の調節)〕
酵素遺伝子群…タンパク質合成に直接関係する。
プロモーター…RNAポリメラーゼが結合する。
リプレッサー…調節遺伝子がつくったタンパク質で，DNAのオペレーター部分に結合してDNAの転写を抑制する。
ラクトース…このリプレッサーの働きを解除する。

■ **大腸菌のアラビノース分解酵素合成**　大腸菌はアラビノース(糖の一種)を利用するためにアラビノース分解酵素を図15のようなしくみで合成する。このような**調節タンパク質**による転写調節を**正の調節**という。

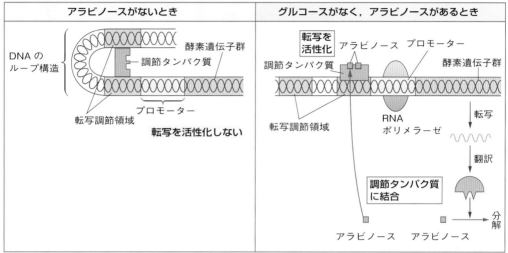

図15. アラビノースオペロンによる正の調節

〔オペロン説(正の調節)〕
調節タンパク質(活性化因子)…転写を促進する。
アラビノース…調節タンパク質に結合し, 調節タンパク質を転写調節領域に結合させる。

2 遺伝子の働きの調節

■ **遺伝子発現**　原核生物の遺伝子発現の調節の研究から, 遺伝子発現の調節のしくみが明らかになってきた。

■ **遺伝子発現の調節**　遺伝子情報の発現の調節はおもに遺伝子の転写開始の段階を調節することで行われている。遺伝情報の転写は次の2つのタイプに大別できる。
①常に転写される(構成的な発現)　生存に必要な代謝に関係する酵素を合成する遺伝子などは常に転写される。
②転写が調節される(調節的な発現)　発生段階などに応じて発現する遺伝子などは, 転写がon, offされる。

〔遺伝子発現の調節は転写の調節〕
常に転写(構成的発現)…生存に不可欠な遺伝子。
転写を調節(調節的発現)…発生に関する遺伝子など。

☼3. 調節タンパク質による活性化
アラビノースと結合していない調節タンパク質は, 離れた2か所の転写調節領域に結合し, DNAのループ構造を形成することで転写を活性化しない。調節タンパク質にアラビノースが結合すると, 転写調節領域に結合できるようになり, 転写を活性化する。

■真核生物の遺伝子発現の調節
真核生物では次の4つの段階で遺伝子発現の調節が行われる。
①染色体の構造の変化による調節
　→クロマチン繊維の折りたたみ。
②調節タンパク質による調節
③選択的スプライシングによる調節
④mRNAの核外への輸送段階での調節

③ 真核生物の遺伝子発現の調節

■ **基本転写因子**　真核生物では，RNAポリメラーゼは**基本転写因子**(調節タンパク質)とともに転写複合体をつくってプロモーターと結合し，転写を開始する。それらと離れたところに転写調節領域があり，ここに結合した転写因子(調整タンパク質。活性化因子やリプレッサー)が転写複合体に作用して転写を調節する。1つの遺伝子の発現に関して，複数の転写因子が調節をしている場合もある。そのため，環境に応じた調節が行われる。

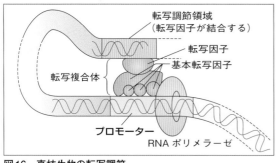

図16. 真核生物の転写調節

〔真核生物の転写調節〕
複数の転写因子で環境に応じた転写調節

④ 染色体の構造と遺伝子発現の調節

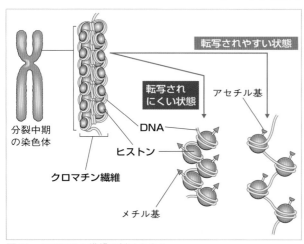

図17. クロマチン繊維の折りたたみ

■ **DNAの折りたたみ**　真核生物のDNAはヒストンに巻きついて**クロマチン繊維**をつくっている。これが密に折りたたまれている部分では転写されにくく，ゆるんでいる部分では転写されやすい。そこでクロマチン繊維の折りたたみを調節することで転写調節を行っている。©4

■ **転写の開始**　調節タンパク質がDNAの折りたたみ部分に結合すると，転写が始まる。

©4. ヒストンがアセチル化されるとクロマチン繊維の折りたたみがゆるみ，メチル化されるとその位置によって密になる。

〔染色体構造での転写調節〕
クロマチン繊維の折りたたみがきつい ⇨ 転写off
クロマチン繊維の折りたたみがゆるい ⇨ 転写on

⑤ 細胞を分化させる遺伝子

■ **調節遺伝子の連鎖**　多細胞生物では，ある**調節遺伝子**によってつくられた**調節タンパク質**が，次の調節遺伝子を調節する。これをくり返すことで細胞は分化し，特定の器官がつくられる。

■ **調節遺伝子の変異**　この調節遺伝子に突然変異が起こって生じる現象として**ホメオティック突然変異**(⇨p.143)がある。

> **ポイント**
> 調節遺伝子がつくった調節タンパク質が次の調節遺伝子を調節。
> ⇨ そのくり返しで細胞が分化。

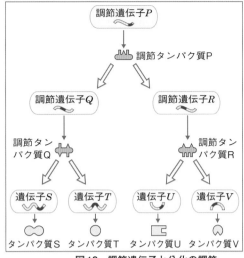

図18．調節遺伝子と分化の調節

⑥ ホルモンによる遺伝子発現の調節

■ **だ腺染色体**　ハエやカなどの双翅目の昆虫のだ腺^{そうしもく}❺細胞に見られる巨大な染色体で，分裂していない間期❻でも見られる。

■ **パフ**　だ腺染色体には多数の横縞が見られ，ところどころで膨れている。だ腺染色体の膨れた部分を**パフ**といい，ここでは遺伝子の転写(mRNAの合成)が行われている。

■ **パフの位置の変化**　ハエやカなどのだ腺染色体に見られるパフの位置は発生が進むにしたがって変化する。これは必要な時期だけ必要な遺伝子が働くように調節されていることを示している。

■ **エクジステロイド**　昆虫の前胸腺から分泌される変態を促進するホルモンである**エクジステロイド**を注射すると，パフの位置が幼虫型からさなぎ型に変化して幼虫の**蛹化**^{ようか}(さなぎへの変態)が始まる。これはエクジステロイドが細胞内の受容体と結合して複合体を形成し，調節タンパク質と同様に，DNAの調節領域に結合して転写を調節しているためである。

> **ポイント**
> パフ…だ腺染色体の膨れた部分。← 転写
> エクジステロイド…蛹化にかかわる遺伝子を発現させる昆虫のホルモン。

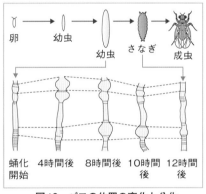

図19．パフの位置の変化と分化

❺. 双翅目はハエ目とも呼ばれる，2枚の翅をもつ昆虫のグループ(目⇨p.45)の1つ。卵→幼虫→蛹→成虫という過程で成長する。

❻. 巨大染色体
ショウジョウバエの幼虫やユスリカの幼虫(アカムシ)のだ腺染色体は，普通の染色体(長さ3μm程度)の約200倍もの大きさがある。

1 ☐　ワトソンとクリックが解明した，DNAの立体構造を何という？

2 ☐　DNAの構成単位を何という？

3 ☐　2 を構成する化合物を 3 つあげよ。

4 ☐　真核生物において，DNAが巻きついているタンパク質を何という？

5 ☐　DNAの複製方法を何という？

6 ☐　5 を実験によって明らかにしたのは誰と誰？

7 ☐　DNAの複製で連続的に新しく合成される鎖を何という？

8 ☐　DNAの複製でDNA断片がつくられながら不連続的に新しく合成される鎖を何という？

9 ☐　8 におけるDNA断片を何という？

10 ☐　DNAの複製に必要で複製開始部に相補的な短いヌクレオチド鎖を何という？

11 ☐　DNAの塩基配列をRNAの塩基配列に置き換えることを何という？

12 ☐　RNAとDNAを構成するヌクレオチドで異なる塩基は何？

13 ☐　mRNAの塩基配列をアミノ酸配列に置き換えることを何という？

14 ☐　13 を行う細胞内構造を何という？

15 ☐　11 で合成されたRNAから一部分を除去してmRNAにすることを何という？

16 ☐　アミノ酸を 14 に運んでくるRNAを何という？

17 ☐　ニーレンバーグらの実験によって作成された核酸の塩基配列とアミノ酸の関係を示した表を何という？

18 ☐　17 において，1 個のアミノ酸は何個の塩基で指定されるか？

19 ☐　遺伝子の発現を促進あるいは抑制する遺伝子を何という？

20 ☐　19 の遺伝子がつくるタンパク質を何という？

21 ☐　真核生物の遺伝子発現でRNAポリメラーゼと転写複合体をつくるタンパク質を何という？

22 ☐　だ腺染色体に見られる膨らんだ部分を何という？

解答

1. 二重らせん構造	7. リーディング鎖	14. リボソーム	21. 基本転写因子
2. ヌクレオチド	8. ラギング鎖	15. スプライシング	22. パフ
3. 糖[デオキシリボース]，塩基，リン酸	9. 岡崎フラグメント	16. tRNA[転移RNA]	
	10. プライマー	17. 遺伝暗号表	
4. ヒストン	11. 転写	18. 3 個	
5. 半保存的複製	12. チミンとウラシル	19. 調節遺伝子	
6. メセルソンとスタール	13. 翻訳	20. 調節タンパク質	

① DNAの構造

DNAに関して，各問いに答えよ。

(1) DNAを構成するヌクレオチドは，塩基を含む3つの構成要素からなる。他の2つの構成要素は何か。

(2) DNAの構成要素である塩基は4種類ある。それぞれの名称を答えよ。

(3) ワトソンとクリックによって明らかにされた，DNAの立体構造を何というか。

(4) (3)をつくるとき，相補的な塩基どうしは，何という結合によって対になるか。

② DNAの複製の方向性

下の図は，DNAの二重らせんがほどけ，新しいヌクレオチド鎖A，Bが複製されるようすを示したものである。a～cは酵素を示しており，ヌクレオチド鎖Bは，dのような短いヌクレオチド鎖の断片が酵素cによって連結してできることが知られている。各問いに答えよ。

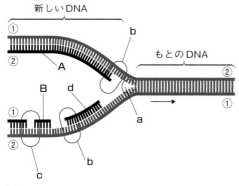

(1) 図中のA，Bのヌクレオチド鎖を，それぞれ何というか。

(2) 図中のa～cの酵素の名称を答えよ。

(3) 図中のdの断片を何というか。

(4) 図中の①，②の末端は，それぞれ5′末端，3′末端のどちらか。

(5) 図中のAのヌクレオチド鎖の伸長方向は，図では右と左のどちらか。

(6) 図中のdのヌクレオチド鎖断片の複製方向は，図では右と左のどちらか。

③ RNA

次の①～④について，RNAの特徴であるものに○，そうでないものに×をつけよ。

① 構成単位であるヌクレオチドの糖がデオキシリボースである。

② 構成単位であるヌクレオチドの塩基がDNAとまったく同じである。

③ 分子構造が1本鎖である。

④ ほとんどすべてが核内に存在する。

④ 真核生物の遺伝情報の発現

下の図は，真核生物の遺伝情報の発現のしくみを示したものである。各問いに答えよ。

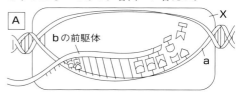

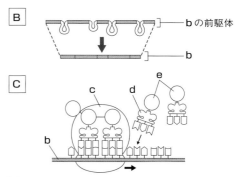

(1) 図中のA，B，Cの各過程をそれぞれ何というか。

(2) 図中のa～eの名称を答えよ。

(3) 図中のXで示される酵素の名称を答えよ。

(4) DNAには遺伝情報をもたない部分があり，それに対応するbの前駆体の塩基配列は，Bの過程で取り除かれる。このような部分を何というか。

5 原核生物の遺伝情報の発現

下の図は，大腸菌の遺伝情報発現のしくみを示したものである。各問いに答えよ。

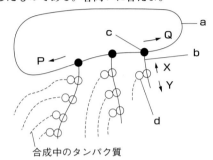

合成中のタンパク質

(1) 図中のa〜dの名称を答えよ。
(2) cはP，Qどちらの方向に進むか。
(3) dはX，Yどちらの方向に進むか。
(4) 大腸菌の遺伝情報発現のしくみとして最も適したものを，次のア〜エから選べ。
    ア DNAにイントロンとエキソンがある。
    イ スプライシングの過程がない。
    ウ 転写が終わってから翻訳が始まる。
    エ 転写と翻訳が同時に進行する。
(5) aの遺伝子となる部分の塩基配列が，TACTGAGTTCCAの場合，bの塩基配列を答えよ。
(6) (5)の塩基配列をもつbは，何個のコドンをもつか。

6 遺伝暗号の解読

コラナらは，大腸菌をすりつぶした汁に人工合成したmRNAを入れてどのようなタンパク質ができるかを調べて遺伝暗号を解読した。

実験1 UGUGUG…のmRNAを加えるとシステインとバリンが交互に結合したタンパク質ができた。

実験2 UUGUUG…のmRNAを加えるとロイシン，システイン，バリンのいずれかだけからできたタンパク質ができた。

実験3 GGUGGU…のmRNAを加えると，グリシン，バリン，トリプトファンのいずれかだけからなるタンパク質ができた。

(1) 1個のアミノ酸を指定するmRNAの塩基配列を何というか。
(2) 実験1〜3から，塩基配列とアミノ酸の関係について，それぞれどのようなことがいえるか。
(3) 実験1〜3から決定される塩基配列とアミノ酸の関係を答えよ。

7 原核生物の転写調節

大腸菌は，ラクトースがない環境ではラクトースを分解するβガラクトシダーゼなどの酵素をつくらない。しかし，グルコースがなく，ラクトースがある環境ではβガラクトシダーゼなどを合成してラクトースを栄養源とする。下の図は，これに関するしくみを示したものである。各問いに答えよ。

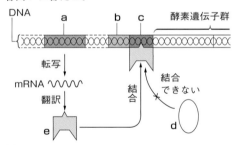

(1) 図中のa〜cの遺伝子の名称をそれぞれ答えよ。
(2) 図中のdの酵素の名称を答えよ。
(3) 図中のeのような因子を何というか。
(4) この図のしくみでは負の調節，正の調節のどちらが働いているか。

遺伝暗号を解読してみよう

⊚図1のDNAが転写されてできるRNAの塩基配列を図2にかいてみよう。また、スプライシングの過程がないものとして、図2のRNAが翻訳されてできるアミノ酸の配列を図3にかいてみよう。 答は p.265

図1. DNAの塩基配列

| T | A | C | G | G | A | G | T | C | T | C | A | A | C | A | G | A | A | T | G | A | C | C | A | C | T | T | A | T | A | A | T | T |

図2. 転写されてできたRNAの塩基配列

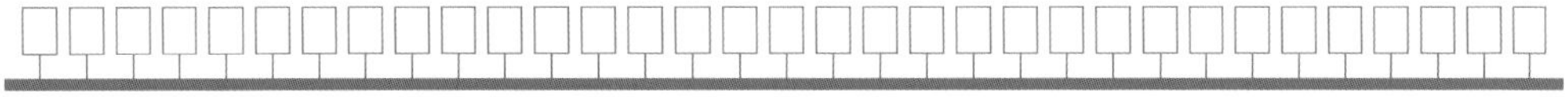

図3. 翻訳されてできたアミノ酸の配列

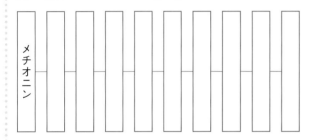

メチオニン

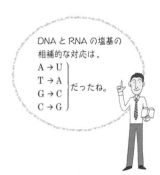

DNAとRNAの塩基の相補的な対応は、
A → U
T → A
G → C
C → G
だったね。

図4. コドン表

		第2番目の塩基				
		ウラシル(U)	シトシン(C)	アデニン(A)	グアニン(G)	
第1番目の塩基	U	UUU UUC } フェニルアラニン UUA UUG } ロイシン	UCU UCC UCA UCG } セリン	UAU UAC } チロシン UAA （終止） UAG （終止）	UGU UGC } システイン UGA （終止） UGG トリプトファン	U C A G 第3番目の塩基
	C	CUU CUC CUA CUG } ロイシン	CCU CCC CCA CCG } プロリン	CAU CAC } ヒスチジン CAA CAG } グルタミン	CGU CGC CGA CGG } アルギニン	U C A G
	A	AUU AUC AUA } イソロイシン AUG メチオニン(開始)	ACU ACC ACA ACG } トレオニン	AAU AAC } アスパラギン AAA AAG } リシン	AGU AGC } セリン AGA AGG } アルギニン	U C A G
	G	GUU GUC GUA GUG } バリン	GCU GCC GCA GCG } アラニン	GAU GAC } アスパラギン酸 GAA GAG } グルタミン酸	GGU GGC GGA GGG } グリシン	U C A G

2章 動物の発生と遺伝子発現

1 動物の配偶子形成と受精

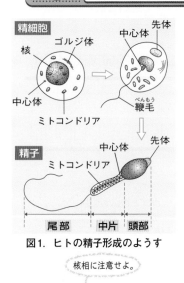

図1. ヒトの精子形成のようす

核相に注意せよ。

■ 精子や卵は，減数分裂の過程で遺伝子組成が多様化し，受精によって，遺伝子組成はさらに多様化する。

1 精子と卵の形成

■ **精子の形成** 雄の精巣で，始原生殖細胞から**精原細胞**ができ，体細胞分裂をくり返してふえる。精原細胞のあるものは成熟して**一次精母細胞**となり，減数分裂を行って4個の**精細胞**をつくり，変形して**精子**となる（**図2**）。

■ **卵の形成** 雌の卵巣で，始原生殖細胞から**卵原細胞**ができ，卵原細胞は体細胞分裂をくり返してふえる。生殖期になると卵原細胞のあるものは成熟して一次卵母細胞となって減数分裂を行い，1個の大きな**卵**と，細胞質をほとんどもたない3個の小さな**極体**をつくる（⇨図2）。

図2. 動物の配偶子形成のしくみ

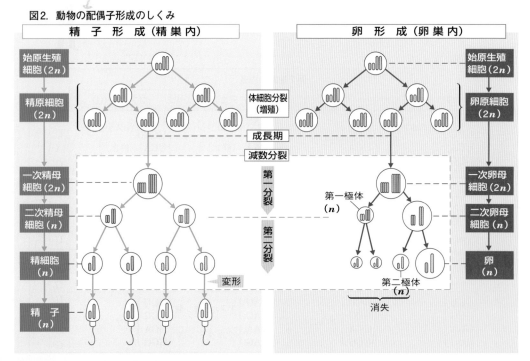

② 動物の受精のしかた(ウニ)

■ **精子の反応** 精子が卵のゼリー層[1]に接触すると，先体からタンパク質分解酵素などが放出され，精子の頭部の細胞質からアクチンフィラメントの束が出て，精子の頭部の細胞膜とともに先体突起をつくる(先体反応)。

■ **卵の反応**

① 精子がゼリー層と卵黄膜を通過して卵の細胞膜に接触すると，卵の細胞膜のすぐ下の表層粒がその内容物を卵黄膜と細胞膜の間に放出する(表層反応)。

② 表層粒の内容物により，卵黄膜と細胞膜の接着構造が分解され，卵黄膜の内側に海水が流入して卵黄膜は高く上がり，卵黄膜は固い受精膜[2]に変化する。また，表層粒から出た物質は卵の細胞膜の外側に透明層を形成する。

③ 進入した精子の頭部からは，精核(n)が中心体をともなって放出され，中心体からは微小管が伸びて精子星状体が形成される。精核は卵核(n)のもとに移動し，精核と卵核が融合して受精卵[3]となり，受精が完了する。

> **ポイント**
> 先体反応…精子が卵のゼリー層に接触 ⇒ 先体突起
> 表層反応…精子が卵の細胞膜に接触 ⇒ 表層粒の中身の放出(⇒ 卵黄膜が受精膜に変化)
> 受精…精核(n)と卵核(n)が融合 ⇒ 受精卵($2n$)

✿1. ウニの卵では，卵の細胞膜の外側に卵黄膜(卵膜)があり，さらにその外側をゼリー層がとりまいている。

✿2. 受精膜は，他の精子の進入を阻む。この現象を多精拒否といい，複数の精子が卵へ進入すること(多精受精)を防いでいる。ウニやカエルなどで，多精拒否により，1個の卵に1個の精子が進入することを単精受精という。

✿3. 受精が完了すると，タンパク質の合成やDNAの複製が開始され，卵割(⇒ p.134)が始まって発生が開始する。

図3. ウニの受精のしくみ

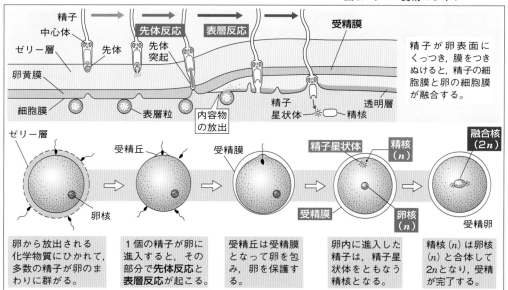

精子が卵表面にくっつき，膜をつきぬけると，精子の細胞膜と卵の細胞膜が融合する。

| 卵から放出される化学物質にひかれて，多数の精子が卵のまわりに群がる。 | 1個の精子が卵に進入すると，その部分で**先体反応**と**表層反応**が起こる。 | 受精丘は受精膜となって卵を包み，卵を保護する。 | 卵内に進入した精子は，精子星状体をともなう精核となる。 | 精核(n)は卵核(n)と合体して2nとなり，受精が完了する。 |

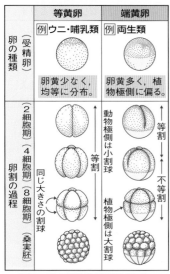

図4. 卵の種類と卵割の様式

■ 卵黄の量によって卵割様式が決まる。ウニは卵黄の量が少なく均等に分布している等黄卵で，胞胚→原腸胚→プルテウス幼生→成体へと発生する。

1 卵黄の量で決まる卵の種類

■ **卵割** 受精卵は，卵割（らんかつ）と呼ばれる体細胞分裂を行う。卵割では，分裂してできた割球（娘細胞）は成長せずに次々と分裂をくり返すため，割球の大きさはしだいに小さくなる。

■ **卵割の様式** 動物の卵割様式は，卵黄の量と分布により，次のポイントのように分類される。このような様式の違いが生じるのは，卵黄が卵割を妨げる性質をもつためである。

種類	卵の大きさ	卵黄の量	例
等黄卵	小さい	少ない	ウニ・ヒト
端黄卵	大きい	多い	カエル

図5. ウニの発生のようす

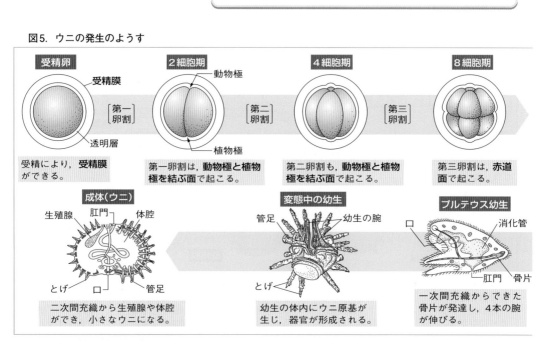

受精卵
受精膜
第一卵割
透明層
受精により，受精膜ができる。

2細胞期
動物極
第二卵割
植物極
第一卵割は，動物極と植物極を結ぶ面で起こる。

4細胞期
第三卵割
第二卵割も，動物極と植物極を結ぶ面で起こる。

8細胞期
第三卵割は，赤道面で起こる。

成体（ウニ）
生殖腺 肛門 体腔
とげ 口 管足
二次間充織から生殖腺や体腔ができ，小さなウニになる。

変態中の幼生
管足 幼生の腕
とげ
幼生の体内にウニ原基が生じ，器官が形成される。

プルテウス幼生
口 消化管
肛門 骨片
一次間充織からできた骨片が発達し，4本の腕が伸びる。

2 ウニの発生過程

発生の順序を
おさえておこう。

■ **卵割のようす** ウニの卵は，卵黄量が少なく均等に分布する**等黄卵**であり，卵割をして細胞数をふやしていく。

■ **胞胚の形成** 卵割が進むと，内部に**卵割腔**（らんかつこう）と呼ばれる空所をもつ**桑実胚**（そうじつはい）となる。さらに卵割が進むと，卵割腔は発達して**胞胚腔**（ほうはいこう）と呼ばれる大きな空所となる。この時期の胚を**胞胚**という。胞胚になると，やがて，受精膜を破って**ふ化**し，浮遊生活を始める。

■ **原腸胚の形成** 胞胚期を過ぎると，植物極側の細胞層が内部に陥入を開始して**原腸**（げんちょう）と呼ばれる空所が新たにできる。原腸の入り口を**原口**（げんこう）といい，この時期の胚を**原腸胚**と呼ぶ。原腸胚は**外胚葉**と**内胚葉**の2層の細胞層でできており，原腸の先端付近の細胞が遊離して，将来，**中胚葉**になる細胞（**二次間充織**（かんじゅうしき））ができる。

■ **プルテウス幼生から成体へ** 原腸胚期を過ぎると，原腸の先端部が外胚葉とふれる所に**口**が開き①②，原口は**肛門**（こうもん）となって，口から肛門まで続く消化管が完成し，腕をもつ**プルテウス幼生**となる。やがて，幼生は変態してとげや管足をもつウニとなって，底生生活を始める。

■ウニの3胚葉（原腸胚）
 - 外胚葉…胚の外側をつくる細胞層
 - 中胚葉…一次間充織・二次間充織
 - 内胚葉…胚の内側をつくる細胞層

✿ 1. 口ができるまでを胚，口ができて自ら食物をとるようになる段階を幼生という。

✿ 2. このように，原口から肛門ができる動物を新口動物という（⇨ **p.56, 59**）。

ポイント 〔ウニの発生の過程〕
受精卵 ⟶ 桑実胚 ⟶ 胞胚 ⟶ 原腸胚 ⟶ プルテウス幼生 ⟶ 成体

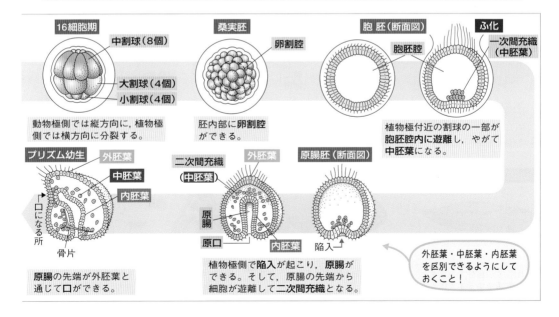

16細胞期
中割球（8個）
大割球（4個）
小割球（4個）

動物極側では縦方向に，植物極側では横方向に分裂する。

桑実胚
卵割腔

胚内部に卵割腔ができる。

胞 胚（断面図）
胞胚腔

ふ化
一次間充織（中胚葉）

植物極付近の割球の一部が胞胚腔内に遊離し，やがて中胚葉になる。

プリズム幼生
外胚葉
中胚葉
内胚葉
口になる所
骨片

原腸の先端が外胚葉と通じて口ができる。

二次間充織（中胚葉）
外胚葉
原腸
原口
内胚葉

植物極側で陥入が起こり，原腸ができる。そして，原腸の先端から細胞が遊離して二次間充織となる。

原腸胚（断面図）
陥入→

外胚葉・中胚葉・内胚葉を区別できるようにしておくこと！

3 カエルの発生

脊椎動物のカエルでは，原腸胚期に続く神経胚期で神経管の形成が始まり，神経管を支える脊索の形成，次いで脊椎骨の形成が起こる。

1 受精卵から原腸胚までの発生過程

■ **表層回転** カエルの卵は端黄卵で，動物極側は黒色色素粒が多く，植物極側には少ない。精子が動物半球から進入すると，卵の表層全体が細胞質に対して30°表層回転する。

■ **灰色三日月環** 卵の植物極に局在していた母性因子（タンパク質）が，精子進入点の反対側にできる灰色三日月環の部分に移動する。この部分は将来の胚の背側となる（⇨p.142）。

■ **第一卵割** 動物極と精子進入点と植物極を結ぶ面で起こる。

■ **胞胚** 卵割が進むと卵割腔は胞胚腔，胚は胞胚となる。

■ **原腸胚** 赤道面よりやや植物極よりの所で，表面の細胞層が胞胚腔内に巻き込まれるように陥入して，原腸胚となる。陥入が起こった場所には原口ができ，しだいに円形になって卵黄栓を形成する。この時期に，外胚葉・中胚葉・内胚葉の3胚葉が分化し，胚の体軸方向が明確になる。

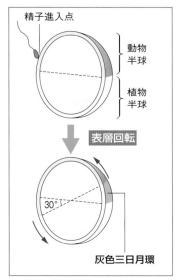

図6. 表層回転

図7. カエルの発生のようす

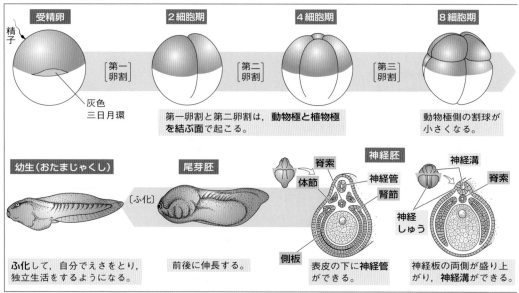

受精卵　2細胞期　4細胞期　8細胞期

第一卵割と第二卵割は，**動物極と植物極を結ぶ面で起こる。**

動物極側の割球が小さくなる。

幼生（おたまじゃくし）　尾芽胚　神経胚

ふ化して，自分でえさをとり，独立生活をするようになる。

前後に伸長する。

表皮の下に**神経管**ができる。

神経板の両側が盛り上がり，**神経溝**ができる。

② 神経胚から幼生までの発生過程

■ **神経胚（神経管の形成）** 原腸胚の背中側の外胚葉に，原口から動物極に向かって**神経板**が生じ，しだいに神経板の両側が盛り上がって**神経溝**となる。そして，神経溝の左右のひだの山の部分が合わさって内部に折れ込んで**神経管**を形成する。この時期の胚を**神経胚**と呼ぶ。

神経管の下側の中胚葉は**脊索**となり，その両側に**体節**と**腎節**，腎節の下側に**側板**が形成される。内胚葉からは**腸管**が形成される。

■ **カエルの幼生（おたまじゃくし）** 神経胚は，やがてダルマ形になり，後端に尾芽ができ始め，前後に伸長して**尾芽胚**となる。やがて，尾芽胚はふ化して独立生活をする幼生（おたまじゃくし）となる。

■ カエルの3胚葉（原腸胚）
- 外胚葉…胚全体を包む細胞層。
- 中胚葉…原腸の背中側（上側）を形成する細胞層。
- 内胚葉…卵黄を多く含む植物極側の細胞層。

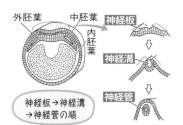

神経板→神経溝→神経管の順

図8. 神経管のでき方

ポイント 〔カエルの発生の過程〕

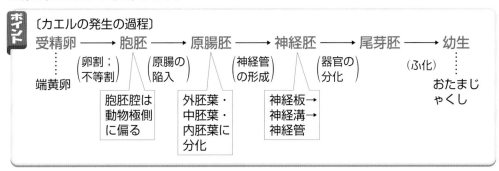

受精卵 ⟶ 胞胚 ⟶ 原腸胚 ⟶ 神経胚 ⟶ 尾芽胚 ⟶ 幼生

端黄卵

（卵割；不等割）

（原腸の陥入）

（神経管の形成）

（器官の分化）

（ふ化）

おたまじゃくし

胞胚腔は動物極側に偏る

外胚葉・中胚葉・内胚葉に分化

神経板→神経溝→神経管

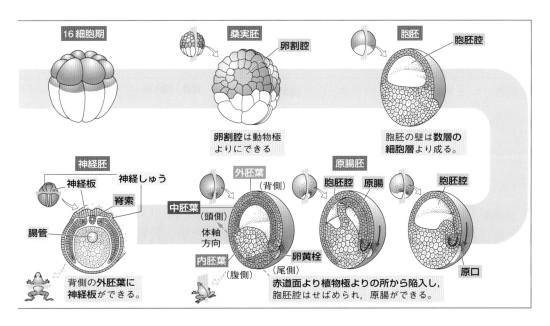

16細胞期

桑実胚　卵割腔

胞胚　胞胚腔

卵割腔は動物極よりにできる

胞胚の壁は数層の細胞層より成る。

神経胚

神経板　神経しゅう

脊索

腸管

外胚葉（背側）

中胚葉（頭側）

体軸方向

内胚葉（腹側）

卵黄栓（尾側）

背側の外胚葉に神経板ができる。

赤道面より植物極よりの所から陥入し，胞胚腔はせばめられ，原腸ができる。

原腸胚　胞胚腔　原腸

胞胚腔

原口

4 胚葉と器官形成

■ 神経管ができると，各種の組織や器官の形成が始まる。

1 各胚葉からできる器官

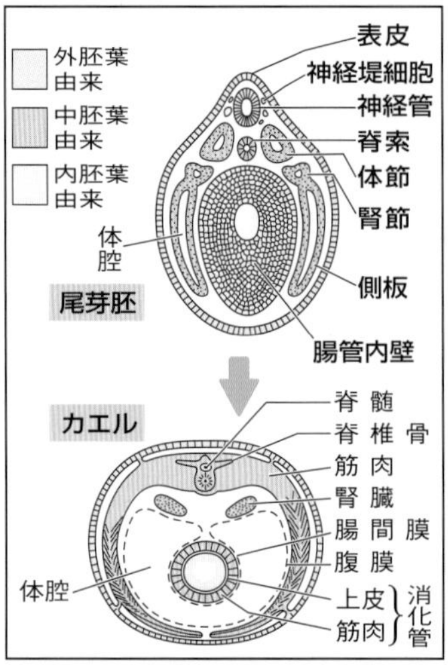

■ カエルの原腸胚の細胞は，外胚葉・中胚葉・内胚葉に分化し，各胚葉から次のような器官が形成される。

■ **外胚葉からできる器官**　おもに**表皮**と**神経**ができる。

①表皮から，皮膚の表皮，つめ，眼の水晶体（レンズ），角膜などができる。

②神経胚の背中側にできた**神経管**の前端はふくれて脳になる。神経管の後方は脊髄になり，脳の一部から突出した眼杯は眼の網膜になる。また，**神経堤細胞**から感覚神経や交感神経などができる。

■ **中胚葉からできる器官**　中胚葉は，**脊索・体節・腎節・側板**に分化する。

①脊索は，脊椎骨ができると，やがて退化する。

②体節から，脊椎骨などの骨格や骨格筋および皮膚の真皮がつくられる。

③腎節から，腎臓がつくられる。

④側板から，内臓筋や血管および心臓などがつくられる。

■ **内胚葉からできる器官**　消化管や呼吸器官ができる。

①消化管は，やがて食道・胃・腸などに分化し，胃と腸の間のふくらみから肝臓やすい臓ができてくる。

図9. 3胚葉の分化（カエル）

外胚葉由来／中胚葉由来／内胚葉由来

尾芽胚：表皮・神経堤細胞・神経管・脊索・体節・腎節・体腔・側板・腸管内壁

カエル：脊髄・脊椎骨・筋肉・腎臓・腸間膜・腹膜・体腔・上皮・筋肉｝消化管

図10. カエルの尾芽胚の各胚葉から分化する器官

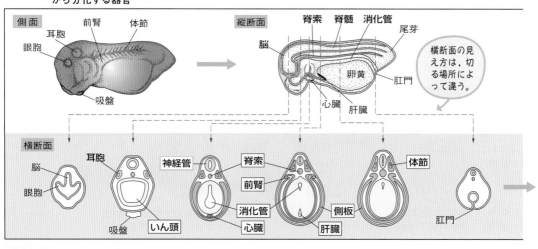

側面：耳胞・前腎・体節・眼胞・吸盤

縦断面：脳・脊索・脊髄・消化管・尾芽・卵黄・肛門・心臓・肝臓

横断面の見え方は，切る場所によって違う。

横断面：脳・眼胞・耳胞・吸盤・いん頭・神経管・前腎・消化管・心臓・脊索・側板・肝臓・体節・肛門

②食道の一部は，ふくれてえらになる。幼生から成体に変
態すると，えら呼吸から肺呼吸になる。

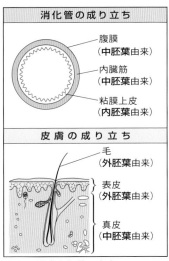

外胚葉	表皮…皮膚の表皮，眼の水晶体・角膜	
	神経管…脳・脊髄，眼の網膜	
	神経堤細胞…末梢神経，色素細胞	
中胚葉	脊索…（退化）	
	体節…骨格，骨格筋，皮膚の真皮	
	腎節…腎臓	
	側板…心臓，血管，血球，内臓筋	
内胚葉	呼吸器官（えら，肺）	
	消化器官（食道・胃・腸・肝臓・すい臓）	

図11. 器官と胚葉の由来

② 胚葉が組み合わさって器官を形成

■ ふつう，器官は，いくつかの胚葉に由来する組織が合
わさって形成されている。たとえば，腸では，内側の粘膜
や吸収上皮は内胚葉起源の上皮組織，内臓筋や腹膜は側板
起源の中胚葉が合わさってできている（➡図11）。

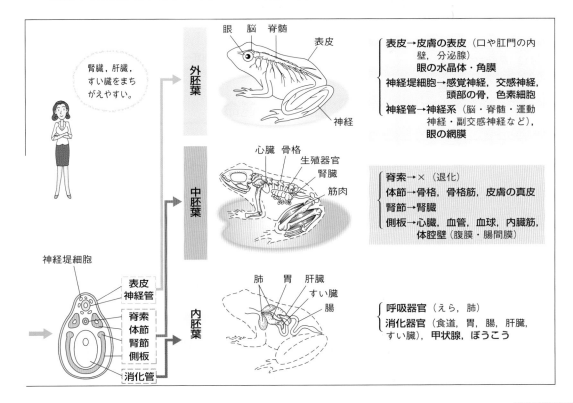

腎臓，肝臓，すい臓をまちがえやすい。

外胚葉

眼　脳　脊髄
表皮
神経

表皮→皮膚の表皮（口や肛門の内壁，分泌腺）
　　　眼の水晶体・角膜
神経堤細胞→感覚神経，交感神経，頭部の骨，色素細胞
神経管→神経系（脳・脊髄・運動神経・副交感神経など），眼の網膜

中胚葉

心臓　骨格
生殖器官
腎臓
筋肉

脊索→×（退化）
体節→骨格，骨格筋，皮膚の真皮
腎節→腎臓
側板→心臓，血管，血球，内臓筋，体腔壁（腹膜・腸間膜）

内胚葉

肺　胃　肝臓
すい臓
腸

呼吸器官（えら，肺）
消化器官（食道，胃，腸，肝臓，すい臓），甲状腺，ぼうこう

神経堤細胞
表皮
神経管
脊索
体節
腎節
側板
消化管

5 胚の予定運命

■ からだの前後軸や背腹軸の決定のしくみを前節で学んだが，器官や組織はいつどのように決定されるのだろうか？

1 胚の予定運命

■ **局所生体染色法**　フォークトは，イモリの胞胚の各部を局所生体染色法で染め分け，胚の各部が将来，どのような器官に分化するかを追跡して，図13のような原基分布図（予定運命図）を作成した。

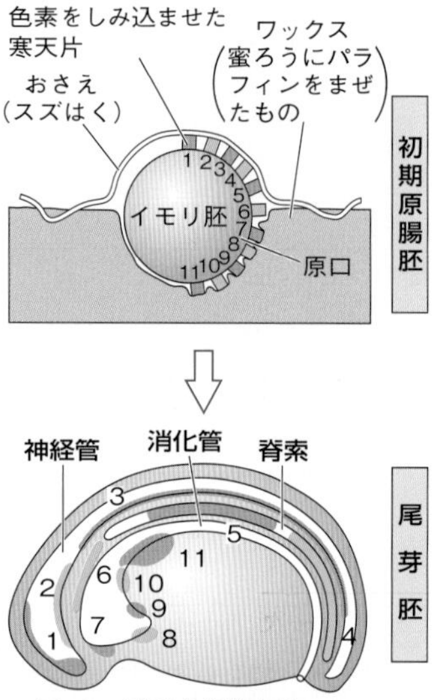

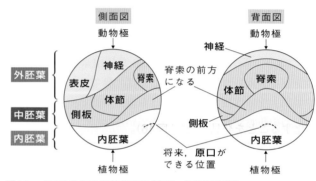

色素をしみ込ませた寒天片
おさえ（スズはく）
ワックス蜜ろうにパラフィンをまぜたもの
初期原腸胚
イモリ胚
原口

神経管　消化管　脊索
尾芽胚

図12. 局所生体染色法

側面図
動物極
神経
脊索
外胚葉
表皮
体節
中胚葉
側板
内胚葉
内胚葉
植物極

背面図
動物極
神経
脊索
体節
側板
内胚葉
植物極

脊索の前方になる
将来，原口ができる位置

図13. イモリの胚の原基分布図（胞胚～初期原腸胚）

2 胚の発生運命

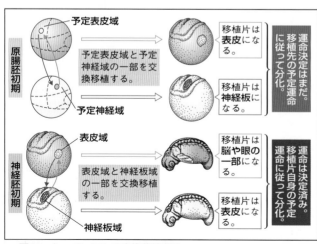

予定表皮域
原腸胚初期
予定表皮域と予定神経域の一部を交換移植する。
予定神経域
移植片は表皮になる。
移植片は神経板になる。
運命決定はまだ。移植先の予定運命に従って分化。

表皮域
神経胚初期
表皮域と神経板域の一部を交換移植する。
神経板域
移植片は脳や眼の一部になる。
移植片は表皮になる。
運命は決定済み。移植片自身の予定運命に従って分化。

図14. シュペーマンの交換移植実験

■ **交換移植実験**　シュペーマンは，色の異なる2種類のイモリの初期原腸胚と神経胚を使って，予定表皮域と予定神経域の交換移植実験を行い，それぞれ移植した組織が何に分化するかを調べた。

　その結果，イモリの予定表皮域と予定神経域の発生運命は，原腸胚初期から神経胚初期の間に少しずつ決まることを明らかにした。

> **ポイント**
> フォークト…局所生体染色法 ⇨ イモリの胞胚〜初期原腸胚で原基分布図を作成。
> シュペーマン…交換移植実験 ⇨ 胚の各部の運命は原腸胚初期〜神経胚初期の間に決定。

✿1. 同様の交換移植実験を原腸胚後期に行うと，移植片が移植先の予定運命に従って分化するもの（ただし，時間がかかる）や，移植片自身の予定運命に従って分化するものが見られる。

③ からだを形づくる形成体

■ **原口背唇部**　精子の進入による表層回転でできた灰色三日月環の部分は，原腸胚初期の**原口背唇部**（原口の上縁の部分⇨図15）の位置と一致する。灰色三日月環の細胞質を含む細胞が原口背唇部の部分をつくる細胞となる。

■ **原口背唇部の移植実験**　シュペーマンとマンゴルドは，イモリの初期原腸胚の原口背唇部を，同時期の別のイモリの胞胚腔（腹側の予定表皮域）に移植する実験を行った。すると，移植片は内部に陥入して，接する外胚葉に働きかけて神経管に分化させ，本来の胚（**一次胚**）の腹側に**二次胚**を形成して，自らは脊索を中心とした中胚葉性器官に分化することを発見した（⇨図16）。

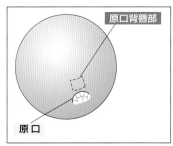
図15. 原口と原口背唇部

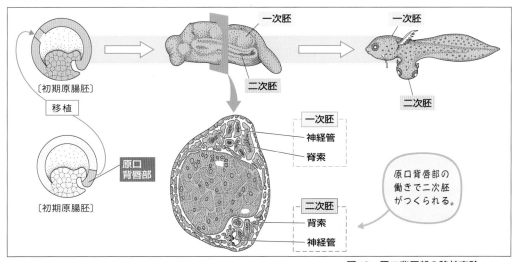
図16. 原口背唇部の移植実験

> 原口背唇部の働きで二次胚がつくられる。

■ **形成体と誘導**　原口背唇部のように，周囲の未分化な組織に働きかけ，その分化を促す働きを**誘導**，誘導作用をもつ胚域を**形成体（オーガナイザー）**という。

> **ポイント**
> 原口背唇部は，自らは脊索に分化し，形成体として，接する外胚葉を神経管へと誘導する。

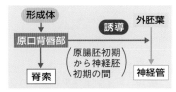
図17. 原口背唇部の働き

6 体軸の決定

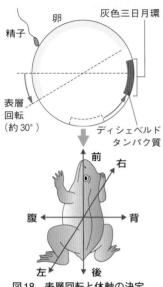

図18. 表層回転と体軸の決定

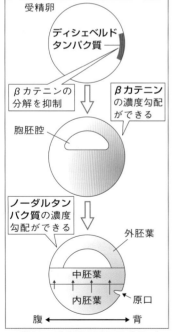

図19. ディシェベルドタンパク
質の分布と背腹軸

■ **体軸**はいつどのように決定されるのか。

1 精子の進入による体軸の決定

■ **表層回転** アフリカツメガエルでは，精子は，黒色色素粒の多い動物半球から進入する。精子が進入すると卵の表層が精子の進入した側に約30°回転する（表層回転⇒p.136）。

■ **灰色三日月環** 表層回転によって精子進入点の反対側の赤道部に黒色色素の薄い部分ができる。この部分を**灰色三日月環**という。将来，これを含む部分は**原口背唇部**（⇒p.141）となり背側となり，精子が進入した側は腹側となる。すなわち，精子が進入したことがきっかけとなって背側と腹側の体軸が決まることになる。

2 タンパク質で決まる背腹軸

■ **灰色三日月環とタンパク質** 植物極の表層には母性因子である**ディシェベルドタンパク質**が入った表層顆粒が存在する。この顆粒は表層回転により灰色三日月環の部分に移動する。

■ **ディシェベルドタンパク質の働き** 胞胚期にはβカテニンというタンパク質が胚全体に広がって分布しているが，βカテニンはしだいに分解され始める。しかし，ディシェベルドタンパク質を含む灰色三日月環の周辺では，βカテニンの分解が抑制され，βカテニンの濃度勾配ができる。βカテニンは，**ノーダル遺伝子**の働きを調節しており，βカテニンの濃度が高いほどノーダル遺伝子は強く働いて**ノーダルタンパク質**を多くつくる。その結果，βカテニンの濃度勾配にそってノーダルタンパク質の濃度勾配ができる。ノーダルタンパク質の少ない内胚葉域と接する部位は**腹側の中胚葉**に，多い部分は**背側の中胚葉**に分化する。このようにして**背腹軸**が決定され，部位に応じて異なる中胚葉組織が誘導される。

 βカテニン ⇒ ノーダル遺伝子の転写・翻訳
⇒ ノーダルタンパク質 ⇒ 背中側の中胚葉に分化

③ ショウジョウバエのからだの前後決定

■ **母性効果遺伝子** ショウジョウバエのからだの前後の位置情報は**母性効果遺伝子**によってつくられたmRNAが細胞内に偏在することにより決められる。

雌が卵巣内で卵母細胞をつくるとき，**ビコイド遺伝子**や**ナノス遺伝子**により，ビコイドmRNAが卵母細胞の前方に，ナノスmRNAが後方に局在して合成される。その後，卵母細胞は減数分裂をして卵となる。

■ **受精とタンパク質** 卵が受精すると，ビコイドmRNA，ナノスmRNAの翻訳が開始され，卵の前方にはビコイドタンパク質，後方にはナノスタンパク質がつくられる。受精卵が核分裂をくり返している間に，これらのタンパク質は拡散して濃度勾配をつくり，これが胚の前後軸を決める位置情報となる。

〔ショウジョウバエのからだの前後軸の決定〕
ビコイド遺伝子(母性効果遺伝子) ⇒ ビコイドmRNA
　　　⇒ ビコイドタンパク質 ⇒ からだの前方
ナノス遺伝子(母性効果遺伝子) ⇒ ナノスmRNA
　　　⇒ ナノスタンパク質 ⇒ からだの後方

④ ショウジョウバエの分節構造の決定

■ **分節遺伝子** ショウジョウバエの幼虫は14の体節からできている。この体節の構造を**分節遺伝子**が決める。

■ **調節遺伝子** 分節遺伝子には，**ギャップ遺伝子**，**ペア・ルール遺伝子**，**セグメント・ポラリティ遺伝子**の3つのグループの遺伝子がある。これらの遺伝子が調節遺伝子として働き，幼虫の14の体節が形成される。

⑤ 体節の形態を特徴づける遺伝子の働き

■ **ホメオティック遺伝子** 体節ごとに決まった構造をつくるときに働く遺伝子が**ホメオティック遺伝子**である。体節ごとに発現するホメオティック遺伝子の組み合わせが異なることで，幼虫の頭部・胸部・腹部などの構造が決まる。この遺伝子の働きの異常によってできる突然変異体を**ホメオティック突然変異体**という。

図20. ショウジョウバエの卵

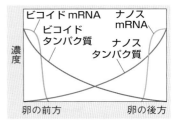
図21. 胚軸を決める因子の分布

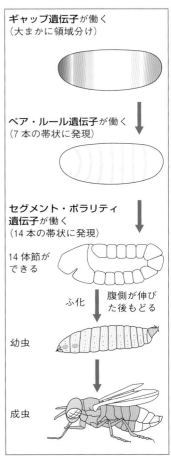
図22. 分節遺伝子による体節の形成

7　形成体と誘導

内胚葉は中胚葉を誘導する。原口背唇部は形成体となって神経管を誘導する。このような誘導のしくみを調べよう。

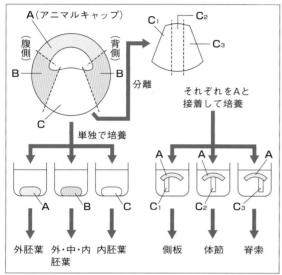

図23. 中胚葉誘導

1　内胚葉による誘導

単独培養　イモリの胞胚期の胚をA，B，Cの3つの領域に分けて単独で培養(図23左)すると，
- A：動物極側の部分(**アニマルキャップ**)⇨外胚葉に分化
- C：植物極側の部分
  ⇨未分化な内胚葉のまま
- B：AとCの間
  ⇨外・中・内胚葉に分化

混合培養　CをC_1，C_2，C_3に分け，Aと接着して培養(図23右)⇨外胚葉組織と内胚葉組織に加え，単独培養では生じなかった**中胚葉組織**が分化。
- 領域AとC_1を接触させて培養⇨側板などが分化
- 領域AとC_2を接触させて培養⇨体節などが分化
- 領域AとC_3を接触させて培養⇨脊索などが分化

中胚葉誘導　予定内胚葉域が予定外胚葉域を中胚葉に分化させる働きを**中胚葉誘導**という。内胚葉域はその動物極側に接する部分を，胚の背側から腹側に向かって順に，脊索_{せきさく}⇨体節⇨(腎節⇨)側板の各中胚葉へと誘導する。

> **ポイント**
> 内胚葉域は，外胚葉から中胚葉を誘導する。
> (腹側の内胚葉)◀━━━▶(背側の内胚葉)
> 　　側板　　腎節　　体節　　脊索　　などを誘導

2　タンパク質による中胚葉の誘導

中胚葉誘導に働くタンパク質　アフリカツメガエルでは，**ノーダルタンパク質**(⇨p.142)が植物極側の予定内胚葉域でつくられ，これが動物極側に働きかけて中胚葉を誘導すると考えられる。

🔎1. 図23の実験でAとCの間にタンパク質を通す程度の穴をもったフィルターをはさんで培養しても結果は同じになることから，予定内胚葉域から分泌される物質が中胚葉誘導を引き起こしていると考えられる。

■ **ノーダルタンパク質の合成を支配する要因** 予定内胚葉域の細胞には**ノーダル遺伝子**が存在する。ノーダル遺伝子は，βカテニン，VegT，Vg-1 などの物質によって転写が促進され，ノーダルタンパク質を合成する。

■ **βカテニンの合成を支配する要因** 背腹軸の形成に関係していた**ディシェベルドタンパク質**（➡ p.142）は**β**カテニンの分解を抑制する。背側では**β**カテニンの濃度が高くなる。**β**カテニン濃度が高い部分では，脊索などの背側の中胚葉が誘導される。

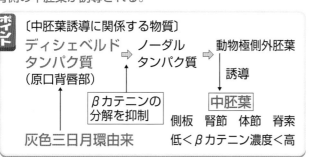

〔中胚葉誘導に関係する物質〕

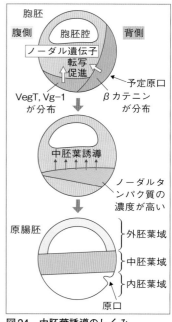

図24. 中胚葉誘導のしくみ

③ 神経誘導する形成体

■ **神経誘導** 原腸胚初期に，原口背唇部を形成する部分は陥入して中胚葉となり，予定外胚葉域を裏打ちする。裏打ちされた予定外胚葉は神経管に誘導される。これを**神経誘導**という。

原口背唇部自身は脊索などの中胚葉組織に分化する。

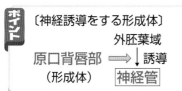

〔神経誘導をする形成体〕

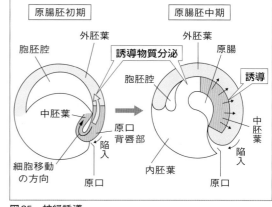

図25. 神経誘導

④ タンパク質による神経誘導

■ **骨形成因子（BMP）** 動物半球の細胞（アニマルキャップの部分の細胞）は BMP というタンパク質を分泌して，表皮への分化を引き起こす遺伝子を働かせ，アニマルキャップの部分の細胞を表皮細胞に分化させている。

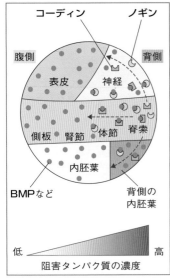

コーディン　ノギン

腹側　　　　　　　背側

表皮　　　神経

側板　腎節　体節　脊索

内胚葉

BMPなど　　　　背側の
　　　　　　　　内胚葉

低　　　　　　　　　高
阻害タンパク質の濃度

図26. 神経誘導とBMP

■ **BMP阻害と神経へ分化**　原口背唇部（形成体）や中胚葉域からは，**コーディンやノギン**などの**誘導物質**となるタンパク質が分泌される。コーディンやノギンなどはBMPに結合して，アニマルキャップの細胞が表皮になるのを阻害する。阻害が起こった部分では，神経に分化する遺伝子が働いて，神経が誘導される。

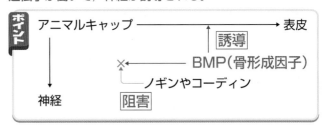

ポイント

アニマルキャップ ──────────→ 表皮
　　　　　　　　　　　　　　┌誘導┐
　　　　　　　×←──────── BMP（骨形成因子）
　　　　　　　└─ ノギンやコーディン
↓
神経　　　　阻害

5 眼の形成における誘導の連鎖

■ **イモリの眼のでき方**（図27）　神経管の前端が脳に分化すると，脳の左右両側に**眼胞**ができる。やがて，眼胞はくぼんで眼杯になる。**眼杯**も形成体として働き，表皮から水晶体を誘導して自らは網膜に分化する。水晶体も形成体として働き，表皮から角膜を誘導して，眼が完成する。

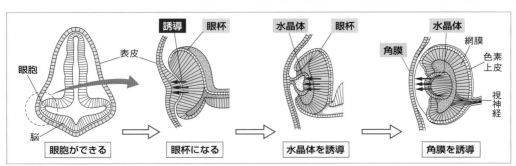

誘導　眼杯　　水晶体　眼杯　　　　水晶体

眼胞　　表皮　　　　　　　　　　　　角膜　　網膜

脳　　　　　　　　　　　　　　　　　　　色素
　　　　　　　　　　　　　　　　　　　上皮

　　　　　　　　　　　　　　　　　　　視神経

眼胞ができる　　眼杯になる　　水晶体を誘導　　角膜を誘導

図27. イモリの眼の形成のしくみ

■ **誘導の連鎖**　眼の形成のしくみのように，誘導によってできた組織が新たな形成体となって別の組織を誘導することを，**誘導の連鎖**という。複雑なからだのしくみは，誘導の連鎖によって形成されていくと考えられている。

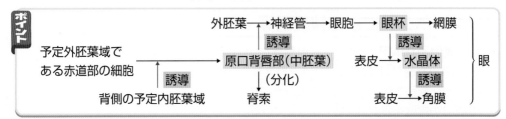

ポイント

　　　　　　　　　　外胚葉→神経管→眼胞→眼杯→網膜
　　　　　　　　　　　　　誘導　　　　　誘導
予定外胚葉域で　　　　　　　　　　　　　　　　　　　　　　　　　眼
ある赤道部の細胞 ─────→ 原口背唇部（中胚葉）　表皮→水晶体
　　　　　誘導　　　　　　　（分化）　　　　　　　誘導
　　背側の予定内胚葉域　　　　脊索　　　　　　表皮→角膜

⑥ ニワトリの皮膚の発生

■ **反応能** 器官形成は，誘導を受ける部位の細胞が誘導物質を受容することで進むが，誘導物質に反応する能力（**反応能**）がないと，器官形成は進まない。

■ **ニワトリの羽毛とうろこ** ニワトリの羽毛は，進化上，うろこを起源としている。背中の部分の皮膚は**羽毛**，肢の部分の皮膚は**うろこ**を形成する。羽毛になるか，うろこになるかは接する中胚葉と発生時期に関係する。

■ **皮膚** ニワトリの皮膚は外胚葉性の**表皮**と中胚葉性の**真皮**からなる。

■ **真皮と表皮の組み合わせ実験** 次のような組み合わせで培養する実験を行った。

① 背の真皮＋背の表皮 ⇨ 羽毛ができる。
② 背の真皮＋肢の表皮 ⇨ 羽毛ができる。
③ 肢の真皮＋肢の表皮 ⇨ うろこができる。
④ 肢の真皮＋背の表皮 ⇨ うろこができる。

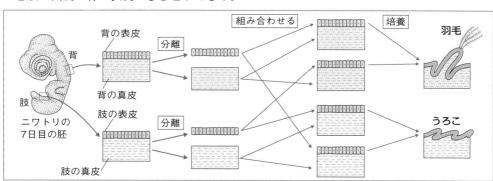

図28. 羽毛とうろこの形成

■ **真皮からの誘導作用** 上の実験の結果から，羽毛になるか，うろこになるかを決定するのは中胚葉性の真皮からの誘導作用であることがわかる。

■ **発生日数と誘導作用** 表1は，同様の実験を真皮と表皮の条件を変えて行った結果である。これより，肢の真皮からの誘導作用に対する背側の表皮がもつ反応能は，5日目にはあるが，8日目にはないことがわかる。このように反応能は発生時期の特定の時期だけ現れることが多い。

〔ニワトリの表皮の反応能（特定の時期）〕
　背の真皮 ⇨ 表皮は羽毛に分化
　肢の真皮 ⇨ 表皮はうろこに分化

表1. 背の表皮の日数と反応能

		背の表皮の日数	
		5日目	8日目
肢の真皮の日数	13日目	うろこ	羽毛
	15日目	うろこ	羽毛

8 幹細胞と細胞の死

❀1. embryo は胚，stem は植物の幹や茎，cell は細胞の意味。

■ さまざまな細胞に分化する能力（分化の多能性）をもつ幹細胞を利用した再生医療への道が始まっている。

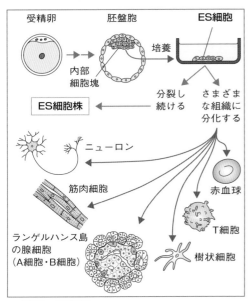

受精卵　　胚盤胞　　　ES細胞

培養

内部
細胞塊

ES細胞株　　←　分裂し　　さまざま
　　　　　　　続ける　　な組織に
　　　　　　　　　　　　分化する

ニューロン

筋肉細胞　　　　　　　　　赤血球

ランゲルハンス島　　　　　　T細胞
の腺細胞
（A細胞・B細胞）　　　　　　樹状細胞

図29. ES細胞

❀2. ES 細胞は胎盤には分化することができない。

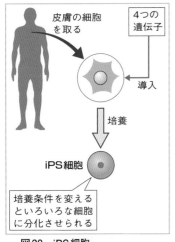

皮膚の細胞
を取る　　　　4つの
　　　　　　　遺伝子

導入

培養

iPS細胞

培養条件を変える
といろいろな細胞
に分化させられる

図30. iPS細胞

1 幹細胞

■ ES 細胞（Embryonic Stem cell）❀1

　哺乳類の受精卵は胞胚期を過ぎると，内部に空洞ができた胚盤胞となって子宮に着床する。胚盤胞の内部細胞塊は，分化の多能性をもつ。❀2

　この内部細胞塊を特別な培地で培養すると，いつまでも分裂・増殖ができる細胞株となる。これを ES 細胞（胚性幹細胞）という。

　ES 細胞を使ったヒトの組織や臓器の作成，再生医療への応用などが試みられているが，ES 細胞は他人の細胞であるために移植時に拒絶反応が起こるうえ，受精卵という本来ならヒトになるはずの細胞を犠牲にしているという倫理的な問題がある。

> **ポイント** ES 細胞（胚性幹細胞）…発生初期の胚からつくった分化の多能性をもつ幹細胞

■ iPS 細胞（induced Pluripotent Stem cell）

　2007年，京都大学の山中伸弥教授は，ヒトの皮膚などの体細胞に，約2万個あるヒトの遺伝子のなかから4種類の遺伝子を選んで導入し，細胞を初期化させ，ES 細胞のように分化の多能性をもった iPS 細胞（人工多能性幹細胞）をつくることに成功した。この研究によって，山中伸弥教授は2012年にノーベル賞を受賞した（⇨p.162）。

　iPS 細胞は，治療しようとする本人の体細胞からつくることができるため拒絶反応は起こらず，倫理的な問題も生じにくいため，再生医療をはじめ，治療困難な病気のしくみの解明，薬の効果や副作用の研究など，医療へのさまざまな応用が期待されている。2013年には iPS 細胞からつくった網膜を黄斑変性の患者に移植する試みが承認され，

実用化へ向けて研究が進んでいる。

 iPS細胞（人工多能性幹細胞）…体細胞に遺伝子を導入してつくった分化の多能性をもつ幹細胞

2 プログラムされた細胞の死

■ **プログラム細胞死**　発生段階から，一定の時期になるとあらかじめ死ぬようにプログラムされている細胞死を**プログラム細胞死**という。

■ **アポトーシス**　プログラム細胞死の1つである**アポトーシス**では，ミトコンドリアなどの細胞小器官の変化は見られないが，核が破壊されてDNAが断片化することで起こる細胞死である。いわゆる細胞の自殺に相当する。

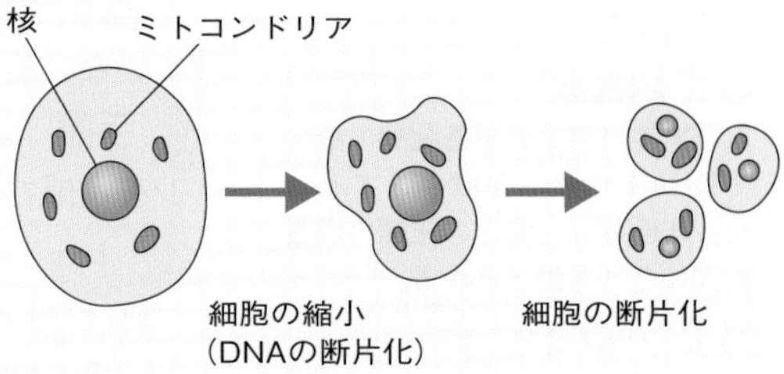

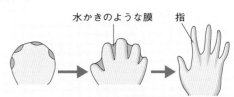

図31. アポトーシス

　おたまじゃくしが成体に変態するとき，尾が消失するのもアポトーシスによる。また，ヒトでも発生の初期には，手の指の間にアヒルの水かきのようなものができるが，この部分でアポトーシスが起きてヒトの手の指が形成される。アポトーシスは，動物の正常な発生や生物の形態維持にとって重要なしくみの1つである。

図32. ヒトの手の指の形成

■ **壊死**　細胞膜が破れ，細胞が細胞内の物質を放出して死ぬような場合を**壊死**[3]といい，アポトーシスとは異なる。

　けがなどの物理的な破壊，強酸や強アルカリなどの化学物質による化学的な損傷，凍傷などによる血流の減少などにより，壊死が起こることがある。壊死した組織の周辺では**炎症**などが引き起こされることもある。壊死した組織は，ふつう，免疫系の働きにより除去される。

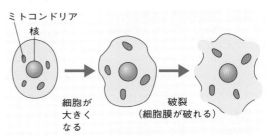

図33. 壊死

☺3. 壊死はネクローシスとも呼ばれる。

〔2種類の細胞死〕
アポトーシス…プログラムされた細胞死
　　DNAが断片化 ⇒ 細胞が断片化
壊死…物理的・化学的な破壊などによる細胞死
　　細胞膜が破れ細胞内物質が流出

9　遺伝子を扱う技術

1. インスリン

インスリンは，グルコースからグリコーゲンへの合成を促進したり組織でのグルコースの消費を促進したりして血糖濃度を低下させるホルモン。分泌量が少ないと，糖尿病になる。

2. 制限酵素

制限酵素は特定の塩基配列の部分でDNAを切断する働きをするため，切断された断片の末端の塩基配列はどれも同じとなる。

3. プラスミド

細菌は細胞自体のDNA以外にプラスミドという独自に増殖する小さな環状のDNAをもつ。

■　20世紀後半から，遺伝子組換えやPCR法など，遺伝子を扱った技術が急速に発展している。

1　遺伝子組換え

■　**遺伝子組換えとは**　ある細胞に，その個体が本来もっていない遺伝子を導入することを**遺伝子組換え**という。

■　**手順**　遺伝子組換えによって大腸菌にヒトのインスリン[*1]を合成させる場合を例に，次に手順を示す。

① 　ヒトDNAのインスリンをつくる遺伝子を含んだ部分を，「はさみ」の働きをする**制限酵素**[*2]で切り出す。

② 　同じ酵素で大腸菌の**プラスミド**[*3]を切断する。こうすると，使った「はさみ」が①と同じなので，同じ切り口となる（末端の塩基配列が一致する）。

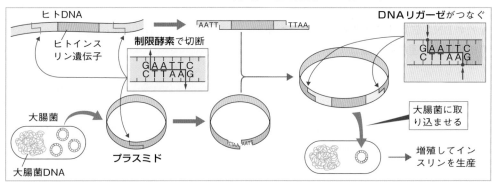

図34. 遺伝子組換え大腸菌によるヒトインスリンの生産

③ 　①②の2つを「のり」の働きをする酵素である**DNAリガーゼ**[*4]で処理して切断面をつなぎ合わせると，ヒトインスリンの遺伝子を組み込んだプラスミドが得られる。

④ 　このプラスミドを**ベクター**[*5]として大腸菌に取り込ませると，プラスミドは大腸菌の体内で増えてヒトのインスリンを合成するようになる。

　この大腸菌からインスリンを抽出することで，糖尿病の治療に使えるヒトのインスリンを多量に得ることができる。

4. DNAリガーゼ

DNA断片の末端どうしを特定の塩基配列の部分でつなぎ合わせる酵素をDNAリガーゼという。

5. ベクター

大腸菌のプラスミドのように外来性の遺伝子を運ぶ運び屋のこと。ウイルスの一種もベクターとして使われる。

〔遺伝子組換え〕
制限酵素…DNAを切断する「はさみ」
DNAリガーゼ…DNAをつなぎ合わせる「のり」
ベクター…DNAを細胞に入れる「運び屋」

② トランスジェニック生物

■ **トランスジェニック生物** 遺伝子操作によって得られた組換え遺伝子を小さな針や遺伝子銃などで直接，卵や胚に導入して，形質転換させた**トランスジェニック生物**[6]（トランスジェニック動物やトランスジェニック植物）[7]をつくることができる。

例 除草剤耐性の性質をもった遺伝子組換えダイズ

■ **遺伝子治療** 酵素の合成に関係する遺伝子を欠くために必要な代謝ができない遺伝病の治療のため，遺伝子組換えによって正常な遺伝子を組み込んだウイルスをベクターとして，患者から取り出した体細胞に取り込ませる。この体細胞を患者の体内にもどすという**遺伝子治療**が試みられている。

③ DNAの増幅——PCR法

■ **PCR法とは** 遺伝子操作では，同じ塩基配列のDNAを多量に必要とする場合が多い。ポリメラーゼ連鎖反応法（**PCR法**）は，DNAを短時間で多量に増幅させる方法である。

■ **手順** PCR法は次のような手順で行われる（⇨図35）。

① DNAを90℃に加熱して，DNAの2本鎖をつくる塩基対の結合（水素結合）を切って1本鎖のDNAとする。

② 次に温度を下げて，**プライマー**[8]と**DNAポリメラーゼ**[9]（DNA合成酵素）を加えて，プライマーが結合した部分を始点に，各1本鎖を鋳型としてもとのDNAと同じ塩基配列をもつ2本鎖のDNAを複製する。

③ 以上のサイクルをくり返すことで急速にDNAを増幅することができる。

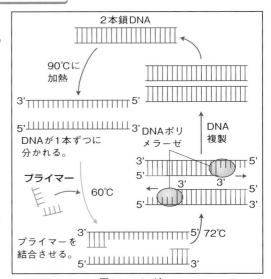

図35. PCR法

> **ポイント**
> 〔PCR法〕
> DNAを短時間で多量に増幅させる方法。
> 　高温による1本鎖への分離とDNAポリメラーゼによる2本鎖DNAの合成をくり返す。
> 　プライマー…合成の起点となる短いDNA断片

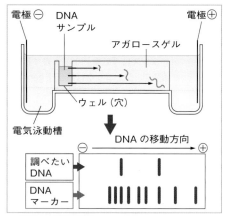

電極（－） DNA
サンプル
アガロースゲル
電極（＋）
ウェル（穴）
電気泳動槽
DNA の移動方向
（－） ⟶ （＋）
調べたい
DNA
DNA
マーカー

図36. 電気泳動

解析したい DNA（鋳型鎖）
DNA ポリメラーゼ
プライマー
ヌクレオチド（A, T, G, C）
特殊なヌクレオチド（Ⓐ Ⓣ Ⓖ Ⓒ）

↓ DNA 複製

さまざまな長さのヌクレオチド鎖

塩基配列を決定
5′ （CAGTTTACCG） 3′

電気泳動
（短い順に分離）

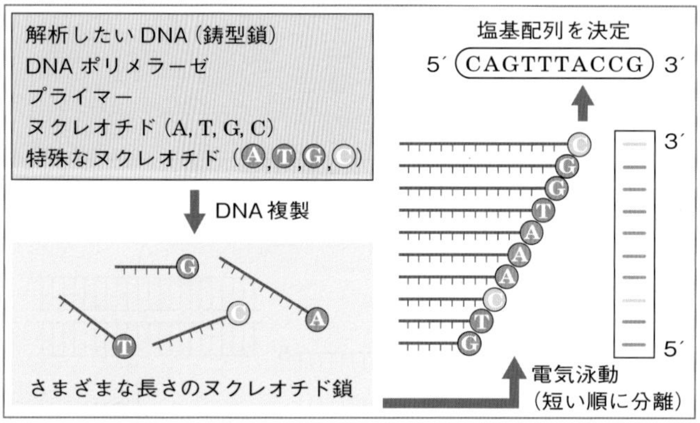

図37. 塩基配列の解析

✿**10.** コンニャクやゼリーのような，固体状になっているコロイドをゲルという。ゲルは液体のような性質ももつ。

✿**11.** このような手順で行うDNA解析をサンガー法という。

✿**12.** 塩基配列の解析方法としては，次の2つがある。
方法1 制限酵素でDNA断片をつくって制限酵素断片地図を作成し，断片の塩基配列を調べる。
方法2 断片の塩基配列を解析し，その情報をもとにして断片がつながっていた順を解析する。

④ DNAの塩基配列の解析

■ 電気泳動法

① DNA分子など，正（＋）や負（－）の電荷をもつ分子を電流の流れる溶液中で分離する方法を**電気泳動法**という（⇒p.157）。

② **原理** DNA分子が負（－）に帯電するような緩衝液を含むアガロース（寒天）ゲル中で電気泳動を行うと，DNAは陽極に向かって移動する。このとき，短いDNA断片は移動が速く，長いDNA断片はゲルの網目に引っかかって移動が遅い。この性質を使って，DNA断片のおよその長さを示す塩基対数（bp）を測定できる。[10]

■ DNA解析の手順 [11]

① 解析したいDNA断片，プライマー，DNAポリメラーゼ，ヌクレオチド，4種類の蛍光色素をそれぞれつけた特殊なヌクレオチド（複製過程でヌクレオチド鎖の伸長を停止する）を少量入れた混合液をつくる。

② 加熱してDNAを1本鎖にする。片方の鎖にだけプライマーを結合させて複製を行う。

③ 特殊なヌクレオチドが取り込まれると，ヌクレオチド鎖の伸長は停止する。4種類の蛍光色素のいずれかを端につけたさまざまな長さのヌクレオチド鎖ができる。

④ 合成されたヌクレオチド鎖を電気泳動で分離して長さ順に並べ，各ヌクレオチド鎖の末端にある蛍光色素の色を識別して塩基配列を読み取る。[12]

■ **DNAシーケンサー** 現在では，DNAを制限酵素で切断して800 bp以下のDNA断片をつくり，**シーケンサー**で，電気泳動の結果できるバンドのパターンをコンピューターで自動解析して塩基配列を決定する。

 ポイント
DNA断片 ⇒ シーケンサーで塩基配列決定
（電気泳動でDNA断片の長さと塩基配列を決定）

⑤ ゲノムを読み取るプロジェクト

■ **ヒトゲノムプロジェクト**　2003年，ヒトの核DNA
の約30億ある全塩基の配列を解析する**ヒトゲノムプロ
ジェクト**が完了し，ヒトのDNAの全塩基配列が明らか
にされ，２万個あまりの遺伝子があることがわかった。
また，一塩基多型(SNP⇒p.17)も多くあることがわかった。
■ **ゲノムプロジェクト**　現在では，ヒト以外のいろい
ろな生物のゲノム解析が行われている。

✿13. ヒトがもつ遺伝子の数は，
当初は10万個程度と予想されて
いたが，実際には２万個あまりで
あることがわかった。

⑥ 医療技術等への応用

■ **テーラーメイド医療**　SNP(一塩基多型)の研究から，
患者の個人差を考慮したそれぞれの個人にあった薬をつく
り，投与する**テーラーメイド医療**が可能となる。
■ **遺伝子治療**　正常なタンパク質を合成できない患者か
ら取り出した細胞に正常な遺伝子を遺伝子組換えによって
組み込み，これを体内にもどして病気を治療する**遺伝子
治療**が試みられ始めている。
■ **遺伝子診断**　SNPや反復配列(⇒p.154)など，個人で
異なる遺伝子の違いを調べることを**遺伝子診断**といい，
遺伝子診断を行うことによって，病気の発病リスクや薬の
効き具合などを知ることができる。

⑦ 遺伝子発現の解析

■ **DNAマイクロアレイ解析**　多数のスポットのそれぞ
れに，既知の塩基配列をもつ１本鎖のDNAを入れたチッ
プを**DNAマイクロアレイ**といい，ここに特定の組織
や細胞から抽出したmRNAを入れて，そのスポットの発
光パターンから，病気の遺伝子の存在を調べることができ
る。
■ **RNAシーケンシング解析**　細胞や組織からmRNA
を抽出し，そのmRNAのすべての塩基配列を次世代シー
ケンサーによって読み取り，遺伝子発現を解析する方法を
RNAシーケンシング解析という。この方法では，網
羅的に遺伝子発現を解析でき，細胞や組織ごとに発現して
いる遺伝子の種類や量の違いがわかる。

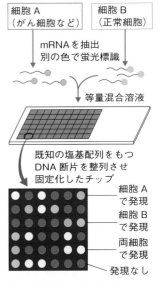

●の発現または●の欠損がAに
生じる問題の原因と考えられる
図38．DNAマイクロアレイ

■ **メタゲノム解析**　土壌や海水などの環境に生息する微生物群のDNAをまとめて抽出し，そのDNAの塩基配列を次世代シーケンサーによって解析する。このように，網羅的に生物群のゲノムを培養せずに解析を行う方法は**メタゲノム解析**と呼ばれる。

■ **WISH法**　組織や個体全体において，特定の遺伝子発現の分布や量を検出する方法を**WISH法**[14]という。WISH法は以下のような手順で行われる。

① 目的の遺伝子の配列をもつ人工RNAに標識をつけ固定胚（初期原腸胚）のmRNAに結合させる。

② 結合しなかった人工RNAを除去し，人工RNAの標識を検出することで，目的のmRNAの分布を確認することができる。

> **ポイント**
> DNAマイクロアレイ解析…DNA断片を固定化したチップに抽出したmRNAをのせて解析する。
> RNAシーケンシング解析…細胞や組織から抽出したmRNAを次世代シーケンサーで解析する。
> メタゲノム解析…微生物群のDNAをまとめて抽出し，次世代シーケンサーで解析する。
> WISH法…標識のついた人工RNAを固定胚につけ，目的のmRNAの分布を調べる。

♻ **14.** WISH法は，Whole-mount In Situ Hybridization の略称。

♻ **15.** DNA型鑑定は，刑事捜査や親子鑑定などで利用されており，血液や唾液，毛髪などからDNA試料が採取できる。

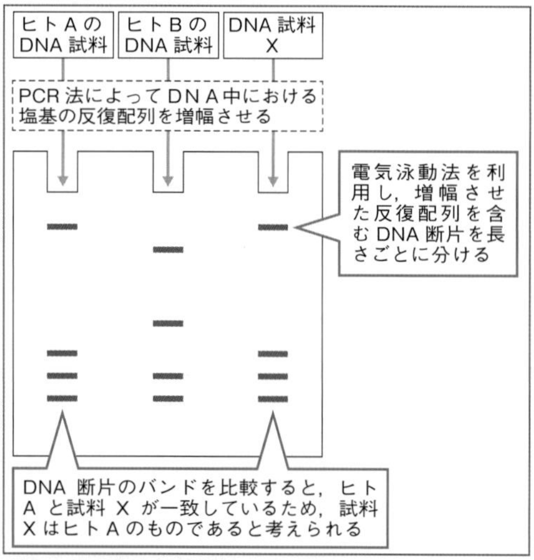

⑧ DNA型鑑定

■ **DNA型鑑定**　DNA中にはACACAC…のように，2〜5個の塩基配列がくり返されている領域（反復配列）があり，この反復配列において，くり返される回数は個体によって異なり多様性をもつ（⇒p.17）。そのため，反復配列を比較することで，DNA試料がどの人物由来であるのかを判別することができる。

このように，DNAの情報をもとに個体や作物の品種を判別する方法を**DNA型鑑定**[15]という。

> **ポイント**
> DNA型鑑定…反復回数による違いを利用し，個体の判別を行う。

ヒトAの DNA 試料　ヒトBの DNA 試料　DNA 試料 X

PCR法によってDNA中における塩基の反復配列を増幅させる

電気泳動法を利用し，増幅させた反復配列を含むDNA断片を長さごとに分ける

DNA断片のバンドを比較すると，ヒトA と試料 X が一致しているため，試料XはヒトAのものであると考えられる

図39. 塩基配列の解析

⑨ 遺伝子の改変

■ **ノックアウトとノックイン** DNAの特定の部位を壊したり，外部からの遺伝子断片と置き換えたりすることで遺伝子発現を妨げる技術を**ノックアウト**という。それに対し，細胞内の遺伝子に外部から遺伝子断片を挿入したり，もとの塩基配列と置換したりすることで目的の遺伝子を発現させる技術を**ノックイン**という。

■ **ノックダウン** ノックインやノックアウトに対し，遺伝子のDNAは操作せずに，mRNAを壊したり翻訳を阻害したりすることで，目的の遺伝子の発現量を減少させる技術を**ノックダウン**という。

■ **ゲノム編集** DNAの特定の塩基配列を認識して切断する酵素を用いて目的の遺伝子を操作する技術を**ゲノム編集**という。この技術では効率的にノックアウトやノックインを行うことができるため，多くの生物種で容易に遺伝子の改変ができるようになった。代表的な例として，Cas9（キャスナイン）というDNA分解酵素を利用したCRISPR/Cas9法（クリスパー）🔿16があげられる。

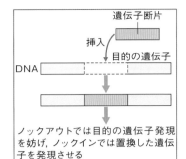

ノックアウトでは目的の遺伝子発現を妨げ，ノックインでは置換した遺伝子を発現させる

図40. ノックアウト・ノックインの例

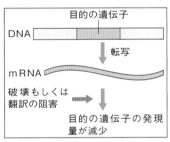

図41. ノックダウンのしくみ

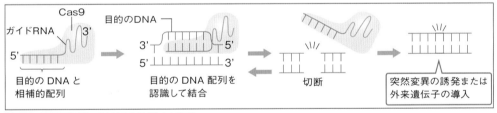

図42. CRISPR/Cas9法によるゲノム編集

⑩ バイオテクノロジーの課題

■ **食品や飼料の安全** 遺伝子組換え農作物は，毒性，発がん性，アレルギーなどの安全性を確認する必要がある。

■ **遺伝子汚染** 遺伝子組換え技術によって自然界に存在しない生物が自然界に広がると，既存の生物の食物やすむ場所を奪ったり交雑したりして環境を乱す可能性がある。

■ **個人情報の保護** 特定の病気にかかりやすいなどの遺伝情報は重要な個人情報であり，他人に知られたり悪用されたりすることがないように保護される必要がある。

■ **生命倫理の問題** 遺伝子操作のヒトへの応用は，ヒトの生命を人為的に操作したり，道具のように扱ったりすることになり，生命倫理上の問題が伴う。

🔿16. CRISPR/Cas9法は，シャルパンティエとダウドナらによって開発され，2020年にノーベル化学賞を受賞した。

重要実験 大腸菌を用いた遺伝子組換え

遺伝子組換えをするとき，制限酵素は「はさみ」，DNAリガーゼは「のり」として働くよ。

方法

〔1. プラスミドへの組み込み〕

1 オワンクラゲの*GFP*（緑色蛍光タンパク質）遺伝子，*araC*遺伝子，アンピシリン耐性遺伝子を含むDNAと大腸菌のプラスミドDNAを同じ制限酵素で切断する。

[参考] アラビノース(ara)は糖類の一種で，*araC*タンパク質に結合して転写開始のスイッチを入れる働きをする。また，アンピシリン(amp)は大腸菌の生育を阻害する抗生物質だが，アンピシリン耐性遺伝子を発現した個体はアンピシリンがあっても生育できる。

2 ここにDNAリガーゼを働かせて，*GFP*遺伝子，*araC*遺伝子，アンピシリン耐性遺伝子を大腸菌のプラスミドDNAに組み込む。これをpGLOプラスミドといい，遺伝子の運び屋（ベクター）として利用する。

pGLOプラスミド（5371bp）

*araC*遺伝子
プロモーター
*GFP*遺伝子

アンピシリン耐性遺伝子

*GFP*遺伝子以外のプロモーターは省略

〔2. 遺伝子導入〕

1 大腸菌用の寒天培地(LB)に大腸菌を塗布して大腸菌を生育させ，スタータープレートをつくる。

2 pGLOプラスミドをマイクロチューブに入れ，形質転換溶液に加える。**1**の大腸菌のコロニー1個を白金耳でとってよく溶かした後，タッピング（撹拌）する。

3 **2**を氷で冷やした後，42℃のウォーターバスに50秒つけてヒートショックを与え，直ちに氷冷する。この操作で，pGLOプラスミドが大腸菌に導入される。

4 対照実験区として，pGLOを加えていない大腸菌も準備する。

5 **3**と**4**を，それぞれLB，LB＋amp（アンピシリン），LB＋amp＋ara（アラビノース）の3種類の培地に塗布して，37℃で培養する。

6 コロニーが出現したら紫外線ランプを当てて，緑色蛍光を発するコロニーを調べる。

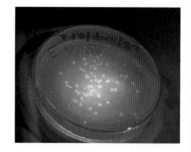

結果

大腸菌	LB	LB＋amp	LB＋amp＋ara
−pGLO	＋	−	−
＋pGLO	＋	＋	⊞

（＋は生育，−は生育せず　⊞は蛍光）

考察

1 ampが入った培地では，−pGLOはなぜ生育できないか。 → 抗生物質耐性の遺伝子をもたないから。

2 pGLOの中にamp耐性遺伝子を組み込んだのはなぜか。 → 遺伝子組換えができている大腸菌だけを選び出すため（スクリーニング）。

3 *araC*遺伝子をpGLOに組み込んだのはなぜか。 → アラビノース存在下における転写のスイッチとして，*GFP*遺伝子を転写させるため。

4 ara入りの培地だけが発光したのはなぜか。 → 転写のスイッチが入り，GFPタンパク質が合成されたから。

DNAの電気泳動

電気泳動は，DNAの塩基配列の解析などを行うときに，とても重要な実験方法だよ。

方法

〔1. アガロースゲルの作成〕

1 三角フラスコに電気泳動用緩衝液（泳動緩衝液）を入れ，アガロース（寒天）を加えて加熱・溶解する。

2 アガロースが50℃程度まで冷えたら，電気泳動槽付属のゲルメーカーに流し込む。上からウェル（DNAサンプルを入れる穴）をつくるためのコーム（くし状の型）を差し込む。

3 アガロースが固まるまで静置する（アガロースゲルの完成）。

〔2. 電気泳動にかける〕

1 DNAサンプルを入れたマイクロチューブ，DNAマーカー（塩基対数（bp数）のわかっている基準となるDNA断片）を入れたマイクロチューブに，DNAの拡散防止用の緩衝液をそれぞれ加える。

2 液面の高さに注意しながら，電気泳動槽内に泳動緩衝液を加える。

3 ウェル（穴）が電気泳動槽内の－極側にくるようにアガロースゲルをセットする。

4 ウェルを破らないように注意しながら，DNAサンプル，DNAマーカーをマイクロチューブから取ってウェルに入れる。

5 電気泳動槽の電源を入れて，電気泳動を開始する。

6 電気泳動が終了したら，アガロースゲルを取り出してDNA染色液で染色する。

[参考] DNAのヌクレオチドのリン酸と塩基は電荷をもっているが，二重らせん構造をつくる塩基は電荷を打ち消し合っている。この電気泳動ではDNAのリン酸がもつ負の電荷で正極の方へとDNAは移動する。

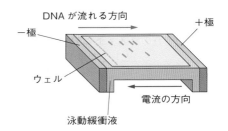

結果

●DNAマーカーの電気泳動像は①のようになり，サンプルの電気泳動像は②のように4つのバンドを示していた。

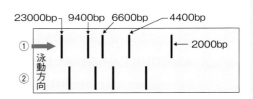

考察

1 電気泳動をかけるとDNA断片は何極側に移動したか。理由とともに答えよ。 → DNAはリン酸基の部分が負の電荷をもっているので，＋極に移動する。

2 bp数の大きいDNA断片は移動距離が短いのはなぜか。 → 大きなDNA断片ほど，アガロースゲルの網目に引っかかりやすいため。

3 電気泳動の原理から考えて，断片化していないDNA鎖を電気泳動できるか。 → アガロースゲルの網目に引っかかってほとんど動かないので，電気泳動できない。

1. ☐ ウニや哺乳類で見られ，卵黄が少なく均等に分布する卵を何という？

2. ☐ ウニの原腸の陥入はどこで起こる？

3. ☐ ウニの骨片は何胚葉からできる？

4. ☐ カエルの割球の大きさに差が出るのは第何卵割からか？

5. ☐ カエルの原腸胚の陥入はどこで起こる？

6. ☐ カエルの神経管は何胚葉からできる？

7. ☐ 心臓や腎臓は何胚葉からできる？

8. ☐ 肝臓や甲状腺は何胚葉からできる？

9. ☐ 精子進入後に卵の表層が約30°回転する現象を何という？

10. ☐ 精子進入点の反対側の赤道付近にできる領域を何という？

11. ☐ ビコイド遺伝子は受精前に卵でつくられたmRNAが働くことから何遺伝子と呼ばれる？

12. ☐ 11の遺伝子は，幼虫の前方の決定と後方の決定のどちらに関係するか？

13. ☐ からだの構造が本来の位置と異なる部位に形成されてしまう突然変異を何という？

14. ☐ 胚域の予定運命をまとめた図を何という？

15. ☐ 胚のある領域が隣接する領域に働きかけ，特定の組織などに分化させる働きを何という？

16. ☐ 神経管を誘導する働きをするのは何胚葉か？

17. ☐ 内胚葉が外胚葉に対して中胚葉への分化を誘導する働きを何という？

18. ☐ 外胚葉から神経を生じる誘導の働きを何という？

19. ☐ 動物発生で連続的な誘導によってからだができることを何という？

20. ☐ 人為的に外来の遺伝子を導入された生物を何という？

21. ☐ DNA分子など，正と負の電荷をもつ分子を電流の流れるゲル中で分離する方法を何という？

22. ☐ 血液や毛髪などから採取されたDNAの多型部位を調べ，個体を判別する方法を何という？

23. ☐ Cas9などの特殊なDNA分解酵素を用いて目的の遺伝子を操作する技術を何という？

解答

1. 等黄卵
2. 植物極側
3. 中胚葉
4. 第三卵割
5. 赤道付近
6. 外胚葉
7. 中胚葉
8. 内胚葉
9. 表層回転
10. 灰色三日月環
11. 母性効果遺伝子
12. 前方
13. ホメオティック突然 変異
14. 原基分布図 [予定運命図]
15. 誘導
16. 中胚葉
17. 中胚葉誘導
18. 神経誘導
19. 誘導の連鎖
20. トランスジェニック生物
21. 電気泳動法
22. DNA型鑑定
23. ゲノム編集

定期テスト予想問題 解答→ p.257~259

1 ウニの発生

次の図は，ウニの発生過程の模式図である。

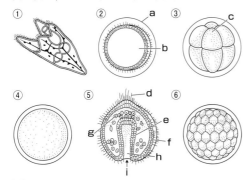

(1) ①～⑥を発生の正しい順に並べかえよ。
(2) a～iの各部の名称をそれぞれ答えよ。
(3) 原口の陥入は，初期原腸胚のどの部分から起こるか。次のア～ウから選べ。
　　ア　動物極　イ　植物極　ウ　赤道面付近
(4) 図⑤のうち，外胚葉を青色，中胚葉を赤色，内胚葉を黄色でぬり分けよ。
(5) ウニの胚がふ化するのは何という時期か。

2 カエルの発生

次の図は，カエルの発生過程の模式図である。

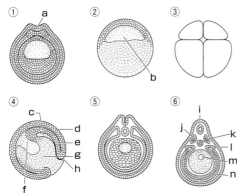

(1) ①～⑥を発生の正しい順に並べかえよ。
(2) a～nの各部の名称をそれぞれ答えよ。
(3) 原口の陥入は，初期原腸胚のどの部分から起こるか。次のア～ウから選べ。

ア　動物極　イ　植物極　ウ　赤道面付近
(4) 図⑥のうち，外胚葉を青色，中胚葉を赤色，内胚葉を黄色でぬり分けよ。
(5) カエルの胚がふ化するのはどの時期か。
(6) カエルの体腔は，何胚葉に包まれているか。

3 器官形成のしくみ

次の図は，ある動物のある発生段階の横断面を示したものである。各問いに答えよ。

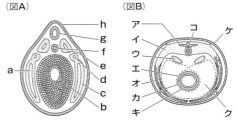

(図A)　　　　　　　(図B)

(1) 図Aのb～hの各部の名称を答えよ。また，各部が外胚葉，中胚葉，内胚葉のいずれに属するかも答えよ。外胚葉は外，中胚葉は中，内胚葉は内と示せ。
(2) 図Aと図Bは，どちらが早い発生段階か。
(3) 図Bのア～コの各部は，それぞれ図Aのa～gのどの部分から生じるか。
(4) 次の①～⑤の各器官は，図Aのどの部分から形成されるか。
　　① 腸の上皮　　　② 皮膚の真皮
　　③ 肝臓　④ 眼の水晶体　⑤ 肺

4 フォークトの実験

　フォークトは，イモリの胞胚の①各部を染色して，それらが将来何になるかを調べて，右の図のような各胚域の各部の

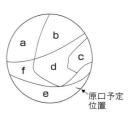

将来の②発生予定を示す地図をつくることに成功した。各問いに答えよ。

(1) 下線部①の染色方法を何と呼ぶか。

(2) 下線部②の地図を何と呼ぶか。

(3) 図中の a ～ f から将来できる組織や器官として適当なものを，次からそれぞれ選べ。

ア 脊索　　イ 表皮　　　ウ 側板
エ 体節　　オ 神経板　　カ 内胚葉

(4) 後期原腸胚，後期神経胚で，それぞれ胚の表面を包んでいるのは a ～ f のどの部分か。

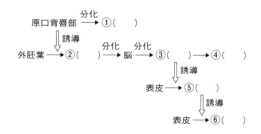

⑤ 発生過程と発生のしくみ

次の図は，イモリの胚の断面図である。図Aは初期原腸胚，図Bは後期原腸胚，図Cはある処理をした尾芽胚の横断面図である。

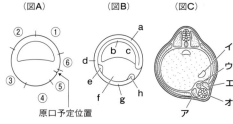

(図A)　　　　(図B)　　　　(図C)

(1) 図Aの①の一部を切り取り，同時期の別の胚の②の部分に移植すると，移植片の発生運命はどのようになるか。

(2) (1)のような実験を初めて行ったのは誰か。

(3) 図Aの①，⑥の部分は，それぞれ図Bではa～hのどの位置を占めるようになるか。

(4) 図Cは，図Aの⑥の部分を同時期の胚の胞胚腔に移植した胚が尾芽胚になったときの断面図である。右下の小さな胚を何というか。

(5) (4)で移植した図Aの⑥の部分は，将来図Cのア～オのいずれの部分になるか。

(6) 図Aの⑥の部分を何と呼ぶか。

⑥ 誘導の連鎖

図は，両生類の眼を形成するしくみを示したものである。空欄に適当な語句を入れよ。

⑦ 誘導のしくみ

イモリの胞胚を右の図のようにA，B，Cの3つの領域に分け，別々に培養すると，Aからは外胚葉，Cからは内胚葉，Bからは外・中・内胚葉が分化した。各問いに答えよ。

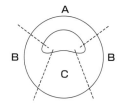

(1) 領域AにCをくっつけて培養すると，Aからは本来形成されるはずの胚葉以外に何胚葉が形成されるか。

(2) (1)のような働きを何というか。

(3) 領域Aに原口背唇部を接触させて培養すると，領域Aからはどのような組織が形成されるか。

(4) (3)のような働きを何というか。

(5) (3)の原口背唇部のように，(4)の働きをする部分を何というか。

⑧ 形態形成をする遺伝子

ショウジョウバエの未受精卵の前方にはビコイドmRNA，後方にはナノスmRNAが局在する。これらは母親のもつビコイド遺伝子，ナノス遺伝子を転写してつくられたmRNAで，卵形成のときに卵に注入される。各問いに答えよ。

(1) ビコイドmRNA，ナノスmRNAが受精後に合成するタンパク質をそれぞれ何というか。

(2) 右の図は，受精
卵の(1)のタンパク
質の分布を示して
いる。aのタンパ
ク質は何か。

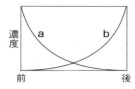

9 幹細胞

動物の発生初期の胚の細胞には，分化の多能性
をもつものもある。各問いに答えよ。
(1) 哺乳類の胚盤胞の内部細胞塊は，分化の
多能性をもつ。このような細胞を何というか。
(2) この細胞からつくった臓器を移植した場
合，どのようなことが起こると考えられるか。
(3) ヒトの体細胞にいくつかの遺伝子を導入
して，(1)の細胞と同様，分化の多能性をもつ
ように作成した細胞を何というか。
(4) (3)の作成に初めて成功したのはだれか。

10 細胞死

次の各問いに答えよ。
(1) カエルが幼生から成体に変態する際には，
尾の細胞はDNAが断片化して消失する。こ
のようなプログラム細胞死を何というか。
(2) 凍傷などの場合の細胞死を何というか。

11 遺伝子を導入する技術

遺伝子組換えについて，次の各問いに答えよ
(1) 目的の遺伝子を導入するために用いられ
る短い環状DNAを何というか。
(2) (1)は遺伝子の運び屋であることから何と
呼ばれているか。
(3) DNAの特定の塩基配列を切断する「はさ
み」の役割をもつ酵素を何というか。
(4) (3)に対し，切断したDNA断片を結合させ
る「のり」の役割をもつ酵素を何というか。

12 DNAの増幅

DNAの増幅に関する次の文を読み，下の各問
いに答えよ。
DNAを増幅させる方法として，現在では温
度変化を与えることによって目的のDNA断片
を短時間に増やす(a)法が広く普及している。
この方法では，まずDNA断片を含んだ溶液
を(b)℃に加熱することによって相補的な塩
基どうしの結合が切れて1本鎖DNAとなる。
次に，温度を(c)℃にすると，1本鎖DNA
に短いDNA断片である(d)が結合して一部
が2本鎖DNAとなる。そして，温度を(e)℃
にすると，酵素である(f)のはたらきによっ
て，dが伸長する。
この3つの温度変化によるサイクルをくり
返すことにより，DNA断片は増幅される。
(1) a，d，fに適当な語句を記入せよ。
(2) b，c，eに入る数字の組み合わせとし
て最も適したものを，次のア～カから選べ。
　ア　b：50～60　　c：72　　　　e：95
　イ　b：50～60　　c：95　　　　e：72
　ウ　b：72　　　　c：50～60　　e：95
　エ　b：72　　　　c：95　　　　e：50～60
　オ　b：95　　　　c：50～60　　e：72
　カ　b：95　　　　c：72　　　　e：50～60
(3) 下線部において，このサイクルを10回く
り返すと，理論上DNAは約何倍に増幅され
るか。
(4) このDNAの増幅で用いられているdが通
常のものとは異なる点を簡潔に説明せよ。

13 遺伝子の改変による解析

DNAの特定の部位を外部からの遺伝子断片
置き換えることで遺伝子発現を妨げる技術を，
次のア～ウから選べ。
ア　ノックイン　　　　イ　ノックアウト
ウ　ノックダウン

❁ヒト万能細胞と これからの医療

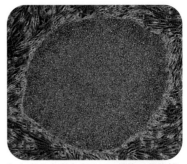

● iPS細胞 動物の受精卵がもつ**分化の多能性**は，細胞の分化とともに低下する。これは，個々の細胞の遺伝子にロックがかかるからである。このロックをはずすことを**初期化**といい，イギリスのジョン・ガードン教授が行った核移植実験により，初期化の可能性は示されていた。これを受け，京都大学の**山中伸弥教授**は，ヒト遺伝子約2万個のうち4個を選んで皮膚の細胞に導入し，初期化された細胞である**iPS細胞（人工多能性幹細胞）**を作成した（⇨ p.148）。そして，2012年には，この功績によりノーベル医学・生理学賞を受賞した。

ヒト成人皮膚由来のiPS細胞の細胞塊

山中伸弥教授

● ES細胞とその問題点 1998年，アメリカのジェームス・トムソン教授は胚盤胞の内部細胞塊という未分化な細胞を培養して，胎盤以外の組織に分化できる多能性をもった細胞株をつくることに成功した。これが**ES細胞（胚性幹細胞）**である（⇨ p.148）。「万能細胞」であるES細胞が誕生したことで，再生医療への利用がおおいに期待されるようになった。

しかし，ヒトのES細胞は「本来なら赤ちゃんになるはず」の初期胚を壊して得た細胞であるという点で**倫理的な問題**を抱えていた。また，病気の治療のための臓器移植に利用しようとしても，患者にとってES細胞からつくった組織や臓器は「他人のもの」なので，**拒絶反応の問題**が避けられない。この2つの大きな問題のため，ES細胞を利用した再生医療の研究は，慎重にならざるを得なかったのである。

● iPS細胞のこれから iPS細胞は，ES細胞が抱える**倫理的な問題をクリアー**でき，また，患者本人の細胞を使うことで**臓器移植における拒絶反応の心配もない**。難病患者の細胞からiPS細胞をつくることで，治療が困難な病気の発症のしくみの研究や，薬剤の効果・毒性のテストなど，医療へのさまざまな利用が期待されている。現在では，iPS細胞をつくるためのより安全で効率的な手法の研究や，iPS細胞の応用についての研究が各国で進められている。日本では，黄斑変性症のヒトへのiPS細胞でつくった網膜の移植が実用化目前にせまっている。

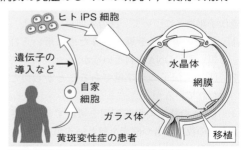

iPS細胞を用いた黄斑変性症の治療方法

4 編

生物の環境応答

1章 動物の反応と行動

1 刺激の受容と反応

■ 動物は，外界からのいろいろな刺激を受け取って，さまざまな反応を示す。そのしくみを見てみよう。

1 感覚が生じるしくみ

受容器で刺激を受け取っただけでは，感覚は成立しない。

■ **受容器** 光・音などの外界からの刺激を受け取る眼や耳などの器官を**受容器**（感覚器官）という。
■ **適刺激** それぞれの受容器が受け取ることのできる刺激を**適刺激**といい，眼では光，耳では音などを受容する。それぞれの受容器には，適刺激に応じて興奮する**感覚細胞**がある。
■ **感覚神経** 感覚細胞で生じた興奮は，**感覚神経**を通して判断の中枢である大脳などに伝えられる。
■ **感覚の成立** 大脳にはいろいろな感覚中枢があり，情報の処理・判断を行って，視覚・聴覚・平衡覚・嗅覚・味覚などの感覚を生じる。

✿1. 平衡覚はからだの傾きや回転を感じ取る感覚，嗅覚はにおいを感じ取る感覚である。

ポイント
受容器…刺激を受け取る器官。
適刺激…受容器が受け取ることのできる刺激。
　　受容器によって異なる。
感覚の成立…大脳の感覚中枢で成立する。

図1．刺激の受容と感覚

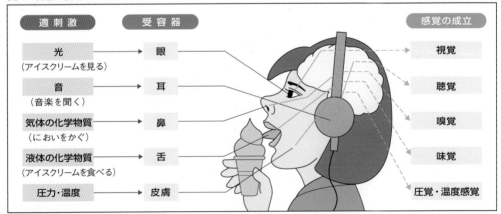

適刺激	受容器	感覚の成立
光（アイスクリームを見る） →	眼	視覚
音（音楽を聞く） →	耳	聴覚
気体の化学物質（においをかぐ） →	鼻	嗅覚
液体の化学物質（アイスクリームを食べる） →	舌	味覚
圧力・温度 →	皮膚	圧覚・温度感覚

表1. ヒトのおもな受容器と感覚

受容器(感覚器官)		適刺激	感覚
眼(目)	網膜	光(波長380〜780 nmの間；可視光)	視覚
耳	コルチ器	音波(振動数が16〜20000 Hzの間)	聴覚
	前庭	からだの傾き(重力の方向の変化)	平衡覚
	半規管	からだの回転(リンパ液の流動)	
鼻	嗅上皮	気体(空気)中の化学成分	嗅覚
舌	味覚芽	液体中の化学成分	味覚
皮膚	圧点	接触や圧力などの機械的刺激	圧覚
	痛点	痛みの原因となる刺激	痛覚
	温点	高温(約40℃以上)の刺激	温覚
	冷点	低温(約15℃以下)の刺激	冷覚

どの受容器がどの適刺激を受け取るかに注目！

② 反応が起こるしくみ

■ **命令を伝える運動神経** 大脳などの中枢では，感覚の情報を処理して判断し，適切な命令を筋肉などの効果器(作動体)にくだす。中枢から効果器への命令は，運動神経によって伝えられる。

■ **効果器での反応** 中枢からの命令が運動神経の興奮となって筋肉などの効果器に伝えられると，その命令にしたがって，効果器に反応が起こる。

■ **効果器の種類** 効果器には，筋肉のほかに，外分泌腺や内分泌腺などの腺，鞭毛，発電器官，発光器官などがある。

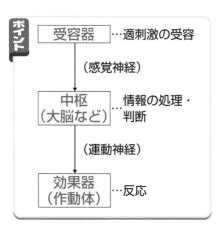

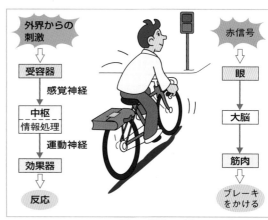

図2. 刺激の受容から反応まで

いろいろな受容器

■ ヒトは，いろいろな外界の刺激を受容するため，眼・耳・鼻などさまざまな**受容器**をもっている。

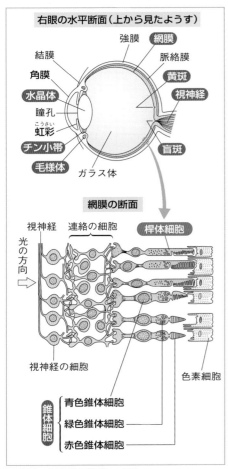

右眼の水平断面（上から見たようす）

強膜　網膜
結膜　　　　　脈絡膜
角膜　　　　　黄斑
水晶体　　　　視神経
瞳孔
こうさい
虹彩
チン小帯　　　盲斑
毛様体
ガラス体

網膜の断面

視神経　連絡の細胞　桿体細胞
光の方向

視神経の細胞
色素細胞

錐体細胞 { 青色錐体細胞 / 緑色錐体細胞 / 赤色錐体細胞

図3．ヒトの右眼のつくり

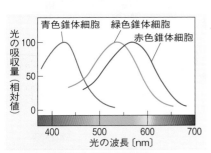

光の吸収量（相対値）

青色錐体細胞　緑色錐体細胞
赤色錐体細胞

400　500　600　700
光の波長〔nm〕

図4．錐体細胞の光の吸収量

1 受容器は1つの刺激を受容する

■ **適刺激**（てきしげき）　受容器が受け取れる刺激の種類は決まっていて，ふつう1種類である。この刺激を**適刺激**という。

■ **感覚**　受容器で受容した刺激は感覚神経を通じて大脳の感覚中枢に送られ，そこで刺激の種類に応じた次のような感覚を生じる。

適刺激	受容器	生じる感覚
光	眼の網膜	視覚
音	耳のコルチ器	聴覚
からだの傾き	耳の前庭	平衡覚
からだの回転	耳の半規管	平衡覚
におい	鼻の嗅上皮（きゅうじょうひ）	嗅覚
味	舌の味覚芽	味覚

2 光を受容する眼

■ **眼**　ヒトの光受容器は**網膜**である。ヒトはシャープな像を網膜上に結ぶためのしくみをもつ。

■ **ヒトの眼のつくり**　ヒトの眼は球形で，光は次の経路を通って網膜に達し，そこで生じた興奮は**視神経**を通じて大脳に送られ，大脳の視覚中枢で視覚を生じる。

角膜⇒瞳孔（どうこう）（ひとみ）⇒水晶体⇒ガラス体⇒網膜の視細胞⇒視神経⇒大脳の視覚中枢（視覚の成立）

■ **視細胞**　網膜に分布する**視細胞**には，明るい所で働き色を識別する**錐体細胞**（すいたい）と，薄暗い所で働き明暗を識別する**桿体細胞**（かんたい）の2種類がある。さらに，錐体細胞には**青色錐体細胞・緑色錐体細胞・赤色錐体細胞**の3種類があり，それぞれ，青色（430 nm），緑色（530 nm），赤色（560 nm）に近い波長の光を最もよく吸収する。ナノメートル

■ **黄斑と盲斑** 網膜には黄斑部と盲斑部がある。

- **黄斑**…黄斑部はやや凹んでおり，錐体細胞が密に分布する。解像度が高く，物の形や色を明瞭に見分けることができる。霊長類で発達。
- **盲斑**…視神経の束が眼球から出ている部分で，視細胞が分布しないため光を受容できない。ふつう縦長の楕円形をしている。

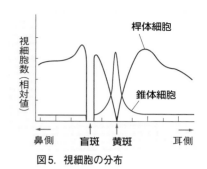

図5. 視細胞の分布

■ **遠近調節のしくみ** 眼に入ってきた光は，おもに水晶体で屈折する。水晶体は厚さを変えることによって屈折率を変えて遠近調節をしている。水晶体の厚さは毛様体の筋肉（毛様筋）の収縮と弛緩によって調節される。

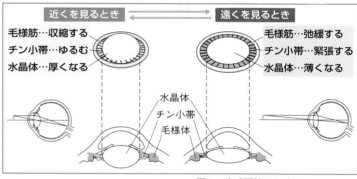

図6. 遠近調節のしくみ

■ **明順応と暗順応** 明暗調節は，虹彩の収縮によって瞳孔の大きさを調節するとともに，視細胞の感度を調節することで行う。

- **明順応**…暗所から急に明所に出ると，始めはまぶしく感じるが，すぐに視細胞の感度が低下して慣れる現象。
- **暗順応**…明所から急に暗所に入ると，始めは暗くて見えないが，やがて視細胞の感度が上昇するため慣れて見えるようになる現象。おもに桿体細胞の感度上昇による。

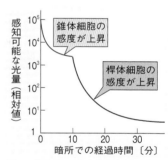

図7. 視細胞の感度変化（暗順応）

図8. 視交さ
（上側から見た断面図）

光受容経路：角膜 ⇒ 水晶体 ⇒ ガラス体 ⇒ 視細胞
錐体細胞…色（光の波長）を識別。カラー視。黄斑付近に密に分布。
桿体細胞…弱光下で明暗を感じて識別。白黒視。黄斑の周辺部に多い。

■ **視交さ** 左右の眼から伸びている視神経は間脳に入る直前で交さする。これを視交さという。ヒトでは，両眼の内側（鼻側）の網膜で受容した情報は視交さで交さして反対側の視索に，外側（耳側）の網膜の情報は交させずに，それぞれ同じ側の視索に入る。その結果，両眼の右半分の像は右脳の視覚野，左側の像は左脳の視覚野に入る。

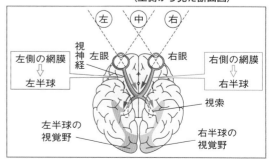

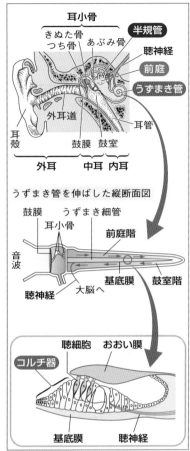

図9. ヒトの耳のつくり

③ 音を受容する耳（コルチ器）

■ **ヒトの耳** ヒトの音受容器は耳の**コルチ器**である。ヒトの耳は**外耳・中耳・内耳**の3つの部分に分けられる。外耳の耳殻で集められた音波は，**鼓膜**で空気の波から機械振動に変換され，内耳の**うずまき管**でリンパ液の振動となって，前庭階から鼓室階へと伝わり，鼓室階の上壁にある**基底膜**を上下させる。すると，この上にあるコルチ器で神経の興奮に変換され，**聴神経**を通じて大脳の聴覚中枢に伝えられて聴覚が成立する。

■ **コルチ器** 基底膜の上には**聴細胞**がのっていて，リンパ液の振動によって聴細胞から生えた感覚毛がおおい膜に接触する。これによって聴細胞に興奮が発生する。聴細胞とおおい膜を合わせて**コルチ器**という。うずまき管の中心部ほど基底膜はうすくて幅広く（幅0.5 mm）低音（200 Hz〜）を受容し，基部側ほど基底膜は厚く堅くて細く（幅0.04 mm）高音（〜20000 Hz）を受容する。

〔聴覚の成立〕

音波 ➡ 耳殻 ➡ 外耳道 ➡ 鼓膜 ➡ 耳小骨
　音波　　　　　　　　　機械的振動

➡ うずまき管 ➡ 基底膜の上下 ➡ コルチ器
　リンパ液の振動　　　　　　　電気信号

➡ 聴神経 ➡ 大脳の聴覚中枢

④ その他の受容器

■ **平衡受容器** 内耳には，からだの傾き（重力の変化）や回転を受容する**平衡受容器（平衡感覚器）**があり，受容した興奮が大脳に送られ，大脳で**平衡覚**が生じる。[*1]

• **前庭**…平衡石（耳石）の動きを感知する感覚毛が，からだの傾きを受容する。
• **半規管**…互いに直交する，半円形の3本の管。リンパ液が入っていて，この流れによりからだの回転を受容する。

✿1. 平衡受容器や筋紡錘のように自分のからだの姿勢や動きを感知する受容器を自己受容器という。

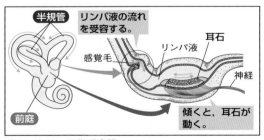

図10. ヒトの平衡受容器

■ **化学受容器**　におい(空気中をただよう化学物質)や味(液体に溶けた化学物質)を受容する受容器を化学受容器という。

①**嗅覚器**　気体中を浮遊する化学物質(におい)は，鼻腔の奥にある**嗅上皮**にある**嗅細胞**で受容する。嗅細胞の表面には多数の繊毛があり，そこに**受容体**がある。におい物質がこの受容体に結合すると嗅細胞が興奮して**嗅神経**を通じて大脳の嗅覚中枢に伝えられ，そこで嗅覚が生じる。

②**味覚器**　液体に溶けた化学物質(味)の受容器は，舌の表面に並んでいる**乳頭**の付け根にある**味覚芽**である。味覚芽の中には**味細胞**が並んでいる。味細胞で電気信号が発生すると**味神経**によって大脳に伝えられて味覚が生じる。ヒトの味覚には，甘い(甘味)・にがい(苦味)・すっぱい(酸味)・塩からい(塩味)・うまい(うま味)の5つがある。

■ **皮膚の感覚点**　皮膚には次の4つの感覚点が分布している。

刺激	受容器	感覚
圧力(接触)	圧点	圧覚
強い圧力・熱	痛点	痛覚
熱さ	温点	温覚
冷たさ	冷点	冷覚

■ **筋紡錘**　筋肉には張力を感じとるための**筋紡錘**がある。筋紡錘によって筋肉の張力を測定して，筋肉の断裂などが起こらないようにしている。

〔その他の受容器〕
化学受容器 ⎰ 鼻の嗅上皮の嗅細胞 ⇨ 嗅覚
　　　　　 ⎱ 舌の味覚芽の味細胞 ⇨ 味覚
皮膚感覚点…圧力 ⇨ 圧点 ⇨ 圧覚
　　　　　　痛さ ⇨ 痛点 ⇨ 痛覚
　　　　　　熱さ ⇨ 温点 ⇨ 温覚
　　　　　　冷たさ ⇨ 冷点 ⇨ 冷覚
筋紡錘…筋肉にかかる張力を受容

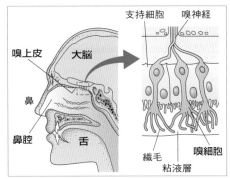
図11. 鼻腔と嗅上皮

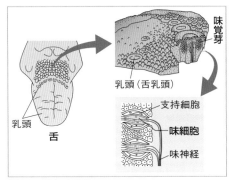
図12. 舌と味覚芽

✿ **2.** 1908年にはじめてうま味物質としてグルタミン酸を発見した池田菊苗が命名。国際的にもumamiと呼ばれる場合が多い。

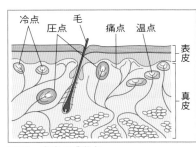
図13. 皮膚の感覚点

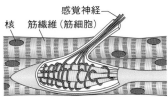
図14. 筋紡錘

3 ニューロンと興奮の伝わり方

■ 神経系は，ニューロンと呼ばれる細胞を基本単位として構成されている。神経系の構造と働きについて学ぼう。

1 特異な形のニューロン

■ **ニューロン(神経細胞)**　神経系を構成する単位は，**ニューロン(神経細胞)** と呼ばれる細胞である。ニューロンは，**細胞体**と多数の**樹状突起**，細胞体から長く伸びた**軸索**の3つの部分からなる。ヒトの軸索では，約1mに達するものもある。

■ **有髄神経繊維と無髄神経繊維**　細胞体から伸びる軸索の多くは，**神経鞘**という膜状の細胞で包まれている。軸索と神経鞘をあわせて**神経繊維**という。神経繊維には，次の2つがある。

①**有髄神経繊維**　神経鞘の細胞が何重にも巻きついて髄鞘を形成しているもの。一定間隔で切れ目(**ランビエ絞輪**)がある。例 脊椎動物の神経(交感神経を除く)

②**無髄神経繊維**　髄鞘がないもの。例 無脊椎動物の神経，脊椎動物の交感神経

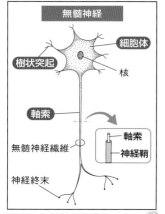

図15. 無髄神経繊維のつくり

髄鞘があるかないかで見分ける。有髄にはランビエ絞輪があることにも注目！

ポイント
〔ニューロンの構造〕
ニューロン＝細胞体＋樹状突起＋軸索
〔神経繊維の種類〕
{ 有髄神経繊維…髄鞘とランビエ絞輪がある。
{ 無髄神経繊維…髄鞘がない。

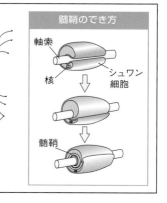

図16. 有髄神経繊維のつくり

■ **ニューロンの種類** ニューロンは，その働きによって，次のように，3つに分けられる（⇒図17）。

感覚ニューロン…受容器から中枢へ興奮を伝える。[1]
運動ニューロン…中枢から効果器に興奮を伝える。[2]
介在ニューロン…感覚ニューロンと運動ニューロンを介在する（連絡する）。中枢をつくっている。

感覚ニューロンからなる感覚神経のように，末梢から中枢へと興奮を伝える神経を求心性神経という。

✿2. 遠心性神経
運動ニューロンからなる運動神経のように，中枢から末梢へと興奮を伝える神経を遠心性神経という。

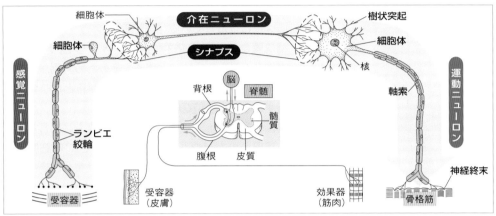

図17. ニューロンの種類とそのつながり

2 電位変化と興奮の関係性

■ **静止電位** 刺激を受けていない静止状態のニューロンでは，細胞膜の内側が負（−）に，外側が正（＋）に帯電している。この細胞内外の電位差を**静止電位**といい，細胞膜の内側が外側に対し−90〜−50 mVになっている。

■ **興奮の成立と活動電位** ニューロンを刺激すると，その部分の細胞膜内外の電位が瞬間的に逆転して，内側が正（＋），外側が負（−）となり，すぐに（約1000分の1秒後）もとにもどる。このような電位の一連の変化を**活動電位**という。また，活動電位が発生することを**興奮**という。

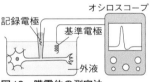

図18. 膜電位の測定法

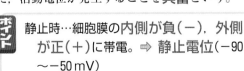
静止時…細胞膜の内側が負（−），外側が正（＋）に帯電。⇒ 静止電位（−90〜−50 mV）
興奮時…瞬間的に，細胞膜の内側が正（＋），外側が負（−）に逆転し，すぐにもとにもどる。⇒ 活動電位

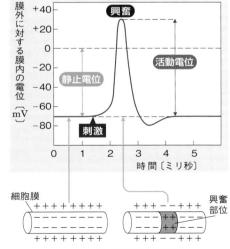

図19. 静止電位と活動電位

1章 動物の反応と行動　**171**

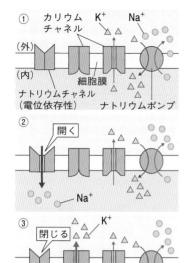

① カリウム K⁺ Na⁺
チャネル

(外)

(内)
細胞膜
ナトリウムチャネル　　　ナトリウムポンプ
(電位依存性)

② 開く

Na⁺

③ 閉じる K⁺

開く

図20. 活動電位発生のメカニズム

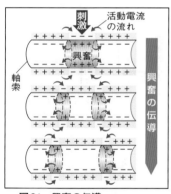

刺激　　活動電流
の流れ
興奮

軸索

興奮の伝導

図21. 興奮の伝導

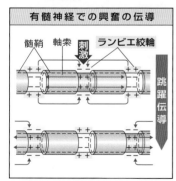

有髄神経での興奮の伝導

髄鞘　軸索　ランビエ絞輪

刺激

跳躍伝導

図22. 跳躍伝導のしくみ

③ 興奮のメカニズム

■ **活動電位の発生**　次のようなしくみで起こる。

① ニューロンの細胞膜には**ナトリウムポンプ**があり，Na⁺を排出しK⁺を取り入れている。そのため細胞膜の外側はNa⁺が多く，内側はK⁺が多い。また，細胞膜にあるカリウムチャネルの一部は開いたままで，K⁺は受動輸送で外側へと流出する。そのため細胞膜の内側は負，外側は正に帯電している(**静止電位**)。

② 細胞膜には，**電位依存性のナトリウムチャネル**も存在し，刺激を受けると開く。そのため外側からNa⁺が流入する。その結果，細胞膜の内側が正となり電位が逆転する(**活動電位の発生**)。

③ 電位依存性のナトリウムチャネルは直ちに閉じる。また，開閉式のカリウムチャネルが開いてK⁺を細胞外に流出させる。このため細胞膜内の電位は負へと変化する。

④ ナトリウムポンプが始動し，Na⁺の排出とK⁺の取り入れを行い①の状態にもどる。この間が**不応期**となる。

> **ポイント** 〔活動電位発生のしくみ〕
> ①K⁺が徐々に流出(静止電位) ⇒ 刺激
> ⇒②Na⁺の流入(活動電位発生)
> ⇒③Na⁺チャネルが閉じる ⇒ K⁺の流出
> ⇒④ナトリウムポンプの始動で元の状態へ

④ 興奮の伝わり方

■ **活動電流**　刺激によって活動電位が発生すると，細胞膜の外側では両側の静止部から興奮部へ(＋⇒−)，細胞膜の内側では興奮部から両側の静止部へ(＋⇒−)向かって電流が流れる。これを**活動電流**という。

■ **興奮の伝導**　活動電流が流れると，これが刺激となって隣接部分が興奮する。これが次々とくり返されて，興奮が軸索内を両方向に向かって伝わっていく(**興奮の伝導**)。

■ **ランビエ絞輪**　無髄神経繊維では**図21**のように興奮が伝わっていくが，有髄神経繊維では軸索の外側を絶縁性の**髄鞘**が取り巻いているので，活動電流は髄鞘のない**ラ**ンビエ絞輪からランビエ絞輪へととびとびに伝わっていく。この伝わり方を**跳躍伝導**といい，**伝導速度が速い**。

■ **興奮の伝導速度**　伝導速度は温度や軸索の太さによっても変化し，一般に軸索が太いほど速い。

有髄神経繊維では，興奮はランビエ絞輪の間をとびとびに跳躍伝導していく⇨伝導速度が速い。

5 シナプスでの興奮の伝達

■ **シナプス**　ニューロンどうし，またはニューロンと効果器の間はわずかな隙間を隔てて接している。この接続部分を**シナプス**という。また，神経伝達物質を放出する側の細胞を**シナプス前細胞**，受け取る側の細胞を**シナプス後細胞**という。

■ **興奮の伝達**　活動電流が，軸索中をシナプスの部分まで達すると，軸索の末端にある**シナプス小胞**から**神経伝達物質**が放出され，次のニューロンに新たな興奮を引き起こす。これを**興奮の伝達**といい，軸索末端から次のニューロンに向けて一方向にのみ伝えられる。

■ **神経伝達物質**　運動神経や副交感神経からは**アセチルコリン**，交感神経からは**ノルアドレナリン**が分泌される。

6 刺激の強さと興奮の関係

■ **全か無かの法則**　ニューロンは，ある一定の強さ以上の刺激を与えると興奮が起こる。興奮を起こす最小限の刺激の大きさを**閾値**という。さらに刺激の強さを増しても，1つのニューロンに生じる興奮の大きさは一定である。これを**全か無かの法則**という。

■ **刺激の大きさと伝え方**　神経は，閾値が少しずつ異なる細い神経繊維の集合体であるため，一定の範囲では刺激が強くなるほど興奮するニューロンの数が増加する。また，個々のニューロンが発生する活動電位（インパルス）の頻度も多くなる。つまり，刺激の強さ＝興奮するニューロンの数＋インパルスの頻度の増加として脳に伝えている。

閾値以上の刺激の大きさは興奮の頻度で伝える。

⚙ **3.** 神経伝達物質が次のニューロンにある伝達物質依存性チャネル（ナトリウムチャネルの一種）に結合すると，このチャネルが開いてNa^+が流入する。そのためニューロンで活動電位（シナプス後電位）が発生する。

図23. 興奮の伝達
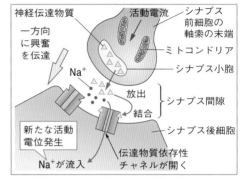

図24. 全か無かの法則（1本の軸索）
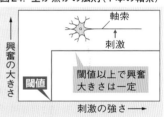

図25. 軸索の束の興奮
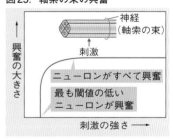

図26. 刺激の強さと興奮の大きさ
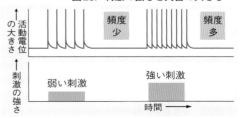

4 中枢神経系での情報処理

■ ヒトの中枢神経系は神経管からなる**管状神経系**で，その前端部は脳，その後部は脊髄になっている。

1 管からできる中枢神経

■ **中枢神経系** 脊椎動物では，外胚葉の一部から神経誘導によってつくられた神経は，神経管と呼ばれる**管状神経系**をつくっている。神経管の前端は脳，後方は脊髄となる。脳と脊髄を合わせて**中枢神経系**という。

■ **神経回路** 中枢神経系では，感覚ニューロンと運動ニューロンをつなぐ**介在ニューロン**どうしが，複雑なネットワークをつくって高度な情報処理を行っている。これを**神経回路**といい，哺乳類などでは，高度で複雑な情報処理や統合処理を行い，複雑な行動を行う。

■ **末梢神経系** 中枢神経系以外のニューロンを**末梢神経系**といい，体性神経系と自律神経系に分けられる[1]。

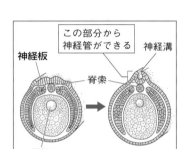

図27. 神経管の形成

この部分から神経管ができる
神経板
神経溝
脊索
腸管

◎1. 末梢神経を働きに着目して分けた場合，感覚神経や運動神経などの体性神経系と，交感神経や副交感神経などの自律神経系に分けられる。
また，どこから出ているかという構造に着目して脳神経と脊髄神経に分けられることもある（➡ p.177）。

2 脳のつくり

■ **脳** 胚発生の過程で神経管ができると，前端は脳となり，その後方は脊髄となる。やがて脳は，前脳・中脳・後脳に分かれる。やがて，前脳は大脳と間脳に，後脳は小脳と延髄に分化し，脳は前端部から順に，**大脳・間脳・中脳・小脳・延髄**の5つの部分に分かれる。哺乳類などでは，大脳が非常に発達して間脳や中脳をおおうようになる。

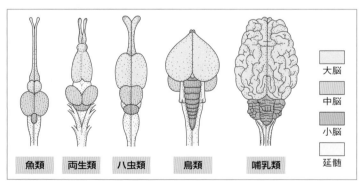

大脳
中脳
小脳
延髄

魚類　両生類　八虫類　鳥類　哺乳類

図28. 脊椎動物の脳のつくり

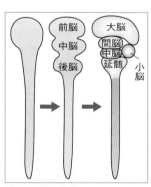

前脳
中脳
後脳

大脳
間脳
中脳
延髄
小脳

図29. 脳の分化

③ 大脳のつくりと働き

■ **大脳のつくり** 大脳は左半球と右半球に分かれ，脳梁(のうりょう)が左右の半球を連絡している。外側の皮質は細胞体が集まって灰色をした灰白質(かいはくしつ)となり，内側の髄質は軸索が集まって白色の白質になっている(図32)。

■ **大脳の2つの皮質** 哺乳類の大脳皮質は，本能的な行動に関係する辺縁皮質(へんえんひしつ)と高度な精神活動の中枢である新皮質からなる(図32)。ヒトでは，新皮質が発達している。

■ **新皮質** 新皮質には次のような中枢がある。

・**感覚野**…視覚や聴覚などのいろいろな感覚の中枢
・**運動野**…随意運動の中枢
・**連合野**…記憶・判断・思考・言語などの高度な精神活動の中枢

■ **辺縁皮質** 辺縁皮質は原始的な脳の部分で，食欲や性欲，感情にもとづく行動(恐怖心など)の中枢である。辺縁皮質から出た軸索は脳幹(のうかん)(間脳・中脳・延髄をまとめたもの)に連絡していて，自律神経や内分泌を調節している。また海馬(かいば)という記憶に関係した部分もある。

〔大脳のつくり〕
・左右の半球からなり，脳梁が連絡。
・新皮質(高度な精神活動に関与)と辺縁皮質(食欲や感情などにもとづく行動に関与)からなる。

■ **脳の働き** ヒトの脳の各部の働きは次のとおり。

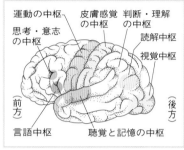

図30. 大脳皮質上の各中枢の分布

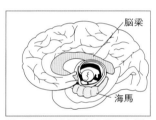

図31. 脳梁と海馬(大脳の内部)

図32. ヒトの脳の働き

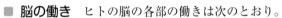

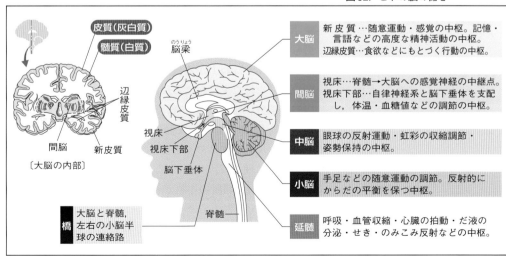

大脳	新皮質…随意運動・感覚の中枢。記憶・言語などの高度な精神活動の中枢。辺縁皮質…食欲などにもとづく行動の中枢。
間脳	視床…脊髄→大脳への感覚神経の中継点。視床下部…自律神経系と脳下垂体を支配し，体温・血糖値などの調節の中枢。
中脳	眼球の反射運動・虹彩の収縮調節・姿勢保持の中枢。
小脳	手足などの随意運動の調節。反射的にからだの平衡を保つ中枢。
橋	大脳と脊髄，左右の小脳半球の連絡路
延髄	呼吸・血管収縮・心臓の拍動・だ液の分泌・せき・のみこみ反射などの中枢。

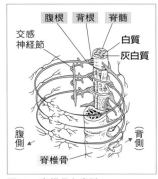

図33. 脊椎骨と脊髄

④ 脊髄のつくり

■ **脊髄のつくり**　脊髄は脳から続く管状の中枢神経系で,脊椎骨(せきついこつ)の中に入っている。脊髄の外側(皮質)は軸索の集まる白質で,内側(髄質)は細胞体の集まる灰白質(かいはくしつ)となっており,脳とは逆の配置である。

　また,脊髄の背側へは感覚神経の軸索の束(たば)がきており背根(はいこん)をつくり,脊髄の腹側からは運動神経の軸索の束が出ており腹根(ふくこん)をつくっている。

■ **脊髄の働き**　脊髄には,次の2つの働きがある。

①**大脳への神経の通路**　受容器からの情報(興奮)は,感覚神経によって背根から脊髄に入り,脊髄を通って大脳の感覚中枢などに伝えられる。一方,大脳からの命令は,脊髄を通って腹根から出る運動神経によって効果器に伝えられる。

②**反射の中枢**　脊髄は,反射の中枢にもなっている(この後くわしく説明)。

ポイント
脊髄では,内側に灰白質(細胞体の集まり),外側に白質(軸索の集まり)がある。
⇨ 大脳とは逆。

図34. 興奮伝達の経路

🔧 2. 中脳反射
中脳が中枢となって起こる反射を中脳反射という。目の前に物が飛んできたときまぶたを閉じる反射や瞳孔(どうこう)反射などがその例である。

🔧 3. 延髄反射
延髄が中枢となって起こる反射を延髄反射という。せき,くしゃみ,のみ下し,おう吐,だ液分泌などがその例である。

> 反射の中枢は大脳ではないことに注意しよう。

⑤ 反射 (はんしゃ)

■ **反射とは何か**　熱い物に手が触れると,とっさに手を引っ込める(屈筋反射)。また,ひざの下を軽くたたくと,足がぴょんとはね上がる(しつがい腱(けん)反射)。これらは,大脳の命令を待たずに起こる反応である。このように,大脳以外の部分(中脳・延髄・脊髄)が判断の中枢になって起こる反応を反射という。反射では,大脳からの命令を待たないぶん反応がすばやく起こり,からだを危険から守ったりするのに役立つ。

■ **脊髄反射**　判断の中枢が脊髄である反射を脊髄反射という。屈筋反射やしつがい腱反射は脊髄反射である。

■ **反射弓**　反射が起こるときの興奮の伝達経路を反射弓(きゅう)という。屈筋反射としつがい腱反射では少し異なる。

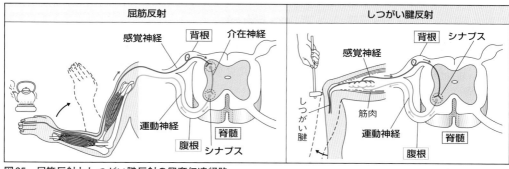

屈筋反射	しつがい腱反射
感覚神経　背根　介在神経 運動神経　腹根　シナプス　脊髄	背根　シナプス 感覚神経　筋肉 しつがい腱　運動神経　腹根　脊髄

図35. 屈筋反射としつがい腱反射の興奮伝達経路

① **屈筋反射の反射弓**　経路中に**シナプスが２個**ある(図35)。

〔刺激〕→受容器→感覚神経→脊髄(背根→灰白質→介在
神経→腹根)→運動神経→効果器(筋肉)→〔反応〕

② **しつがい腱反射の反射弓**　経路中の**シナプスは１個**。

〔刺激〕→受容器→感覚神経→脊髄(背根→灰白質→腹
根)→運動神経→効果器(筋肉)→〔反応〕

（脊髄反射の反射弓）
〔刺激〕⇨ 受容器 ➡ 感覚神経 ➡ 脊髄(背根
→腹根) ➡ 運動神経 ➡ 効果器 ⇨〔反応〕

⑥ 末梢神経系の種類

■ **脊椎動物の神経系**　脊椎動物の神経系は，**中枢神経
系**とそこから出る**末梢神経系**からなる。

■ **出る場所による分け方**　末梢神経系は，脳から出る
12対の脳神経と，脊髄から出る**31対の脊髄神経**に分け
られる。

■ **働きによる分け方**　働きの面から分けると，大脳の直
接的な支配を受ける感覚神経や運動神経などの**体性神経
系**と，大脳の直接的な支配を受けず，意志とは無関係に働
く交感神経や副交感神経などの**自律神経系**に大別できる。

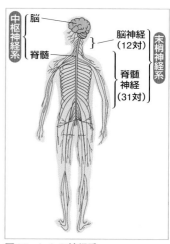

図36. ヒトの神経系

〔構造による末梢神経系の分類〕

末梢神経系 { 脳神経12対
（脳から出る）
脊髄神経31対
（脊髄から出る）

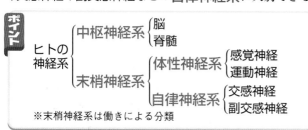

ヒトの
神経系 { 中枢神経系 { 脳
脊髄
末梢神経系 { 体性神経系 { 感覚神経
運動神経
自律神経系 { 交感神経
副交感神経

※末梢神経系は働きによる分類

5 効果器とその働き

✿1. 筋肉の種類

横紋筋

- **骨格筋**…骨格を動かす筋肉，収縮力は強いが，疲れやすい。
- **心筋**…心臓をつくる筋肉，収縮力は強く，疲れにくい。

平滑筋…胃や腸などの内臓壁をつくる筋肉。収縮力は弱いが，疲れにくい。

■ 脳から出た命令は，運動神経を通じて筋肉などの**効果器**に伝えられて反応する。効果器の種類と働きを調べよう。

1 筋肉の種類と構造

■ **横紋筋と平滑筋** 脊椎動物の筋肉には，横紋のある**横紋筋**と，横紋の見られない**平滑筋**がある。横紋筋には，骨格を動かす**骨格筋**と心臓壁をつくる**心筋**がある。平滑筋は，胃腸壁などの内臓を動かす**内臓筋**となっている。

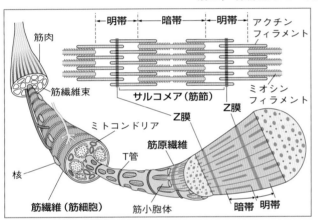

図37. 骨格筋の構造

■ **骨格筋のつくり** 骨格筋は，直径0.1 mmの細長い巨大な**筋繊維**(筋細胞)と呼ばれる多核の細胞が束になってできている。筋繊維の細胞質は，太さ$1\mu m$の細長い**筋原繊維**の束からなる。さらに，筋原繊維は**サルコメア**(筋節)と呼ばれる単位のくり返しからなり，**明帯**と**暗帯**が縞模様に見えるので横紋筋と呼ばれている。

ポイント
〔骨格筋の構造〕
骨格筋の**筋繊維**⟸筋原繊維の束⟸**筋原繊維**
⟸**サルコメア**(筋節)⟸**明帯と暗帯**

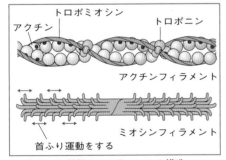

図38. 2種類のフィラメントの構造

■ **筋原繊維の構造** 筋原繊維は，**アクチンフィラメント**と**ミオシンフィラメント**からなる。アクチンフィラメントには**トロポニン**が付着し，**トロポミオシン**がアクチンフィラメントに巻きついたような構造をしていて，ミオシンとの結合を妨げている。また，ミオシンの頭部はATPアーゼ(ATP分解酵素)として働き，ATPのエネルギーで首ふり運動をする。

■ **筋収縮のしくみ**

① 弛緩時には，トロポミオシンがアクチン分子上のミオシン分子との結合部分をおおって，アクチンとミオシンの結合を阻害している。

② 運動神経末端から**アセチルコリン**が分泌されると，筋繊維にある筋小胞体からCa^{2+}が放出され，トロポニンに結合する。するとアクチンとミオシンの結合を阻害していたトロポミオシンの作用がなくなり，アクチンとミオシンの結合が可能となる。

③ また，ATPがミオシンの突起部に結合すると，突起部は**ATPアーゼ(ATP分解酵素)**として働いてATPを分解する。ATPから放出されるエネルギーで，ミオシンの頭部はアクチンをたぐり寄せる運動をする。これによってアクチンフィラメントはミオシンフィラメントの間に引きこまれて，筋収縮が起こる(**滑り説**)。

④ 運動神経からの刺激がなくなると，Ca^{2+}は筋小胞体に取り込まれ，トロポミオシンは再び，アクチンのミオシンとの結合部位をブロックするので，アクチンフィラメントとミオシンフィラメントは離れ，**筋肉は弛緩する**。

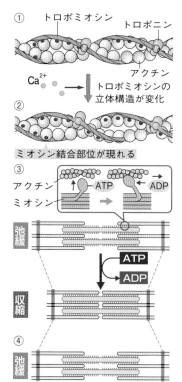

図39. 筋収縮と弛緩のしくみ

② 筋収縮の測定

■ **単収縮** 筋肉を神経とともに取り出して閾値(いきち)以上の電気刺激を1回与えると，約0.1秒間の単一の収縮，すなわち**単収縮**を示す。

■ **強縮** 1秒間あたり30回以上の刺激を与えると，大きな強縮を示す。運動時には**完全強縮**が起きている(図40)。

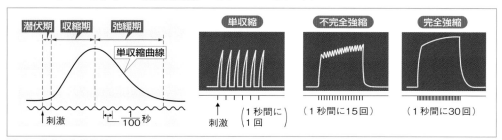

図40. 筋肉の収縮曲線

③ 筋収縮とATP

■ **筋収縮とエネルギーの貯蔵** 筋繊維には数秒間分程度のATPしか含まれていない。激しい運動によってATPが消費されると，筋繊維に大量に含まれている**クレアチンリン酸**が分解されることによってADPからATPが再合成される。安静時にはクレアチンとATPからクレアチンリン酸が合成され，筋繊維内に貯蔵される。

6 生得的行動

■ 動物の行動様式のなかで，生まれながら遺伝的にプログラムされている定型的な行動を生得的行動という。

1 生まれつき備わっている行動

■ **生得的行動**　動物が生まれながらにもっている定型的な行動を生得的行動といい，遺伝的にプログラムされた行動である。また，生得的行動のきっかけとなる刺激をかぎ刺激(信号刺激)という。

■ **いろいろな生得的行動**　生得的な行動には固定的動作パターン，定位などがある。

> **ポイント**
> 生得的行動…生まれながらもつ，遺伝的にプログラムされた定型的な行動。固定的動作パターン，定位などがある。

2 固定的動作パターン

■ **固定的動作パターン**　種に固有であるかのように種のメンバーで共有する定型的な動作パターンを固定的動作パターンといい，次のようなものがある。

- イトヨの攻撃行動や求愛行動などの生殖行動
- セグロカモメのつつき行動

■ **イトヨの生殖行動**　繁殖期のイトヨに見られる攻撃行動や求愛行動などの生殖行動は固定的動作パターンの1つと考えられている。この動作パターンはティンバーゲンらの実験で明らかになった。

■ **イトヨ**　イトヨは湧き水のある淡水に生息する魚で，繁殖期になると，雄は巣をつくって縄張り[3]をもつようになる。縄張りに同種の雄が近づくと，攻撃行動をとって追いはらう。また，雌に対してはジグザグダンスなどの一連の求愛行動をとるようになる。

　イトヨは繁殖期になると，雄の下腹部は婚姻色[4]で赤色となり，雌の下腹部は卵でふくれるようになる。ティンバーゲンは，攻撃行動や生殖行動がどのようなしくみで起こるかを調べた(⇨図41)。

1. 以前は，生得的行動について，本能(行動)と呼んで扱っていたが，動物行動学の研究が進み，あいまいな表現である本能という用語は使われなくなった。

2. 生物によっては同種の個体間で情報のやりとりをすることがあり，これをコミュニケーション(情報伝達)という(⇨p.183)。フェロモン(⇨p.183)によるコミュニケーションなどは遺伝的な影響を強く受けており，生得的行動の一種であるといえる。

3. 餌場や配偶者を確保するために，積極的に占有した一定の空間を縄張りという(⇨p.224)。

4. 繁殖期に現れる体色や斑紋(まだら模様)を婚姻色という。

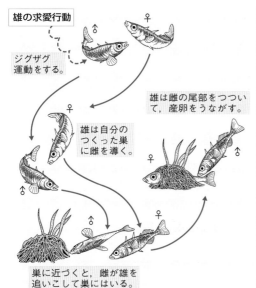

雄の求愛行動

ジグザグ運動をする。

♀

♂

雄は雌の尾部をつついて，産卵をうながす。

雄は自分のつくった巣に雌を導く。

♀

♀

♂

巣に近づくと，雌が雄を追いこして巣にはいる。

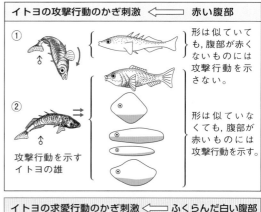

イトヨの攻撃行動のかぎ刺激 ⇐ 赤い腹部

① 形は似ていても，腹部が赤くないものには攻撃行動を示さない。

② 形は似ていなくても，腹部が赤いものには攻撃行動を示す。

攻撃行動を示すイトヨの雄

イトヨの求愛行動のかぎ刺激 ⇐ ふくらんだ白い腹部

形は似ていなくても，ふくらんだ白い腹部のものには，求愛行動を示す。

図41．イトヨの固定的動作パターン

ポイント 〔イトヨの生殖行動〕
攻撃行動…相手の下腹部が赤いことがかぎ刺激となり，同種の雄を攻撃する。
求愛行動…相手の下腹部がふくらんでいることがかぎ刺激となり，ジグザグダンスなどを行う。

■ **セグロカモメのつつき行動** セグロカモメの親鳥のくちばしには赤い斑点がある。巣に帰ってきた親鳥を見ると，ひなは，赤い斑点がかぎ刺激となって，親鳥のくちばしの赤い斑点をつついて餌をねだる。くちばしをつつかれた親鳥は，つつかれたことがかぎ刺激となってひなに餌やり行動をする。このような行動も固定的動作パターンの1つと考えられる。

親鳥の模型のくちばしの斑点	餌のねだり反応の強さ（回数）
赤	100
黒	86
青	71
白	59
斑点なし	25 赤斑に強く反応

図42．セグロカモメのつつき行動
ひなは，親鳥のくちばしの赤斑をつついて餌をねだる。

③ 方向を定めて行動する定位

■ **走性** 単純な定位の1つで，動物が刺激に対して，一定の方向にからだごと移動する行動を走性という。
①正（＋）の走性 刺激源に近づくように移動する。
②負（－）の走性 刺激源から遠ざかるように移動する。

走性は刺激の種類によって違っており，どのような走性が見られるかは動物の種類によって異なる。

正の光走性

ガが電灯の光に集まる。

図43．ガの光走性

走性の種類	刺激	正の走性を示すもの	負の走性を示すもの
光走性	光	多くの昆虫や魚類	ミミズ，ゴキブリ，プラナリア
化学走性	化学物質	ゾウリムシ（弱酸），カ（CO_2）	ゾウリムシ（強酸）
流れ走性	水流	メダカなど	サケ・マス（成長期）
重力走性	重力	ミミズ	ゾウリムシ，カタツムリ
電気走性	電気	ミミズ（陽極に進む）	ゾウリムシ（陰極に進む）

表2. 刺激の種類と走性の例

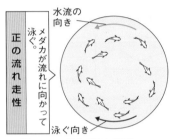
図44. メダカの流れ走性

■ **コオロギの音波走性**　コオロギの音受容器（耳に相当する器官）は前あしにある。産卵期になったコオロギの雌は，同種の雄が発するはねの摩擦音を受容すると，これがかぎ刺激となって**正の音波走性**を示して雄に近づく。

　雄のコオロギのはねの一こすりで出た音を**シラブル**といい，シラブルがいくつか集まって**チャープ**をつくる。チャープの並び方やチャープに含まれるシラブルの数などはコオロギの種により異なる。

> **ポイント**
> 走性…刺激源に対して一定方向に移動する行動
> 　　正の走性…刺激源に**近づく**。
> 　　負の走性…刺激源から**遠ざかる**。

■ **定位**　動物が，太陽・星座・電気・化学物質などの刺激を目印にして，特定の方向を定めることを**定位**といい，それにもとづいて移動するような行動を**定位行動**という。

例　・コウモリのエコーロケーション（反響定位）
　　・鳥類の渡り…太陽コンパス，星座コンパス，地磁気コンパスを利用する複雑な定位。

> **ポイント**
> 定位…特定の刺激を目印にして，特定の方向を定めること。
> ⇒**定位行動**（鳥類の渡りなど）を行う。

■ **エコーロケーション（反響定位）**　コウモリは，超音波を発して，障害物などから返ってくる反響音（エコー）を分析して定位する。これを**エコーロケーション（反響定位）**といい，電波などを利用したレーダーとしくみが似ている。
　コウモリは，飛翔中にがなどの昆虫を捕えるときにもエコーロケーションを使う。このとき発する周波数の間隔は，場面によって次のように異なる。

☸ 5. 渡り
一部の鳥類が季節ごとに生活に適する環境を求めて移動すること。

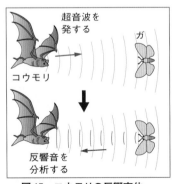
超音波を発する
ガ
コウモリ
反響音を分析する
図45. コウモリの反響定位

①獲物を探索しているとき…クルージング（低速巡回）しながら低い頻度で超音波を発する。
②獲物に近づくとき…獲物を発見すると，超音波を発する頻度を上げ，獲物の動きを分析・予測しながら近づく。
③獲物を捕獲するとき…高頻度で強い超音波を発する。

〔エコーロケーション（反響定位）〕
コウモリ➡超音波を発し，その反響音により定位

♻6. 捕食回避行動
ガのなかには，コウモリが発する超音波を受容して，急旋回や急降下などにより捕食を回避する行動をとるものもいる。

■ ホシムクドリの定位
鳥類のホシムクドリは昼間に渡りをする渡り鳥の一種で，太陽の位置を基準として方向を知り，渡りを行っている。これを**太陽コンパス**という。

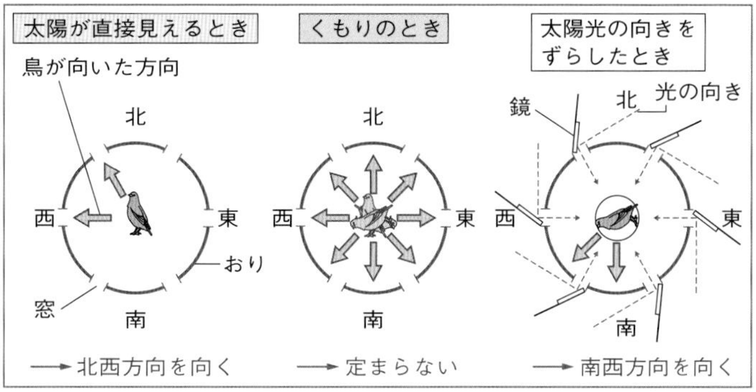

■ ボボリンクの定位
ボボリンクは北アメリカで繁殖し，ブラジル南部で越冬する渡り鳥で，夜間に移動する。ボボリンクは星座の位置や地磁気の変化を感知して移動している。星座で方向を決める場合を**星座コンパス**，地磁気で方向を決める場合を**地磁気コンパス**という。

太陽が直接見えるとき	くもりのとき	太陽光の向きをずらしたとき
鳥が向いた方向		鏡　　北　光の向き
北	北	
西　　東	西　　東	西　　　東
おり		
窓　　南	南	南
→ 北西方向を向く	→ 定まらない	→ 南西方向を向く

図46. 太陽コンパス

〔ポイント〕渡り鳥は，太陽コンパス，星座コンパス，地磁気コンパスなどを利用して定位をし，渡りを行う。

④ 昆虫のコミュニケーション

■ コミュニケーション（情報伝達）
ミツバチやアリ，シロアリなど，コロニーをつくる**社会性昆虫**（➡p.225）は，同種の個体どうしで互いに情報をやりとりする**コミュニケーション（情報伝達）**が発達している。コミュニケーション手段には，フェロモンやミツバチのダンスなどが知られている。

■ フェロモン
体外に放出された化学物質が，かぎ刺激となって同種の個体に情報を伝達する場合，その化学物質を**フェロモン**という。社会性昆虫で発達し，次のようなフェロモンが知られている。

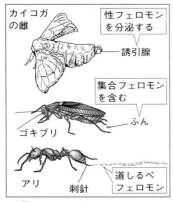

カイコガの雌
性フェロモンを分泌する
誘引腺
集合フェロモンを含む
ゴキブリ
ふん
アリ
刺針
道しるべフェロモン

図47. フェロモン

- **性フェロモン**…雌が雄を誘引する。
  例 カイコガ(⇨p.189)
- **集合フェロモン**…集団の形成・維持に働く。
  例 ゴキブリ
- **道しるべフェロモン**…仲間に餌(えさ)の場所を教える。
  例 アリ
- **警報フェロモン**…仲間に危険を知らせる。
  例 ミツバチ，アリ

> **ポイント** フェロモン…同種の個体に情報を伝達する化学物質。同種の他個体へのかぎ刺激となる。

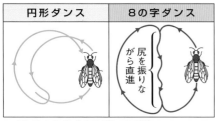

円形ダンス	8の字ダンス
	尻を振りながら直進

図48. ミツバチのダンスの形

■ **ミツバチのダンス** ミツバチは，ダンスによって，仲間に餌場(えさば)の方向と距離を知らせている。フリッシュによって，ミツバチのダンスと餌場の方向や距離との関係が明らかにされた。

- 餌場との距離…80 m以内のときは円形ダンスをし，80 m以上のときは8の字ダンスをする。近いほどダンスの速度は速く，回数は多い。
- 餌場の方向…太陽の方向と餌場の方向のなす角度を，鉛直上方(重力とは反対の方向)とダンスの直進方向のなす角度に対応させることで，餌場の方向を示す。

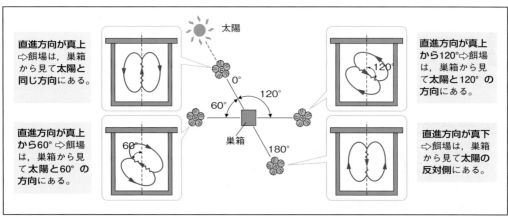

直進方向が真上
⇨餌場は，巣箱から見て太陽と同じ方向にある。

直進方向が真上から120°⇨餌場は，巣箱から見て太陽と120°の方向にある。

直進方向が真上から60°⇨餌場は，巣箱から見て太陽と60°の方向にある。

直進方向が真下
⇨餌場は，巣箱から見て太陽の反対側にある。

太陽
0°
120°
60°
巣箱
180°

図49. ミツバチのダンスと餌場の方向

> **ポイント** 〔ミツバチのダンスで伝える距離と方向〕
> 距離…80 m以内で円形，80 m以上で8の字のダンス。近いほど速度は速く，回数は多い。
> 方向…太陽の方向と餌場の方向のなす角度
> 　　　＝鉛直上方とダンスの直進方向のなす角度

7 学習による行動

中枢神経系の発達した動物では，生まれてからの経験が記憶として残る。経験にもとづく新しい行動を**習得的行動**といい，学習がその代表である。

1 学習

学習 中枢神経系の発達した動物ほど，生まれてからの経験によって行動様式が変化する。これを**学習**という。神経系の発達段階によって，いろいろな学習行動が見られる。

いろいろな学習 学習には，慣れ・刷込み・古典的条件付け・オペラント条件づけ・知能行動などが知られている。

図50. アメフラシ

2 アメフラシの学習実験

慣れ アメフラシは，脳神経節，内臓神経節，足神経節をもつ軟体動物であり，背中側に開いている水管から水を出し入れしてえら呼吸をする。水管を刺激すると，えらを反射的に引っ込める（えら引っ込め反射）。これをくり返すと，しだいに**慣れ**が生じてえらを引っ込めなくなる。これも学習の1つである。

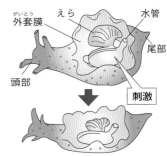

図51. えら引っ込め反射

慣れが起こるしくみ アメフラシの慣れにかかわる神経回路は図52のようになっており，水管に刺激が与えられると，次のようなしくみによって，慣れが生じる（図53）。

① 水管の感覚ニューロンに興奮が生じ，感覚ニューロンの末端からシナプス間隙に神経伝達物質が放出される。⊕1

② えらの運動ニューロンに興奮性シナプス後電位（EPSP）が発生し，えら引っ込め反射が発生する。

③ 刺激が続くと，カルシウムチャネルの不活性化やシナプス小胞の減少によって，神経伝達物質の放出が減少する。

④ えらの運動ニューロンのEPSPが小さくなり，えら引っ込め反射が起こりにくくなって慣れが生じる。

⑤ さらに刺激が続くと，シナプス小胞を放出する領域の減少によって，長期の慣れに移行する。

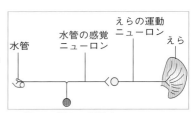

図52. 慣れに関係するニューロン

⊕1. EPSP
興奮性の神経伝達物質の流入によってシナプス後細胞にNa^+が流入し，脱分極（膜電位が負側から0に近づく変化）を起こす。この膜電位の変化をEPSPという。
逆に抑制性の神経伝達物質の流入によってシナプス後細胞の膜電位が低下する変化を抑制性シナプス後電位（IPSP）という。

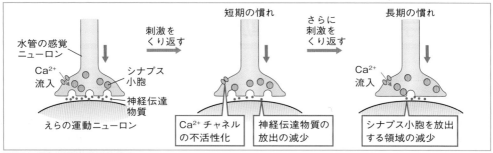

図53. 慣れが発生するしくみ

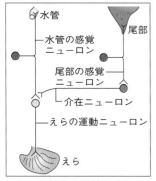

図54. 鋭敏化に関係するニューロン

■ **脱慣れ** 慣れを生じた個体に尾などを押さえながら水管を刺激すると，再び水管への刺激でえら引っ込め反射をするようになる。このような現象を**脱慣れ**という。

■ **鋭敏化** 慣れを生じた個体に対して尾に強い刺激を与え続けると，弱い刺激を水管に与えても，えらを大きく引っ込めるようになる。このような現象を**鋭敏化**といい，アメフラシでは，次のようなしくみによって発生する（図55）。

① 慣れが発生した尾部に強い刺激を与えると，介在ニューロンから感覚ニューロンに神経伝達物質が放出される。

② 神経伝達物質を受け取った水管の感覚ニューロンは，流入するカルシウムイオンが増加し，運動ニューロンへ放出する神経伝達物質も増加する。

③ えらの運動ニューロンのEPSPが大きくなり，えら引っ込め反射がさらに大きくなる（鋭敏化）。

④ 尾部への強い刺激がくり返されると，神経終末における感覚ニューロンが分岐する。これによってシナプス小胞を放出する領域が増加し，長期の鋭敏化に移行する。

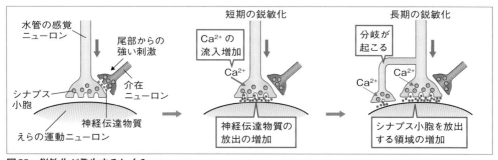

図55. 鋭敏化が発生するしくみ

♻2. 慣れや鋭敏化で見られるような，シナプスでの伝達効率が興奮の伝達頻度によって変化することをシナプス可塑性という。

慣れ…継続的な刺激によりEPSPが小さくなり，興奮が生じにくくなる。
鋭敏化…慣れとは異なる部位への強い刺激によりEPSPが大きくなり，興奮が生じやすくなる。

③ 刷込み

刷込み　ふ化後間もない時期のカモやガン，アヒルなどは，最初に目にした目の前を動く物体を親であるかのように記憶してあとを追うように歩く。このように，発育初期の限られた時期に見られる記憶を伴う学習を刷込み（インプリンティング）という。ローレンツは，ガンを使って刷込みの現象を明らかにした。刷込みは，一度成立すると変更されにくいという特徴がある。

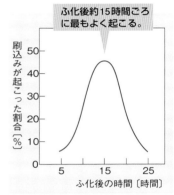

図56．アヒルのひなの刷込み

臨界期　図57の発育初期の刷込みが成立する時期のように，ある現象が成立するかしないかが決まる時期を臨界期という。

> **ポイント**　カモやガンなどで発育初期の臨界期に起こる記憶学習を刷込み（インプリンティング）という。

図57．刷込みが成立する時期

④ 古典的条件づけ（パブロフの実験）

パブロフのイヌの実験　パブロフはイヌを使って次のような実験を行った。

① イヌに餌をやる（無条件刺激）と，イヌはだ液を分泌する（無条件反射）。

② 餌をやるとき，だ液分泌とは直接関係のないベルの音を聞かせる（条件刺激）。

③ これをくり返すと，イヌはベルの音（条件刺激）を聞いただけで，だ液を分泌するようになる。すなわち，条件刺激が無条件刺激と結びつく。もともと無関係だった条件刺激と無条件刺激とが結びつくことを古典的条件づけという。

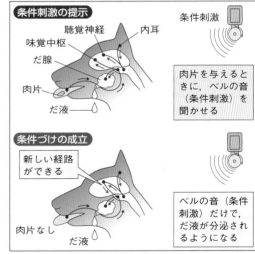

図58．パブロフの実験

> **ポイント**　〔古典的条件づけ：パブロフのイヌの実験〕
> ①餌を舌の上に置く（無条件刺激）⇒だ液分泌
> ②餌を舌の上に置く＋ベルの音 ⇒だ液分泌　 反復
> 　（無条件刺激）＋（条件刺激）⇒（無条件反射）
> ③ベルの音のみ ⇒だ液分泌　 古典的条件づけの成立
> 　（条件刺激）⇒（無条件反射）

5 成功体験でオペラント条件づけ

■ **試行錯誤** ネコを箱の中に入れ，餌を箱の外に置くと，ネコは餌を取ろうとするが，取ることはできない。しかし，偶然ひもを引くと扉が開き，餌を取ることができた。この試行をくり返すと，ネコはひもを引いて扉を開けるようになった。ソーンダイクはこれを**試行錯誤学習**と名づけた。

■ **オペラント条件づけ** スキナーは，試行錯誤学習の考え方をもとにして，「オペラント条件づけ」という考え方を提唱した。オペラントは，オペレート(道具を操作する)という語からの造語である。絶食させて空腹のネズミを，ブザーが鳴ったときレバーを引くと餌が出る装置に入れたところ，はじめは偶然，ブザーがなったときにレバーを引いて餌にありつく。するとこの成功体験が記憶となって，ブザーが鳴ったとき，レバーを引いて餌を得る頻度が高くなった。このように，自己の行動と報酬を結びつけて学習することを**オペラント条件づけ**という。

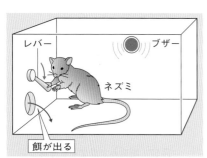

図59. オペラント条件づけ

> **ポイント** オペラント条件づけ…試行錯誤を経て，自己の行動と成功報酬を結びつけて学習すること。

6 経験がものをいう知能行動

■ **知能行動** 過去の経験をもとに状況判断(洞察)をして，未経験なことに対してとる合理的な行動を**知能行動**という。ヒトやチンパンジーなどの霊長類で発達している。

■ **チンパンジーの知能行動** チンパンジーは，手の届かない天井からぶら下げたバナナを取るのに箱や棒を使う。子供の頃，棒遊びをよくしていたチンパンジーは棒を使い(図60のA)，箱を積んで遊んでいたチンパンジーは箱を積んでその上に乗ってバナナを取る(B)。

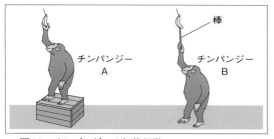

図60. チンパンジーの知能行動

> **ポイント** 〔知能行動〕
> 過去の経験 ⇒ 状況の洞察 ⇒ 合理的な行動

重要実験　カイコガの配偶行動

カイコガの雄は，何に反応して配偶行動をするのか。

方法

1　無処理のカイコガの雄を，雌から30cmの距離に置いて，その行動を観察する。

2　雌をペトリ皿に入れてふたをし，30cmの距離に雄を置いて，雄の行動を観察する。

3　複眼を黒色のペンキでぬりつぶした雄を，雌から30cmの距離に置いて行動を観察する。

4　両方の触角を切り落とした雄を，雌から30cmの距離に置いて行動を観察する。

5　ろ紙を雌の尾部の黄色い突起部にこすりつけ，そのろ紙を雄から30cmの距離に置いて，雄の行動を観察する。

6　バタバタと羽ばたきをしている雄の前方に火のついた線香を近づけ，線香の煙の流れを観察する。

7　雌と雄の距離を30cmに保ち，雌の側からうちわであおぎ，双方の行動を観察する。

8　雌と雄の距離を30cmに保ち，雄の後方からうちわであおぎ，双方の行動を観察する。

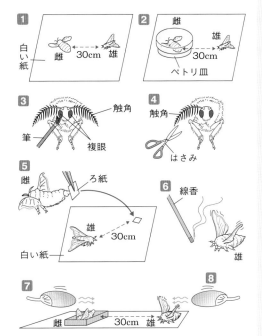

結果

1　1では，雄は雌に近づいて交尾した。

2　2では，雄は雌に近づかなかった。

3　3では，雄は雌に近づいて交尾した。

4　4では，雄は雌に近づかなかった。

5　5では，雄はろ紙に近づいた。

6　6では，煙は，雄のカイコガの前方から，後方に流れた。

7　7では，雄は雌に近づいた。

8　8では，雌雄とも反応を示さなかった。

考察

1　雄は，視覚によって雌に近づいたといえるか。　→　実験3の結果より，いえない。

2　雄は，何をどのようにして感じて，雌に近づいたと考えられるか。　→　実験4と5の結果より，雌の尾部の黄色い突起から出る物質を触角で感じて近づいたと考えられる。

3　雄が羽ばたきをするのは何のためか。　→　実験6の結果より，触角の前方から後方に流れる空気の流れをつくるためであると考えられる。

4　実験1～8から何がわかるか。　→　カイコガの配偶行動は，雄が雌の尾部から出る性フェロモンを触角で感じて，雌に誘引されて起こる。

1 □ 外界のさまざまな刺激を受け取る器官を何という？

2 □ 光を受容するのは，眼の何という組織？

3 □ ニューロンの一部で，1本の長く伸びた突起を何という？

4 □ 軸索が髄鞘で囲まれていない神経繊維を何という？

5 □ 静止状態では，ニューロンの内側は正，負のどちらに帯電している？

6 □ ニューロンで活動電位が発生しているとき，ニューロン内に流入しているイオンは何？

7 □ 興奮が軸索内を両方向に伝わることを何という？

8 □ 軸索の末端と次のニューロンが接する部分を何という？

9 □ 興奮が 8 を伝わることを何という？

10 □ 8 で興奮を伝える働きをする化学物質を何という？

11 □ ニューロンに興奮を起こす，最小限の刺激の大きさを何という？

12 □ ヒトの眼の網膜で，光の波長を識別することのできる細胞を何という？

13 □ ヒトの耳で，リンパ液の振動を電気信号に変換する器官を何という？

14 □ ヒトで，からだの傾き（重力変化）を受容する器官を何という？

15 □ ヒトの感覚・随意運動・言語・記憶・判断などの中枢はどこ？

16 □ ヒトの運動調節やからだの平衡を保つ中枢は，脳のどこ？

17 □ しつがい腱反射の中枢はどこ？

18 □ 骨格筋を形づくる細胞を何という？

19 □ 筋原繊維を構成するフィラメント（繊維状構造）は何と何？

20 □ 筋収縮に必要な，筋小胞体から放出されるイオンは何？

21 □ 動物に特定の行動を引き起こすような外界の刺激を何という？

22 □ 動物が刺激に対して，一定の方向にからだごと移動する行動を何という？

23 □ 動物が放出して，同種の個体に 21 の刺激となって情報を伝達する化学物質を何という？

解答

1. 受容器	8. シナプス	15. 大脳	21. かぎ刺激（信号刺激）
2. 網膜	9. 興奮の伝達	16. 小脳	22. 走性
3. 軸索	10. 神経伝達物質	17. 脊髄	23. フェロモン
4. 無髄神経繊維	11. 閾値（限界値）	18. 筋繊維（筋細胞）	
5. 負	12. 錐体細胞	19. アクチンフィラメント，	
6. Na^+	13. コルチ器	ミオシンフィラメント	
7. 興奮の伝導	14. 前庭	20. Ca^{2+}	

① 刺激とその受容

刺激の受容に関する次の文を読んで，各問いに
答えよ。

　ヒトは，いろいろな刺激を受容する受容器を
もっている。それぞれの受容器は特定の（ **ア** ）刺
激だけを受容することができる。受容器で受容
した刺激は（ **イ** ）神経を通して，中枢である大脳
に伝えられ，そこで感覚が生じる。

(1) 文中の空欄に適当な語句を記せ。

(2) 次の①〜⑤の受容器は，下の語群Ⅰのど
　の刺激を受容することができるか。また，そ
　の刺激によって大脳で生じる感覚を語群Ⅱよ
　りそれぞれ選べ。

　　① 網膜　　　② コルチ器　　　③ 前庭
　　④ 半規管　　⑤ 味覚芽

(語群Ⅰ)　a 重力　　b 音　　　c 圧力
　　　　d 光　　e 加速度(回転)
　　　　f 化学物質

(語群Ⅱ)　あ 視覚　　い 聴覚　　う 嗅覚（きゅうかく）
　　え 味覚　　お 平衡覚　　か 圧覚

② 眼の構造と働き

次の左側の図はヒトの眼の構造を，右側の図は
f の部分のくわしい構造を示したものである。

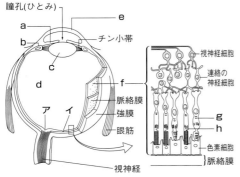

(1) 図中の **a** 〜 **f** の各部の名称を答えよ。

(2) 光を感じることができないのは，図の **ア**，
　イ のどちらの部分か。また，その部分の名称

を答えよ。

(3) 図中の **g**，**h** の細胞の名称を答えよ。また，
　光の波長(色)を受容することができるのはど
　ちらの細胞か。

(4) 右側の図の **g** の細胞は，左側の図のどの
　部分に多く分布するか。その名称を答えよ。

(5) 眼に入る光量を調節するのは，図中のど
　の部分か。記号で答えよ。

(6) 暗順応に最も強く関係する細胞は，**g**，**h**
　のどちらの細胞か。また，どのようなしくみ
　で暗順応に関係するか説明せよ。

③ 耳の構造と働き

図1はヒトの耳の構造，図2は図1のある部
分を拡大したものである。各問いに答えよ。

(図1)　　　　　　　　　　(図2)

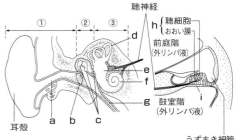

(1) 図1の **a** 〜 **g** の各部の名称を答えよ。

(2) 図1の①〜③の部分は，それぞれ何と呼
　ばれるか。また，その部分を伝わる刺激(媒（ばい）
　質（しつ）)は，それぞれ次のどれか。

　ア 電気信号　　　　**イ** 空気の波
　ウ 液体の波　　　　**エ** 機械振動

(3) 図1の **d**，**e** の部分は，それぞれどのよ
　うな刺激を受容するか。次から選べ。

　ア 音波　　　　**イ** 加速度
　ウ 振動　　　　**エ** 重力

(4) 図2は，図1のどの部分の内部を拡大し
　たものか。**a** 〜 **g** の記号で答えよ。

(5) 図2の **h**，**i** の各部の名称を答えよ。

④ 神経の単位

下の図は，ある神経系を構成する単位を示した模式図である。各問いに答えよ。

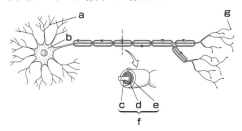

(1) 神経を構成する単位を何というか。
(2) 上の図は，次のいずれの神経の単位を示したものか。
ア 無髄（むずい）神経 イ 有髄神経
(3) 図中のa～fの各部の名称を答えよ。
(4) 運動神経のgの部分で分泌される伝達物質の名称を答えよ。

⑤ 興奮を伝えるしくみ

刺激によって生じた興奮を伝えるしくみを説明した次の文の（　）に適当な語句を記入せよ。
　興奮していないとき，ふつう軸索の内側は外側にくらべて①（　）の電位に保たれている。これを②（　）電位という。軸索の一部に閾値（いきち）以上の刺激を与えると電位は逆転して，内側が③（　）の電位となる。これを④（　）電位という。これは，刺激した部位でナトリウムチャネルが開くため，Na^+が内側に流入し，K^+が外側に流出して起こる。このように④の電位が発生することを⑤（　）という。この部分から，隣接部に向かって⑥（　）電流が流れ，新たな⑤を隣接部に起こす。これを次々とくり返すことによって⑦（　）が起こる。⑤が次のニューロンとの接続部である⑧（　）まで達すると，軸索の末端から伝達物質が放出されて次のニューロンに新たな⑤を生じる。このことを⑨（　）という。

⑥ ヒトの中枢神経系

右の図は，ヒトの中枢神経系を模式的に示したものである。各問いに答えよ。

橋

(1) 図中のa～gの各部の名称を答えよ。
(2) 左右のaの半球を連絡する部分を何というか。
(3) 次の①～⑤の文は，a～gのどの部分の働きを説明したものか。それぞれ記号で答えよ。
　① 体温，血糖値，水分の調節などをする。
　② からだの平衡を保ち，筋肉運動を調節する中枢。
　③ 呼吸・心拍・せき・おう吐（と）などの中枢。
　④ 感覚や随意運動の中枢で，記憶・感情・判断などの中枢でもある。
　⑤ 屈筋反射やしつがい腱（けん）反射などの反射の中枢である。

⑦ 脊髄の構造とその働き

下の図は，脊髄（せきずい）および脊髄神経を示したものである。各問いに答えよ。

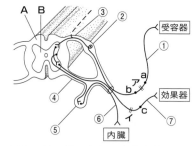

(1) 図中の①～⑦の各部の名称を答えよ。
(2) 図中のA，Bの名称を答えよ。また，細胞体が集合した部分は，A，Bのどちらか。
(3) 次の(a)～(d)の処理をしたとき，効果器としての骨格筋が反応する場合を○，しない場合を×で示せ。

(a) **ア**の部分を切断して，**a**を刺激する。

(b) **ア**の部分を切断して，**b**を刺激する。

(c) **ア**の部分を切断して，**c**を刺激する。

(d) **イ**の部分を切断して，**a**を刺激する。

(4) 受容器で受容された刺激が大脳まで伝えられずに，脊髄のみを経由して効果器に反応を起こさせるような行動を何と呼ぶか。

8 筋収縮

下の図は骨格筋の構造を表したものである。**a** ～ **f** の各部の名称を答えよ。

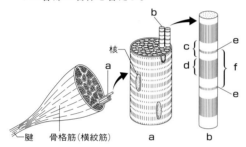

9 ミツバチのダンス

ミツバチは，太陽の方向を基準にして方位を決める機構にもとづいて，仲間に情報伝達をしている。花の蜜や花粉を巣に持ち帰ってきたミツバチは，巣箱の中に垂直に立てられた巣板の上でダンスを行い，仲間に餌場までの距離や方向を伝える。餌場までの距離が80 m以内のときは（ a ）ダンス，80 m以上のときは（ b ）ダンスを行う。正午，太陽が南中しているとき，あるミツバチが右の図のようなダンスをした。図中の破線は巣箱の鉛直方向を示している。

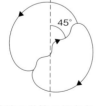

(1) 文中の下線部のことを何というか。

(2) 文中の空欄に適当な語句を記入せよ。

(3) 図のダンスが示す餌場の方位を答えよ。

10 イトヨの行動

繁殖期に下腹部が赤色になったイトヨの雄は，水草などを使って巣をつくり，巣を中心として縄張りを形成する。縄張りに同種の雄が侵入すると①追い払う動作を示す。縄張りに雌が近づくと②ジグザグダンスをして雌を巣に導き，産卵が終わると直ちに精子をかけて，卵がふ化するまで巣を守る行動をとる。各問いに答えよ。

(1) 上の文章のような動物の種ごとに見られる一連の決まった行動を何というか。

(2) 文中の下線部①を起こすきっかけとなる刺激を何というか。

(3) (2)の刺激となるものは何か。

(4) 文中の下線部①，②の行動をそれぞれ何というか。

(5) 文中の下線部②では，(2)の刺激となるものは何か。

(6) このイトヨの行動は，生得的行動，習得的行動のいずれか。

11 アメフラシの行動

アメフラシのえらは外套膜に囲まれており，水管を通じて水が出入りすることで，えら呼吸をしている。①この水管を刺激すると直ちにえらを引っ込める行動をとる。これをくり返すと，②水管を刺激してもえらを引っ込めなくなる。その状態になったアメフラシの③尾部を押さえながら，①と同じ強さで水管を刺激すると，再びえらを引っ込めるようになった。

また，④②の状態になった別のアメフラシの尾部をピンセットで強くつまんだあと，①よりも弱い刺激を与えると，えらを引っ込めた。各問いに答えよ。

(1) ①のような反応を何というか。

(2) 文中の下線部②～④をそれぞれ何というか。

(3) 文中の下線部①～④は，それぞれ生得的行動，習得的行動のいずれか。

2章 植物の環境応答

1 植物の受精と発生

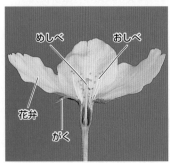

図1. サクラの花のつくり

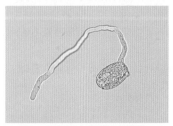

図2. 花粉管を伸ばした花粉

図3. 被子植物の配偶子形成

■ 被子植物は，胚の発生や発芽・生育に有利なように，親があらかじめ重複受精によって胚乳をつくり準備する。

1 被子植物の受精

■ 被子植物では，めしべの胚珠の中で卵細胞が，おしべの葯の中にできる花粉の中で精細胞がつくられる。

■ **卵細胞のでき方** めしべの子房壁に包まれた胚珠の中で，胚のう母細胞（$2n$）が減数分裂して胚のう細胞（n）となる。胚のう細胞はさらに 3 回の核分裂の後，1 個の卵細胞（n），2 個の助細胞，3 個の反足細胞，2 個の極核（$n+n$）を含む中央細胞からなる胚のうをつくる。

■ **精細胞のでき方** おしべの先端の葯の中の花粉母細胞（$2n$）は減数分裂して 4 個の細胞からなる花粉四分子（n）となり，成熟して花粉となる。花粉は体細胞分裂をして，雄原細胞（n）と，花粉管細胞になる。雄原細胞は体細胞分裂をし，2 個の精細胞（n）になる。

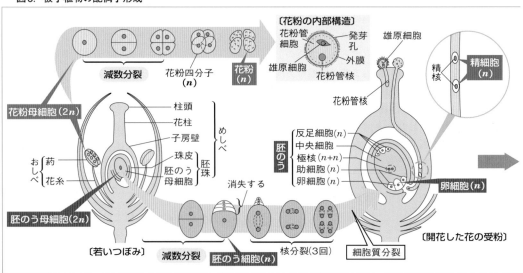

〔花粉の内部構造〕
花粉管細胞　発芽孔　雄原細胞　外膜　花粉管核

減数分裂　花粉四分子（n）　花粉（n）

精核　精細胞（n）

花粉母細胞（$2n$）

柱頭　花柱　子房壁　珠皮　胚のう母細胞　めしべ　胚珠

葯　花糸　おしべ

胚のう母細胞（$2n$）

消失する

〔若いつぼみ〕　減数分裂　胚のう細胞（n）　核分裂（3回）　細胞質分裂

反足細胞（n）　中央細胞　極核（$n+n$）　助細胞（n）　卵細胞（n）　胚のう

花粉管核　雄原細胞

卵細胞（n）

〔開花した花の受粉〕

■ **重複受精** 被子植物の受精は，次のようにして行われる。

①精細胞(n)の１つは胚のう中の卵細胞(n)と受精して**受精卵($2n$)**となり，体細胞分裂をくり返して**胚**になる。

②もう１つの精細胞(n)は，２個の極核($n+n$)をもつ中央細胞と受精する。この受精によってできた$3n$の細胞は，増殖して養分を蓄え，**胚乳($3n$)**になる。

このように，被子植物では，１つの胚のうの中で２組の受精が行われる。これを**重複受精**という。

> **ポイント**
> 重複受精 $\begin{cases} 精細胞(n)+卵細胞(n) \longrightarrow 受精卵 \\ 精細胞(n)+中央細胞(n+n) \longrightarrow 胚乳 \end{cases}$

② 被子植物の種子のでき方

■ **胚のでき方** 受精卵は体細胞分裂をくり返して胚球と胚柄になり，胚球はさらに分裂して増殖し，子葉・幼芽・胚軸・幼根からなる**胚**になる(下図)。一方，$3n$の胚乳は，胚に養分を供給する。

■ **種子のでき方** 胚($2n$)や胚乳($3n$)の形成に伴い，胚珠を包む**珠皮**は種皮となって**種子**が完成する。また，子房壁は発達して果皮となり，種子を包む**果実**が完成する。種子は，胚乳の発達の度合いで次の２つに分けられる。

> **有胚乳種子**…養分を胚乳に蓄える。例 カキ・イネ
> **無胚乳種子**…胚乳が発達せず，発芽時に必要な養分を子葉に蓄える種子。例 ダイズ・アブラナ・クリなど

💠1. 種子
完成した種子はいったん休眠し，発芽の条件(水・温度・空気)が整うと，細胞分裂を再開して発芽する。

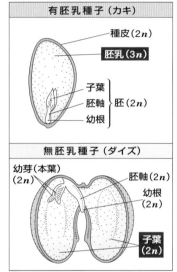

図4. 有胚乳種子(上)と無胚乳種子(下)のつくり

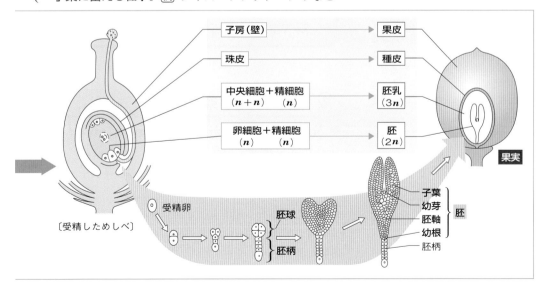

② 種子の休眠と発芽

■ 種子植物の多くの種子は，水や光，温度などのさまざまな環境条件に応じて休眠・発芽をする。種子の環境応答のしくみを学ぼう。

1 種子の休眠と発芽のしくみ

■ **種子の休眠**〔*1〕種子植物の受精卵は，細胞分裂をくり返して胚をつくると**休眠**する。種子の休眠には発芽を抑制する植物ホルモンである**アブシシン酸**が働いている。アブシシン酸は，休眠の維持に関係するDELLAタンパク質の合成を調節して，休眠を維持すると考えられている。

■ **種子の発芽** イネなどの種子では，温度・水分条件などが整うと，胚で**ジベレリン**という植物ホルモンが合成されて，これが糊粉層の細胞に働きかけてアミラーゼ合成遺伝子の発現を誘導し，**アミラーゼ**（酵素）を合成する。アミラーゼは胚乳のデンプンを分解して糖にする。胚はこの糖を吸収して浸透圧を高めて吸水を促進すると同時に，糖を使って呼吸し，再び細胞分裂を始めて**発芽**する。

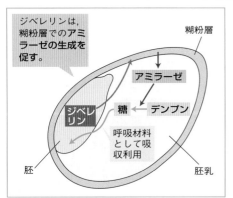

ジベレリンは，糊粉層でのアミラーゼの生成を促す。

糊粉層
アミラーゼ
糖 ← デンプン
ジベレリン
呼吸材料として吸収利用
胚
胚乳

図5．種子の発芽とジベレリン

✿1．被子植物では重複受精が行われ，卵細胞は精細胞と受精すると受精卵となって，細胞分裂して子葉・幼芽・胚軸・幼根からなる胚をつくって分裂を停止する。中央細胞は精細胞と受精したあと，分裂をくり返して胚乳となる。含水率が10％を下回ると休眠状態となる種子が多い。

> **ポイント** 〔種子の休眠と発芽（イネの場合）〕
> アブシシン酸 ⇒ 休眠
> ジベレリン ⇒ アミラーゼの合成促進 ⇒ 発芽

2 種子の発芽条件

■ **光発芽種子** 発芽が光によって促進されるタイプの種子を**光発芽種子**という。

 レタス・マツヨイグサ・タバコ・シロイヌナズナ・シソ・オオバコ

■ **暗発芽種子** 光によって発芽が抑制される，または光が発芽に影響しないタイプの種子を**暗発芽種子**という。

 カボチャ・ケイトウ（光によって発芽が抑制される）
エンドウ・イネ（光が発芽に影響しない）

〔種子の発芽と光〕
光発芽種子…発芽に光を必要とする。
暗発芽種子…光によって発芽が抑制されない。

③ 光発芽種子と光

■ **光の波長と発芽** 光発芽種子のレタスは，光
を照射すると発芽するが，暗黒状態では発芽しな
い。どのような光が発芽に有効なのだろうか。

赤色光(波長660 nm付近)を照射すると発芽
する。しかし，その直後に遠赤色光(波長730 nm
付近)を照射すると発芽せず，再び赤色光を照射す
ると発芽する。つまり，最後に赤色光を照射すると
発芽し，最後に遠赤色光を照射すると発芽しない。

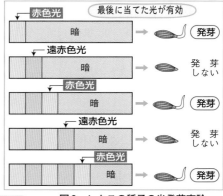

図6. レタスの種子の光発芽実験

光発芽種子に最後に照射した光が，
赤色光 ⇒ 発芽促進　　遠赤色光 ⇒ 発芽抑制

④ 光受容体

■ **光受容体** 植物が生きていく上で重要な光を
受容する受容体は**光受容体**という。光受容体に
は赤色光を受容する**フィトクロム**，青色光を受
容する**フォトトロピン**(⇒p.200, 210)や**クリ
プトクロム**がある(⇒p.211)。

■ **フィトクロム** 光発芽種子の発芽には**フィ
トクロム**と呼ばれる色素タンパク質が光受容体となって
いる。フィトクロムは，**赤色光吸収型(P_R型)**と**遠赤
色光吸収型(P_FR型)**の2つの型をとる。P_FR型が増加す
るとジベレリンが合成されて光発芽種子の発芽が促進され，
P_R型が増加するとジベレリン合成が抑制されて光発芽種
子の発芽は抑制される。

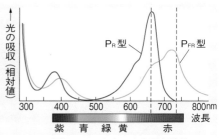

図7. フィトクロムの吸収波長

✿ 2. クリプトクロム
青色光を受容し，伸長成長の抑制
に働く。

〔光発芽種子の発芽と光の波長〕

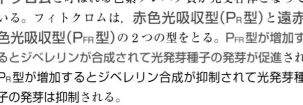

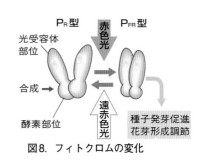

図8. フィトクロムの変化

表1. 屈性の種類

種類	刺激	例
光屈性	光	茎(＋)，根(−)
重力屈性	重力	茎(−)，根(＋)
水分屈性	水分	根(＋)
接触屈性	接触	巻きひげ(＋)

表2. 傾性の種類

種類	刺激	例
光傾性	光	ハスの花
温度傾性	温度	チューリップの花

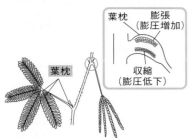

図9. オジギソウの就眠運動

図10. ダーウィンの実験（1880年頃）

■ 植物ホルモンとして**オーキシン**が発見され，オーキシンによる成長調節のしくみが明らかにされた。

1 植物は成長して反応する

■ **植物の反応** 植物は動物のように運動器官をもたないので，刺激に対して成長運動や膨圧運動で反応している。

①**成長運動** 成長を伴う屈性や傾性など。
  ・**屈性**…刺激の方向に屈曲する反応。刺激源に近づく場合を正(＋)の屈性，遠ざかる場合を負(−)の屈性という。
  ・**傾性**…刺激の方向とは無関係に植物が屈曲する反応。

②**膨圧運動** 膨圧の変化で起こる運動。反応は速い。

例 オジギソウの就眠運動…葉枕の膨圧の低下

ポイント 成長運動…屈性(光屈性，重力屈性)と傾性(光傾性)
膨圧運動…膨圧の変化で起こる(就眠運動など)。

2 オーキシンの発見と光屈性

■ **光屈性の研究** 光屈性の研究は古くから行われ，その過程でオーキシンという成長促進物質が発見された。

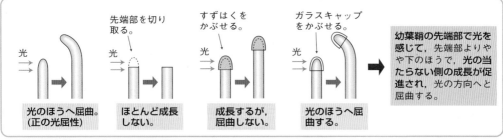

図11. ボイセン・イェンセンの実験（1913年）

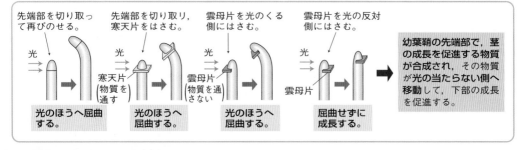

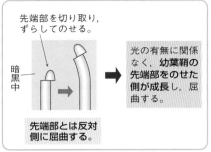

図12. パールの実験（1919年）

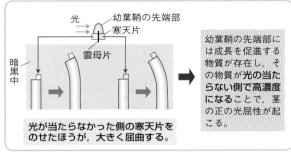

図13. ウェントの実験（1928年）

 ポイント 〔光屈性のしくみ〕
①幼葉鞘の先端部でオーキシンは合成され，真下方向に移動して茎の成長を促進する。
②先端部の一方に光が当たると，オーキシンは光と反対側に移ってから真下に移動して，光と反対側の茎の成長を促進する。

■ **オーキシン** 光屈性の研究で発見された成長促進物質は，**オーキシン**と総称される。その化学的な実体は**インドール酢酸（IAA）**である。オーキシンのように植物体内で合成され，植物体内を移動して植物の成長などを調節する物質を**植物ホルモン**という。

{ 天然のオーキシン…インドール酢酸（IAA）
人工合成のオーキシン…ナフタレン酢酸（NAA），
　　　　　　　　　2,4-D（双子葉植物の除草剤）

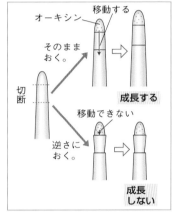

図14. オーキシンの移動と極性

③ オーキシンのいろいろな働き

■ **極性移動** オーキシンが茎の内部を移動するときには，おもに茎の先端側から基部に向かって移動する。この方向性の定まった移動を**極性移動**という。

■ **極性移動のしくみ** オーキシンは，細胞膜に存在する**AUX**タンパク質（細胞内にオーキシンを取り込む）や**PIN**タンパク質（細胞内からオーキシンを排出する）と呼ばれる輸送タンパク質を通って移動するものが多い。PINタンパク質は，細胞の基部に局在するため，オーキシンは茎の先端から基部への一方向に移動すると考えられる。

ポイント 〔オーキシンの極性移動〕
オーキシンは，先端から基部への一方向に移動。

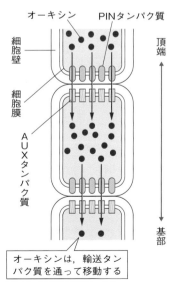

オーキシンは，輸送タンパク質を通って移動する

図15. 極性移動のしくみ

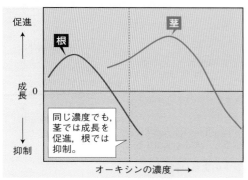

図16. オーキシン濃度と器官の感受性

促進

成長
0

抑制

根

茎

同じ濃度でも，茎では成長を促進，根では抑制。

オーキシンの濃度 →

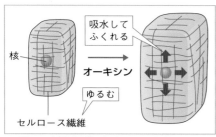

図17. 細胞の成長とオーキシン

核
吸水してふくれる
オーキシン
ゆるむ
セルロース繊維

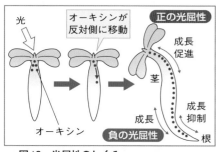

図18. 光屈性のしくみ

光
オーキシンが反対側に移動
正の光屈性
成長促進
茎
オーキシン
成長
成長抑制
根
負の光屈性

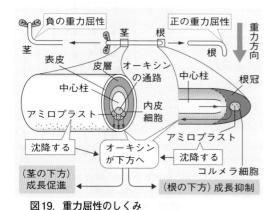

図19. 重力屈性のしくみ

負の重力屈性
茎
表皮
皮層
オーキシンの通路
中心柱
アミロプラスト
内皮細胞
沈降する
オーキシンが下方へ
（茎の下方）成長促進
正の重力屈性
根
重力方向
中心柱
根冠
アミロプラスト
沈降する
コルメラ細胞
（根の下方）成長抑制

■ オーキシンに対する器官の感受性

オーキシンは，根・茎など器官によって，成長を促進する濃度が異なる。オーキシンに対する感受性は，根が高く敏感で，茎が低く鈍感である。また，一定の濃度以上では成長を抑制する。

ポイント 〔オーキシンの感受性〕
高 根＞茎 低

■ **オーキシンと細胞の成長** 植物細胞は，セルロース繊維どうしが結びついた固く丈夫な細胞壁で囲まれている。オーキシンは，セルロース繊維の結合をゆるめて細胞壁をやわらかくし，細胞内への吸水を高める。細胞が伸長するか肥大するかは，**ジベレリン**(⇒p.201)と共同作用するか，**エチレン**(⇒p.202)と共同作用するかで決まる。

■ 光屈性のしくみは次のように説明できる。

① 植物体の左側から光を当てると，**フォトトロピン**によって青色光が感知され，オーキシンは，先端部で光の反対側の右側に移動する。

② 右側に移動したオーキシンは極性移動で，茎の先端部から下方へと真っ直ぐに移動する。

③ 茎では右側のオーキシン濃度が上がって成長が促進され，根では逆に抑制される。そのため，茎は**正の光屈性**を，根は**負の光屈性**を示す。

■ **重力屈性のしくみ** 植物体を水平に置くと，茎は**負の重力屈性**，根は**正の重力屈性**を示す。

①**茎** 茎の内皮細胞にある**アミロプラスト**(⇒p.211)が下方(重力方向)に移動する。そのためオーキシンが下側に輸送され下方のオーキシン濃度が高くなり，茎の下方の成長が促進され**負の重力屈性**を示す。

②**根** 根冠のコルメラ細胞内にはアミロプラストがあり，重力によって下側に移動する。中心柱を通って根冠に達したオーキシンは根の下方に輸送され，下方の伸長帯の成長が抑制される。その結果，根は**正の重力屈性**を示す。

■ **頂芽優勢** 頂芽でつくられたオーキシンは下方へ移動し，オーキシン感受性が高い側芽の成長を抑制している。この現象を**頂芽優勢**という。頂芽を切り取ると，オーキシン濃度が低下するため，下方にある側芽は成長を始める。

■ **落葉・落果の抑制** オーキシンは，落葉や落果を防止する。🟊1

■ **発根の促進** オーキシンは発根（不定根ができる）を促進する。

■ **果実などの成長促進** オーキシンはイチゴの花托🟊2などを成熟させる。

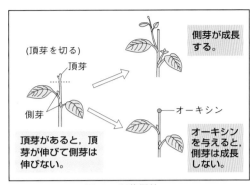
図20. 頂芽優勢

（頂芽を切る）
頂芽
側芽
側芽が成長する。
オーキシン
頂芽があると，頂芽が伸びて側芽は伸びない。
オーキシンを与えると，側芽は成長しない。

> **ポイント** 　**オーキシン**の働き…伸長成長の促進と抑制，側芽の成長抑制（頂芽優勢），落葉・落果の抑制，発根の促進，子房・果実などの成長促進

🟊1. オーキシンは，離層（⇨ p.202）の形成を抑制する働きがあるため，落葉や落果を抑制する。

🟊2. イチゴの食用部分は花托が成長したもので，表面にある多数の粒が果実である。

④ ジベレリン

■ ジベレリンの働き

①**伸長成長の促進** ジベレリンは，細胞壁を取り巻くセルロース繊維のうち，横方向にセルロース繊維が巻きつくのを促進して細胞を横から締めつける。そこに**オーキシン**が働くと，細胞は吸水して縦方向へ伸長するようになり，茎は伸長成長（徒長成長）する。草丈の低い矮性種の植物にジベレリン処理をすると，草丈が伸びたりつるを伸ばしたりする。

②**子房の発達促進** ジベレリンには，受粉しなくても子房を発達させ果実を肥大させる性質がある（**単為結実**）。この性質を利用して，ブドウのつぼみをジベレリン水溶液に浸すと，受粉を行わずとも子房が発達して**種なしブドウ**がつくられる。

③**種子の発芽促進** 種子の休眠を打破し，発芽を促進する（⇨p.196）

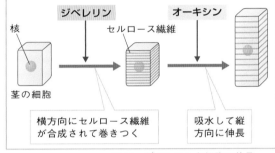

ジベレリン　　　オーキシン
核
セルロース繊維
茎の細胞
横方向にセルロース繊維が合成されて巻きつく
吸水して縦方向に伸長

図21. ジベレリンと細胞の伸長

> **ポイント** 　**ジベレリン**の働き…伸長成長の促進，子房の発達促進（⇨種なしブドウなど），種子の発芽促進

図22. ブドウのジベレリン処理

4 植物ホルモンと環境応答(2)

■ 現在では，オーキシンやジベレリンのほかにも，いろいろな植物ホルモンが見つかり，その生産量や移動量は水や光，温度などの環境要因から影響を受けて変動する。

1 エチレン

■ **エチレン** エチレンは自身の植物体内でつくられる気体の植物ホルモンで，次のような働きがある。

①**果実の成熟促進** 未成熟なバナナを入れた容器に成熟したリンゴを入れると，バナナは急速に成熟する。これは，リンゴから放出された気体のエチレンが空気を介してバナナの成熟を促進するためである(⇨図23)。

②**落葉・落果の促進** 老化の始まった植物では，エチレンが合成されて離層（分離する部分の特殊な細胞層）の形成を促進するため，落葉・落果を起こす原因の１つとなる(⇨図24)。なお，オーキシンは離層形成を抑制するため，離層の形成はオーキシンとエチレンによって調節されている。

③**接触成長阻害** 動物の通る「けもの道」に生える草の丈は短くなる。これは，くり返し接触されることによってエチレンの合成が増大し，伸長成長が抑制されるからである。

④**接触成長阻害のしくみ** エチレンは細胞壁を取り巻くセルロース繊維のうち，縦方向の繊維の成長を促進する。細胞は縦方向に締め付けられ，縦方向の伸長が抑制される。その結果，茎の伸長は抑制され，茎の肥大は促進される(⇨図25)。

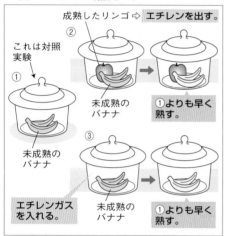

図23. バナナの成熟とエチレン

成熟したリンゴ ⇨ エチレンを出す。

これは対照実験

② 未成熟のバナナ ①よりも早く熟す。

① 未成熟のバナナ

③ エチレンガスを入れる。 未成熟のバナナ ①よりも早く熟す。

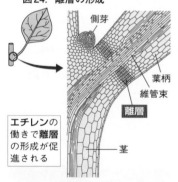

図24. 離層の形成

側芽
葉柄
維管束
離層
茎

エチレンの働きで離層の形成が促進される

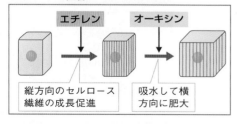

図25. エチレンによる伸長成長の阻害

エチレン　オーキシン

縦方向のセルロース繊維の成長促進　吸水して横方向に肥大

ポイント

エチレンの働き
① 果実の成熟促進
② 落葉・落果の促進
③ 接触成長阻害

② アブシシン酸

■ **アブシシン酸** アブシシン酸は，ワタの実の落果現象の研究から発見された植物ホルモンである。

■ **アブシシン酸の働き** 次のような働きがある。

①**落葉・落果の促進** エチレンの合成を誘導することで，落葉・落果を促進する。

②**種子や芽の休眠の維持と発芽の抑制** 種子や芽が生育に不適切な季節に発芽しないように，休眠状態を維持して発芽を抑制する（➡p.196）。

③**気孔の閉鎖** 乾燥すると葉でアブシシン酸が急速に合成されて，気孔を閉じるように働く。

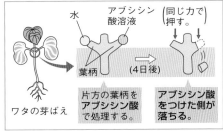

図26．アブシシン酸の働き

アブシシン酸の働き
① 落葉・落果の促進
② 種子や芽の休眠維持と発芽抑制
③ 気孔の閉鎖

③ 植物の一生と植物ホルモン

■ **植物ホルモンと一生** 植物は，光・温度・水・化学物質・重力など，いろいろな環境変化を感知して，植物ホルモンなどを使って，環境応答している。

図27．植物の一生とホルモン

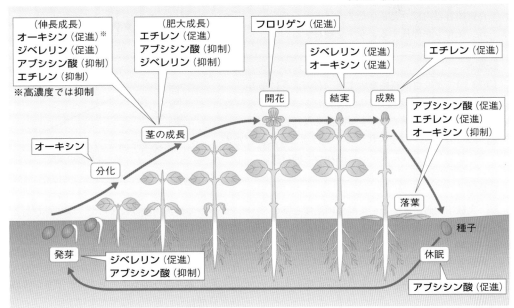

（伸長成長）
オーキシン（促進）※
ジベレリン（促進）
アブシシン酸（抑制）
エチレン（抑制）
※高濃度では抑制

（肥大成長）
エチレン（促進）
アブシシン酸（抑制）
ジベレリン（抑制）

フロリゲン（促進）

ジベレリン（促進）
オーキシン（促進）

エチレン（促進）

開花　結実　成熟

アブシシン酸（促進）
エチレン（促進）
オーキシン（抑制）

茎の成長

オーキシン

分化

落葉

種子

発芽

ジベレリン（促進）
アブシシン酸（抑制）

休眠

アブシシン酸（促進）

オーキシンと エチレンの働き

この2つのホルモンの働きは重要！

方法

〔実験Ⅰ〕 オーキシンの働きを調べる

1️⃣ カイワレダイコンの種子をバーミキュライトにまいて，暗所で発芽・成長させ，同じ長さの苗を選び，右の図に示した部分の茎の切片（長さ10mm）を18本用意する。

2️⃣ インドール酢酸の10^{-2}％，10^{-3}％，10^{-4}％，10^{-5}％，10^{-6}％の水溶液をつくる。

3️⃣ 各濃度の溶液を入れたペトリ皿中に茎の切片を3本ずつ入れて沈め，24時間放置し，それぞれの切片の長さをはかり，グラフに表す。

〔実験Ⅱ〕 エチレンの働きを調べる

1️⃣ 密閉容器内に青いリンゴを2個入れ，赤く熟すまでの時間をはかる。

2️⃣ 密閉容器内に青いリンゴを2個入れ，エチレンガスを吹き込んで，赤く熟すまでの時間をはかる。

3️⃣ 密閉容器内に赤いリンゴと青いリンゴを1個ずつ入れ，青いリンゴが赤く熟すまでの時間をはかる。

4️⃣ 赤いリンゴと青いリンゴを1個ずつ入れた密閉容器内に，発芽したダイズモヤシを入れ，モヤシが伸長するようすを観察する。

〔実験Ⅰ〕

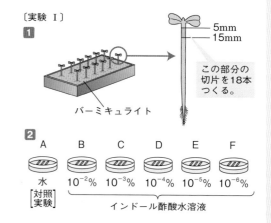

〔実験Ⅱ〕

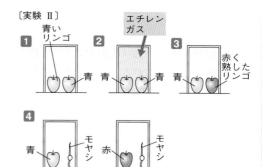

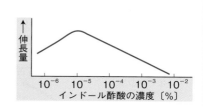

結果

〔実験Ⅰ〕 グラフの概略を示すと，右のようになる。

〔実験Ⅱ〕 1️⃣ 2️⃣は1️⃣よりも早く，リンゴが赤くなった。

2️⃣ 3️⃣は1️⃣よりも早く，リンゴが赤くなった。

3️⃣ 4️⃣で青いリンゴを入れたモヤシはまっすぐ伸びたが，赤いリンゴを入れたモヤシは曲がって伸びた。

考察

1️⃣ 実験Ⅰから，インドール酢酸の濃度と茎の成長についてどのようなことがわかるか。 → インドール酢酸の濃度によって，茎の伸び方が違うことがわかる。

2️⃣ 実験Ⅱの1️⃣～3️⃣から，どのようなことがわかるか。 → 熟した赤いリンゴからはエチレンが出て，これが青いリンゴの成熟を促進している。

3️⃣ 実験Ⅱの4️⃣から，どのようなことがわかるか。 → 熟したリンゴから出るエチレンは，モヤシの成長を抑制して，曲がったモヤシにする。

5 花芽形成と環境応答

■ 植物の器官分化と調節遺伝子との関係を花の構造の形成をもとに調べてみよう。

1 茎頂分裂組織

■ **茎頂分裂組織** 茎頂分裂組織は，図28のように3つの部分から構成される。
　A：茎頂中央部⇒**茎頂分裂組織**がある。
　B：茎頂内部⇒茎の中央をつくる。
　C：周辺部⇒葉原基や茎の表面をつくる。

■ **茎頂分裂組織** 茎頂分裂組織の細胞は，分裂組織の状態を維持するため増殖している間は，遺伝子（*WUS*遺伝子，*CLV*遺伝子）によって細胞の肥大化が起こらないように調節されている。

■ **フロリゲン** 茎頂分裂組織に**フロリゲン（花成ホルモン）**が働くと，花芽（花の原基）が分化し，この花芽から花の構造ができあがる。このときに動物と同様に，調節遺伝子の1つである**ホメオティック遺伝子**（⇨p.143）が働いている。

〔花芽（花の原基）の分化〕
　　　　　　　フロリゲン
　茎頂分裂組織 ─→ 花芽 ─── 花の構造
　（ホメオティック遺伝子が働いて花芽に分化）

2 花の構造

■ **花の構造** 被子植物の花は，花柄の先端に，外側から順に，がく，花弁，おしべ，めしべが形成される。花ができる花柄の先端部を花托という。

■ **調節遺伝子** 花のどの構造をつくるかは，調節遺伝子の1つであるホメオティック遺伝子がつくる調節タンパク質によって決定される。この調節遺伝子として，シロイヌナズナでは*A*，*B*，*C*の3つのホメオティック遺伝子（⇨p.206）が知られている。

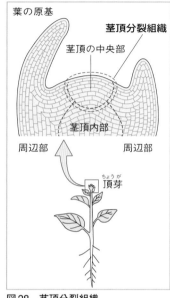
図28. 茎頂分裂組織

葉の原基
茎頂分裂組織
茎頂の中央部
茎頂内部
周辺部　　　周辺部
頂芽

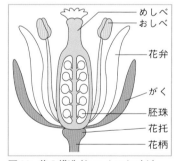
図29. 花の構造（シロイヌナズナ）

めしべ
おしべ
花弁
がく
胚珠
花托
花柄

③ 花の分化のしくみ（ABCモデル）

■ **花芽** シロイヌナズナでは，茎頂にある葉原基にフロリゲンが働くと，葉原基が花芽（花の原基）に分化する。

■ **花の構造** 花の原基では，外側から順に，がく・花弁・おしべ・めしべが分化して花の構造が形成される。

■ **ABCモデル** 花弁・おしべ・めしべなどの分化には，3つの調節遺伝子A，B，Cが働いている。この調節遺伝子はからだの構造を決めるホメオティック遺伝子であり，A，B，Cはそれぞれ異なる調節タンパク質を合成して花の構造をつくっている。

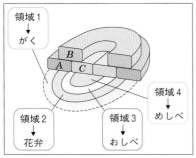

領域1
↓
がく

B
A C

領域4
↓
めしべ

領域2
↓
花弁

領域3
↓
おしべ

図30. ABCモデル

調節遺伝子A ⇒ がくと花弁の領域で発現
調節遺伝子B ⇒ 花弁とおしべの領域で発現
調節遺伝子C ⇒ おしべとめしべの領域で発現

調節遺伝子と形成される花の構造との関係は，

領域1：遺伝子Aのみ発現 ⇒ がく を形成
領域2：遺伝子AとBが発現 ⇒ 花弁 を形成
領域3：遺伝子BとCが発現 ⇒ おしべ を形成
領域4：遺伝子Cのみが発現 ⇒ めしべ を形成

✿1. 遺伝子Aと遺伝子Cは互いに抑制し合う。遺伝子Aを欠くと遺伝子Cが働き，遺伝子Cを欠くと遺伝子Aが働く。

ポイント 花の構造は，調節遺伝子A，B，Cの組み合わせで決定される（ABCモデル）。
A⇒がく，$A+B$⇒花弁，$B+C$⇒おしべ，C⇒めしべ

④ 花の調節遺伝子の突然変異体

■ **花の調節遺伝子の突然変異** シロイヌナズナの花の構造を決定する調節遺伝子A，B，Cに変異が生じると，**ホメオティック突然変異体**ができる。
① 遺伝子Aの変異体 ⇒ がくと花弁ができない。[✿1]
② 遺伝子Bの変異体 ⇒ 花弁とおしべができない。
③ 遺伝子Cの変異体 ⇒ おしべとめしべができない。[✿1]

■ **遺伝子A，B，Cの変異体** 遺伝子A，B，Cともに変異を起こすと，花の構造がつくられる部分に密になった葉が形成される。

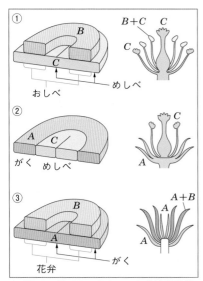

① B $B+C$ C
C
C
めしべ
おしべ

② A C C
がく めしべ
A

③ B $A+B$
A
A
A
花弁 がく

図31. 花のホメオティック突然変異体

ポイント 遺伝子Aを欠く ⇒ がくと花弁が欠如
遺伝子Bを欠く ⇒ 花弁とおしべが欠如
遺伝子Cを欠く ⇒ おしべとめしべが欠如

5 花芽形成と光の関係

■ **光周性** 植物の花芽形成など，生物の生命現象が日長や暗期(夜)の長さで決まる性質を**光周性**という。

■ **光周性と植物** 植物の花芽形成は日長によって決まることが多い。一定以上の日長で花芽を形成する植物を**長日植物**，一定以下の日長で花芽を形成する植物を**短日植物**，花芽形成が日長に関係のない植物を**中性植物**という。

6 暗期で決まる花芽形成

■ **日長を変える処理** 花芽形成が実際には何によって決まるのかは，次の処理をすることで調べられる。

① **長日処理** 人工的に照明をすることによって日長を長くし，暗期を短くする処理。

② **短日処理** 人工的に光を遮ることによって日長を短くし，暗期を長くする処理。

③ **光中断** 暗期の途中で短時間，光を照射して，暗期を中断する処理。**赤色光**が特に有効であり，受容体として**フィトクロム**が働く。

> 光中断した場合，連続した暗期が限界暗期以上かどうかに注意！

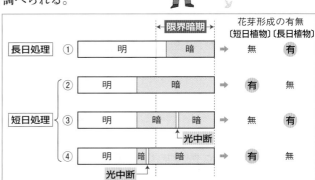

図32. 花芽形成と暗期の関係

■ **限界暗期** 図32のようになることから，花芽形成は連続した暗期の長さ(**限界暗期**)で決まることがわかる。また，限界暗期の長さは植物によってそれぞれ異なる。

長日植物と短日植物での限界暗期は次のようになる。

① **長日植物** 花芽形成が始まる**最長**の暗期の長さ。

② **短日植物** 花芽形成が始まる**最短**の暗期の長さ。

表3. 光周性と植物のタイプ

	特徴	植物例	開花時期	分布
長日植物	暗期が限界暗期よりも短くなると，花芽の形成が始まる。➡日長が一定以上になると，花芽を形成。	ホウレンソウ，コムギ，アブラナ，カーネーション，ダイコン	春	高緯度地方に多い
短日植物	暗期が限界暗期よりも長くなると，花芽の形成が始まる。➡日長が一定以下になると，花芽を形成。	アサガオ，コスモス，キク，イネ，ダイズ，オナモミ	夏から秋	低緯度地方に多い
中性植物	日長とは関係なく，花芽を形成する。	トマト，トウモロコシ，エンドウ，セイヨウタンポポ		四季咲き

〔花芽形成と暗期〕
限界暗期…花芽形成が起こる暗期の長さ。長日植物では**最長**の，短日植物では**最短**の長さ。
長日植物…暗期の長さが一定以下で花芽形成。
短日植物…暗期の長さが一定以上で花芽形成。
中性植物…暗期の長さは関係なし。

❖2. 環状除皮
環状除皮とは，茎の形成層の外側を取り除くこと。環状除皮をすると，師部が除かれているので，師管を通る物質の移動は止まる。

7 花芽形成のしくみ

■ **暗期の長さの受容** 図33の④の実験からわかるように，葉が数枚残っているだけでも，暗期の長さを受容し，花芽を形成する。このことから，植物は，暗期の長さを葉で受け取っていることがわかる。光の受容体は，葉にある**フィトクロム**(⇨p.197)である。

■ **フロリゲン** 連続暗期の長さを受容した葉では，フロリゲン(花成ホルモン)が合成されて，これが師管を通って移動して，芽を花芽形成に誘導する。

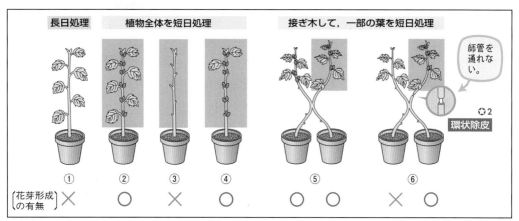

図33. オナモミ(短日植物)のフロリゲンの合成と移動

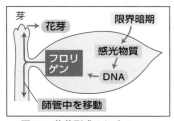

図34. 花芽形成のしくみ

■ **花芽形成のしくみ** 頂芽や側芽は，花と葉のどちらにも分化でき，次のようなしくみで花に分化すると考えられている。

① 限界暗期を葉の感光物質(フィトクロム)が受け取る。
② 限界暗期の情報をもとに，DNAが働き，**フロリゲン**がつくられる。
③ フロリゲンが師管を通って芽まで移動し，芽を花芽に分化させる。

■ **フロリゲンの実体**　最近の研究から，葉で合成される
フロリゲンの作用をもつ物質として，シロイヌナズナから
はFT，イネからはHd3aというタンパク質が見つかって
いる。これらのタンパク質は師管を通って移動して茎頂分
裂組織を花芽に分化させることがわかってきた。

✿3. 植物ホルモンは低分子の有
機物と定義されているのでタンパ
ク質であるフロリゲンは通常含ま
れないが，植物ホルモンとして扱
う場合もある。

> **ポイント**　〔短日植物の花芽形成のしくみ〕
> 限界暗期以上の連続暗期⇨葉のフィトクロムで
> 受容⇨葉のDNAが働く⇨**フロリゲン合成**⇨師
> 管を通って上下に移動⇨花芽の分化

⑧ 低温が花芽をつくる

■ **春化**　一定期間以上の低温の経験が，花芽形成などの
生理現象を促進することを**春化**という。

■ **春化処理**　吸水した種子や発芽した苗を人工的に低温
下にさらして花芽形成を促進する処理を**春化処理**という。

> **ポイント**　春化処理…花芽形成に低温の経験を必要とする植
> 物を低温処理して，花芽形成を調節すること。

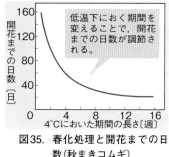

図35. 春化処理と開花までの日
数（秋まきコムギ）

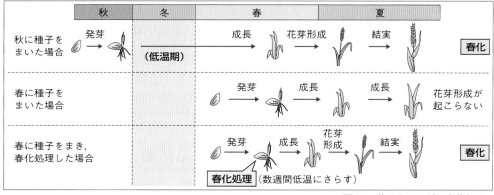

図36. 秋まきコムギの春化処理

■ **春化に関係する遺伝子**　秋まきコムギでは，春化に
関係するVRN3遺伝子がVRN2遺伝子により抑制されて
いる。VRN2遺伝子は冬の低温により働かなくなるため，
春になるとフロリゲンが合成され，花芽形成が起こる。

> **ポイント**　〔春化〕
> 冬の低温（春化処理）⇨春にフロリゲン合成を促進
> ⇨春に花芽形成

6 環境ストレスに対する応答

■ 植物は動物と違って動けないが，乾燥や食害などの環境からのストレスに対して，どう対処するのだろうか。

1 水分と気孔の開閉

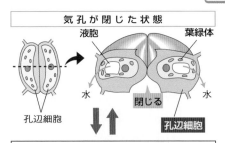

気孔が閉じた状態

葉緑体
液胞

孔辺細胞
水　水
閉じる
孔辺細胞

気孔が開いた状態

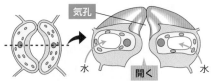

気孔

水　水
開く

図37. 光合成と気孔の開閉

❀1. フォトトロピン

気孔の開孔には青色光受容体であるフォトトロピンが関係している。孔辺細胞が青色光を受容すると膨圧を上昇させて気孔を開ける。

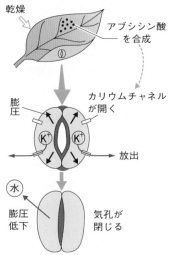

乾燥

アブシシン酸を合成

膨圧

カリウムチャネルが開く

K⁺　K⁺

放出

水

膨圧低下

気孔が閉じる

図38. 乾燥ストレスと気孔の開閉

■ **気孔の開閉**　気孔を囲む**孔辺細胞**は**葉緑体**を含み，昼間，光が当たると光合成産物ができることで浸透圧が上昇し，まわりの表皮細胞から吸水して**膨圧**を生じる。孔辺細胞の細胞壁は内側（気孔側）が厚く，外側が薄いため，膨圧が上昇すると，外側が湾曲して気孔が開く。夜間，光合成が止まると孔辺細胞の膨圧が低下して，気孔は閉じる。

■ **乾燥ストレスと気孔の開閉**　ふつう，気孔は光が当たる日中や二酸化炭素が不足すると開くが，植物体が乾燥によるストレスを感じると，葉で**アブシシン酸**が急速に合成されて気孔は閉じる。

■ **乾燥と閉孔のしくみ**　アブシシン酸が孔辺細胞のカリウムチャネルを開き，孔辺細胞外へK^+を放出して孔辺細胞の浸透圧を低下させるため，孔辺細胞外へ水が流出して膨圧が低下し，気孔が閉じるのである。

> **ポイント** 気孔…葉緑体を含む孔辺細胞の変形で開閉。
> 　　開く：光が当たる昼間，CO_2不足時。
> 　　閉じる：夜間，乾燥時。

2 食害に対する防衛

■ **食害に対抗する物質**　昆虫などの食害を受けたトマトの葉では，**システミン**という植物ホルモンをつくって師管を通じて全身に運び，**ジャスモン酸**の合成を促進する。

■ **ジャスモン酸**　ジャスモン酸は，タンパク質分解酵素の阻害物質の合成を促進する。そのため，この葉を食べた昆虫はタンパク質を消化しにくくなるので，食べるのを避けるようになる。また，ジャスモン酸は，同種の他の植物にも同じ防御機構を働かせるように指示するとともに，葉を食べる昆虫の天敵となる昆虫を集める働きもある。

〔食害に対する防衛〕
食害➡葉でシステミン合成➡ジャス
モン酸合成➡食害の防止

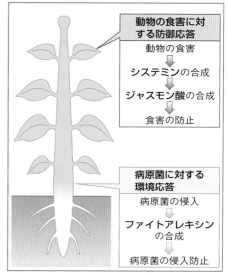

図39. 植物と環境応答

③ 病原体には抗菌物質で対応

■ **病原体からの防衛**　植物体に病原菌が侵入すると，抗菌物質の**ファイトアレキシン**を合成・分泌し，からだを守る。

　また，感染した部分の近くの細胞は自発的に細胞死して病原体を閉じ込め，全身に感染が広がるのを防ぐ。これを**過敏感反応**という。さらに，植物体は，リグニンを合成して感染部位周辺に蓄積して細胞壁を強化する。

〔病原体に対する防衛〕
病原菌の侵入➡ファイトアレキシンの合成・分泌
➡病原菌の侵入防止・排除（抗菌作用，細胞死による病原体の閉じ込め，細胞壁の強化）

■ **塩分によるストレス**　根の周辺の塩分濃度が上昇すると，根の浸透圧を上昇させて吸水力を高める。
■ **低温によるストレス**　シロイヌナズナでは，数日間0〜5℃の低温にさらされると，耐凍性を増すようになる。

④ 植物のいろいろな環境応答

①光に対する応答と形態形成[2][3]
　青色光➡**フォトトロピン**が受容➡光の反対側にオーキシンが移動し，濃度上昇➡茎は**正の光屈性**を示す。
　赤色光➡葉の**フィトクロム**が受容
　　➡フロリゲンの合成➡**花芽形成**
②重力に対する応答（茎を横たえる）
　重力刺激➡根のコルメラ細胞内のアミロプラスト[4]が重力により下方に移動➡**オーキシン**を下側に輸送
　　➡根の下側の成長抑制➡**正の重力屈性**
③乾燥に対する応答
　乾燥➡葉で**アブシシン酸**の合成➡孔辺細胞の浸透圧低下➡膨圧減少➡**気孔を閉じる**。

✿2. 光受容体
植物は，光合成に光を利用する以外に，特定の波長の光を利用して環境応答するための光受容体をもっている。光受容体には赤色光と遠赤色光を受容するフィトクロム，おもに青色光を受容するクリプトクロムやフォトトロピンが知られている（➡p.197）。
● **赤色光・遠赤色光受容体**　フィトクロムは，赤色光と遠赤色光を受容する色素タンパク質で，光発芽種子の発芽に働いている。
● **青色光受容体**　フォトトロピンは光屈性や気孔を開くときなどに働いている。

✿3. 光刺激によって，植物などの生命現象が調節されることを**光形態形成**という。

✿4. アミロプラストは植物細胞で見られる細胞小器官で，デンプンを貯蔵する機能をもつ。

1 □ 被子植物の重複受精で精細胞と受精が起こるのは何細胞と何細胞？

2 □ 種子の休眠を維持するために働く植物ホルモンは何？

3 □ 発芽条件に光を必要とする種子を何という？

4 □ 光によって発芽が抑制される種子を何という？

5 □ 3 は，何色の光によって発芽が促進される？

6 □ 光発芽種子で，5 の光を受容する光受容タンパク質は何？

7 □ 刺激を受けた植物が，刺激の方向に対して屈曲する反応を何という？

8 □ 刺激を受けた植物が，刺激の方向とは無関係に一定の方向に屈曲する反応を何という？

9 □ オジギソウの就眠運動は成長運動か，膨圧運動か？

10 □ 幼葉鞘の屈曲などに関係する植物ホルモンの総称を何という？

11 □ 天然の 10 は何という物質？

12 □ オーキシンが茎の中を移動するとき，必ず先端部から基部へと移動することを何という？

13 □ オーキシンに対する感受性が高いのは，根と茎のどちらか？

14 □ 頂芽が側芽の成長を抑制する現象を何という？

15 □ 種なしブドウをつくるときに使われ，ブドウを単為結実させる植物ホルモンは何？

16 □ 果実の成熟を促進したり，接触成長を阻害したりする植物ホルモンは何？

17 □ エチレンの合成を誘導することで，落葉・落果を促進する植物ホルモンは何？

18 □ 3 つの遺伝子の働きによるシロイヌナズナの花の構造決定のモデルを何という？

19 □ 花芽形成などの生理現象が，日長や夜の長さなどによって起こる性質を何という？

20 □ 連続した暗期の長さが一定以上になると，花芽を形成する植物を何という？

21 □ 花芽の形成を促進する物質の総称を何という？

22 □ 一定期間以上の低温の経験が，花芽形成などの生理現象を促進することを何という？

23 □ 乾燥したとき，葉で急速に合成されて気孔を閉じさせる植物ホルモンは何？

解答

1．卵細胞と中央細胞
2．アブシシン酸
3．光発芽種子
4．暗発芽種子
5．赤色光
6．フィトクロム
　　[P_R型フィトクロム]

7．屈性
8．傾性
9．膨圧運動
10．オーキシン
11．インドール酢酸[IAA]
12．極性移動
13．根

14．頂芽優勢
15．ジベレリン
16．エチレン
17．アブシシン酸
18．ABCモデル
19．光周性
20．短日植物

21．フロリゲン
　　[花成ホルモン]
22．春化
23．アブシシン酸

① 植物の配偶子形成と受精

次の図は，ある被子植物の配偶子形成と受精の過程を示したものである。各問いに答えよ。

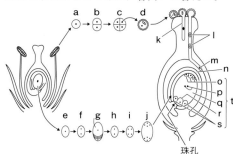

珠孔

(1) 図中のa，c，d，e，g，k，l，m，n，o，p，q，r，s，tの名称をそれぞれ答えよ。

(2) 図のなかで，受精する細胞の組み合わせを記号で答えよ。

(3) この植物に見られる受精を何と呼ぶか。

(4) 1個のaから何個のlの細胞ができるか。

(5) a，c，qの核相をそれぞれ答えよ。

② 種子の構造

次の図は，カキの果実と種子の構造を模式的に示したものである。図中のa〜hの各部の名称と，核相をそれぞれ答えよ。

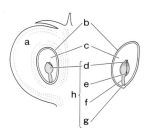

③ 種子の発芽の調節

種子の発芽のしくみを調べるために，次の実験を行った。各問いに答えよ。

レタスの種子を，温度・水分・酸素などの条件を最適にして，光条件だけを変えた。①〜⑤の○は種子を暗条件に置いたことを，Rは種子

に赤色光(波長660 nm)を照射，FRは遠赤色光(波長730 nm)を照射したことを示している。

① ○ ‥‥‥‥‥‥‥‥‥‥‥‥ 発芽しない
② ○→R ‥‥‥‥‥‥‥‥‥‥ 発芽する
③ ○→R→FR ‥‥‥‥‥‥‥ 発芽しない
④ ○→R→FR→R ‥‥‥‥‥ 発芽する
⑤ ○→R→FR→R→FR ‥‥ 発芽しない

(1) 上の実験から，レタスの発芽条件についてどのようなことがいえるか説明せよ。

(2) 次の植物のなかから，発芽条件に関してレタスと同じタイプの種子を選べ。
　ア　カボチャ　　　　イ　タバコ
　ウ　マツヨイグサ　　エ　ケイトウ

(3) 発芽に必要な波長を受容する色素タンパク質の名称と，その型を答えよ。

④ 植物の屈曲

マカラスムギの幼葉鞘を使って光と幼葉鞘の屈曲の関係を調べる次の①〜⑧の実験を行った。

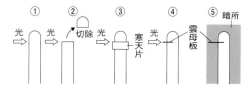

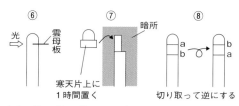

(1) ①〜⑧の結果はどうなると予想されるか。最も適当なものを次からそれぞれ選べ。
　ア　右に曲がる　　イ　左(光源側)に曲がる
　ウ　まっすぐに伸びる
　エ　屈曲もしないし，伸びもしない

(2) このように，幼葉鞘が光に対して反応して屈曲する性質を何というか。

(3) 実験③の結果から，幼葉鞘の屈曲に関する物質はどのような性質の物質といえるか。

(4) 実験⑧の結果から，幼葉鞘の屈曲に関する物質はどのような性質の物質といえるか。

(5) 実験⑦の寒天に含まれる物質は何か。その名称を答えよ。

(6) 実験①～⑧から，光に対する幼葉鞘の屈曲に関してどのようなことがいえるか。

⑤ 植物の運動

次の(1)～(5)の文は，植物のいろいろな運動についての記述である。それぞれの運動は，(a)屈性，(b)傾性，(c)膨圧運動のいずれか。また，その刺激は，ア光，イ温度，ウ重力，エ接触のいずれによるものか。該当するものがないものは－と記せ。

(1) 窓際に置いた芽ばえは，窓の外側に向かって伸びた。

(2) 気孔の開閉運動。

(3) チューリップの花の開閉運動。

(4) たおされたコスモスは，翌日には，茎の先端を起こして上方向に伸びた。

(5) ブドウのつるが支柱に巻きついた。

⑥ オーキシンの働き

次の図は，オーキシン濃度と成長の調節について調べた結果である。各問いに答えよ。

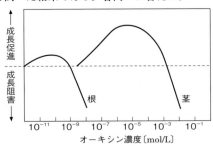

(1) 次の文の（ ）に適当な語句または数値を記入して，植物の屈性に関する文を完成せよ。

図より，オーキシンが根の成長を促進するのは①（ ）から②（ ）の範囲の濃度であり，②をこえると逆に成長は抑制される。ま

た，オーキシンが茎の成長を促進する濃度はおよそ③（ ）から④（ ）の範囲で，④以上の濃度では，茎でも成長は抑制される。いま，植物体を水平にした場合，1日程度たつと，茎は上を向き，根は下を向く。これは，横たおしにしたことによって，オーキシンが重力により下側に移動し，茎の下側のオーキシン濃度は茎の成長を⑤（ ）し，根の下側のオーキシン濃度は根の成長を⑥（ ）する濃度となったためである。このため，茎は⑦（ ）の重力屈性を示し，根は⑧（ ）の重力屈性を示す。

(2) オーキシンに対する感受性が高いのは，根と茎のどちらか。

(3) 天然のオーキシンは何と呼ばれる物質か。

(4) 頂芽優勢も，オーキシンに対する感受性が器官によって異なることを利用している。頂芽優勢のしくみを説明せよ。

(5) 次の①～⑤の作用のうち，オーキシンの働きでないものを，次のア～オから2つ選べ。

ア 伸長成長の促進と抑制

イ 種子の休眠の誘導

ウ 果実の肥大成長促進

エ 気孔の閉鎖

オ 落葉・落果の抑制

⑦ いろいろな植物ホルモン

次の(1)～(3)の文は，いろいろな植物ホルモンの働きについて説明したものである。該当するホルモンの名称をそれぞれ答えよ。

(1) ワタの果実の落果を促進する物質として発見された植物ホルモンで，離層の形成を促進して落葉・落果を促す。また，種子が不適当な季節に発芽しないように休眠を維持する。

(2) イネのばか苗病菌（カビの一種）から発見された植物ホルモンで，細胞分裂を促進して伸長成長を促し，種子の発芽を促進する。また，子房の発達を促進する。

(3) 気体として知られる植物ホルモンで，果実の成熟を促進するとともに，接触刺激による成長の抑制を行う。

⑧ 花の構造の形成

シロイヌナズナの花は，中央部から外側にかけて順に，めしべ，おしべ，花弁，がくが配置された構造である。この構造の形成には，遺伝子A，B，Cが働いている。遺伝子Aが働くとがく，遺伝子Cが働くとめしべ，遺伝子AとBが働くと花弁，遺伝子BとCが働くとおしべが形成される。この遺伝子A，B，Cはからだの構造の形成に働く調節遺伝子で，<u>突然変異が生じると本来別の場所につくられるはずの構造ができる。</u>各問いに答えよ。
(1) 文中の下線部のような遺伝子を何というか。
(2) 遺伝子A，B，Cのどれか1つを欠いた場合，それぞれどのような構造の花となるか。つくられる構造を外側から順に，
　　がく→花弁→おしべ→めしべ
のように答えよ。

⑨ 光周性の実験

次の図は，植物の花芽(かが)形成のしくみを調べるため，明期と暗期の長さを変化させて花芽形成の有無を調べたものである。各問いに答えよ。

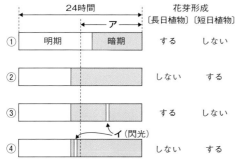

(1) 図中のアの時間を何というか。
(2) 図中のイで閃光(せんこう)によって暗期を中断する操作を何というか。

(3) 植物を①，②のような条件に置く処理をそれぞれ何というか。

⑩ 光周性のしくみ

光周性を受容する器官について調べるため，短日植物を使って，図のような実験を行った（aは長日処理，b〜eは植物体全体を短日処理，f〜hは成長した葉1枚だけを短日処理した）。図中の○は花芽形成することを，×は花芽形成しないことを示す。あとの各問いに答えよ。

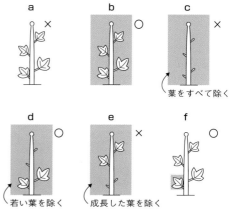

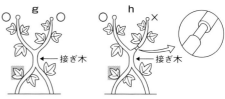

(1) 上の実験から，日長を感じている器官はどこといえるか。
(2) 上図のhのような操作を何というか。また，その操作は何のために行うか。
(3) この実験から，花芽形成に関するホルモンはどこを通って移動することがわかるか。
(4) この植物と同じタイプの光周性をもつ植物を，次のア〜オから選べ。
ア　アサガオ　　イ　ホウレンソウ
ウ　トマト　　エ　アブラナ　　オ　キク

◉ 植物ホルモンクイズ

◉植物にも動物に劣らないぐらいの色々な種類の調節物質が見つかり，その働きが明らかになってきている。代表的な植物ホルモン・調節タンパク質の働きとその名称を示した枠を線で結んでみよう。答は p.265

1
茎の伸長成長抑制
落葉・落果の促進
果実の成熟促進

2
種子の休眠維持
成長抑制
乾燥時に気孔を閉じる

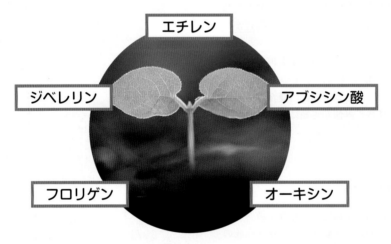

エチレン

ジベレリン

アブシシン酸

フロリゲン

オーキシン

3
種子の発芽促進
子房の肥大促進
茎と根の伸長促進

4
細胞分裂の促進
細胞への吸水の促進
細胞の成長による屈性・傾性
発根の促進
頂芽優勢

5
花芽を形成する

5 編

生態と環境

1章 個体群と生物群集

1 個体群と環境

■ 同種の生物の集団である**個体群**について学ぼう。

1 個体群の分布と個体群密度

■ **個体群** ある地域に生息する同種の生物の集団を**個体群**といい，同じ地域で互いに関係をもちながら生息する個体群の集まりを**生物群集**（または単に**群集**）という。

■ **個体群の分布** 個体群の分布のしかたにはランダム分布，一様分布，集中分布の3タイプがある。

■ **個体群密度** 単位面積当たりの個体数を**個体群密度**といい，おもに次のような間接的な方法で調べられる。

| 区画法…植物や固着生物を調べる場合，調査範囲を一定の広さに区切って一部の区画の個体数を調べた平均値から全個体数を推定する。

| 標識再捕法…魚類など自由に移動する生物の場合は，捕獲した個体に標識をつけて放し，一定時間後に再び捕獲を行って標識個体の割合から全個体数を推定する。

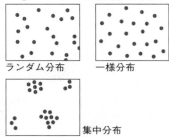

✿1. いろいろな個体群の分布

ランダム分布　　一様分布

集中分布

✿2. 調査する区画の決め方には次のような2種類がある。

| 規則的配置…測定区画を等間隔にとる。

| 機械的配置…測定区画をランダムにとる。

ポイント

〔区画法〕

$$個体数 = \frac{調査区画内の合計個体数}{調査区画数} \times 全区画数$$

〔標識再捕法〕

$$個体数 = \frac{2回目の捕獲個体数}{再捕獲された標識個体数} \times \begin{matrix}最初の捕獲\\（標識）個体数\end{matrix}$$

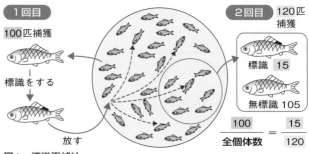

1回目　100匹捕獲
標識をする
放す

2回目　120匹捕獲
標識　15
無標識　105

$$\frac{100}{全個体数} = \frac{15}{120}$$

図1. 標識再捕法

② 個体群の成長と密度効果

■ **個体群の成長**　生物の生活に必要な条件が満たされていると，繁殖して個体数が増え，個体群密度が高くなる。これを**個体群の成長**という。

■ **個体群の成長曲線**　個体群の成長の過程を表したグラフを**個体群の成長曲線**という。個体数はある程度以上は増えず一定となり，個体群の成長曲線はゆるいS字形曲線となる。

　これは，個体数が増加するにつれ，食物や生活空間の不足，排出物の増加，限られた資源をめぐる同種の個体どうしの争い（**種内競争**（⇨p.224））といった環境の悪化によって発育や生殖活動が抑制されるためである。

■ **密度効果**　このように個体群密度の変化が個体群の成長や各個体の発育・形態に影響を及ぼすことを**密度効果**，ある環境で存在できる個体群密度の上限を**環境収容力**という。

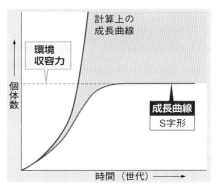

図2. 個体群の成長曲線

> **ポイント** 個体群の成長曲線…S字形曲線
> 　　　　　　↑
> 　　環境の悪化による上限（環境収容力）

■ **最終収量一定の法則**　図3のように，植物をいろいろな密度で栽培すると，個体群密度は異なっても，単位面積あたりの収量はほぼ一定の値を示す[3]。これを**最終収量一定の法則**という。

❂ **3.** 高密度条件では，光や栄養をめぐって種内競争が激しくなり，個体の重量が増えにくくなるという密度効果が起こっている。

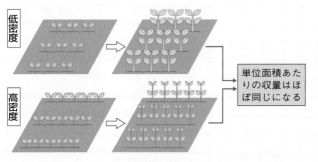

図3. 最終収量一定の法則

> **ポイント** 最終収量一定の法則…密度は異なっても単位面積あたりの植物体の収量は一定

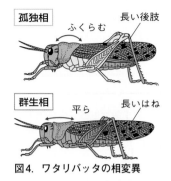

孤独相　ふくらむ　長い後肢

群生相　平ら　長いはね

図4. ワタリバッタの相変異

■ **相変異**　ワタリバッタは，ふつうは体色が緑色で単独生活をしている。このような個体(**孤独相**)に対して，高密度で育った個体は体色が褐色で集合性があり，長距離を移動する能力にすぐれた**群生相**の成虫となる。このように，密度効果により，同種の形態や行動様式に著しい違いが生じる現象を**相変異**という。

表1. 孤独相と群生相

個体の特徴		孤独相	群生相
行　動	集合性	なし	あり
	飛翔能力	低い	高い
	行進行動	起こしにくい	起こしやすい✿4
成虫の形　態	体色	緑色・褐色	黒色・褐色
	後肢	長い	短い
	前ばね	短く小さい	長く大きい
	前胸部	膨らんでいる	平らである
卵	卵の大きさ	小さい	大きい✿4
	卵の数	多い	少ない

✿4. 群生相の個体は集まって一緒に移動する習性があるため高密度が維持され，大きい卵から生まれた次の世代はさらに集合性と移動能力が高い集団となる。

〔相変異〕　孤独相 ◄──────► 群生相
　　　　　　　　　　　↑
　　　　　　　(低密度) 密度効果 (高密度)

③ 生命表と生存曲線

縦軸が対数目盛りのとき死亡率一定のグラフは直線になる。

■ **生命表**　生まれた卵(子)や種子から寿命に至るまでの成長の各時期における生存数を示した表を**生命表**という。

■ **生存曲線**　生命表をグラフ化したものを**生存曲線**という。生存曲線は次の3つに大別される。

早死型…親の保護が少ないため，幼齢期の死亡率が高い。 例 水生無脊椎動物，魚類

平均型…各時期の死亡率がほぼ一定。
　　例 鳥類(シジュウカラ)，ハ虫類

晩死型…親の保護が厚い動物に見られ，幼齢期の死亡率が低く，老齢期に死亡が集中する。
　　例 大形の哺乳類，ヒト，ミツバチ✿5

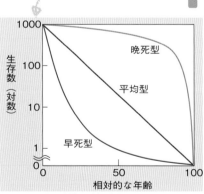

図5. 生存曲線の3タイプ

✿5. ミツバチは，幼虫の期間巣の中で働きバチに世話されて手厚く育てられるため晩死型となる。

〔3つのタイプの生存曲線〕
早死型(L字形)　魚類など　　少ない
平均型(直線)　　鳥類など　　↕ 親の保護
晩死型　　大形哺乳類など　　厚い

4 個体群の齢構成

■ **個体群の齢構成**　個体群を構成する各個体を年齢によって分け，その齢階級ごとの個体数を示したものを**齢構成**という。

■ **年齢ピラミッド**　齢構成のデータをグラフ化したものを年齢ピラミッドという。これは**幼若型・安定型・老齢型**の3つのタイプに分けられる。

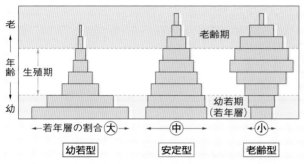

年齢ピラミッドのタイプによって将来の個体群の個体数の変動が予測できる。

図6．年齢ピラミッド

- **幼若型**　やがて生殖期間に入る幼若期（若齢期）の個体が多い。そのため，個体群の個体数は将来ふえることが予想され，発展型とも呼ばれる。

- **安定型**　生殖期の世代の個体数があまり増減せず安定している。そのため，個体群の個体数は大きな変動をしない。

- **老齢型**　やがて生殖期間に入る幼若期（若齢期）の個体が少ない。そのため，個体群の個体数は将来減ることが予想され，衰退型とも呼ばれる。

5 個体群の変動

■ **メタ個体群**　図7のように複数の同種の個体群（局所集団）がある程度独立を守りながら，モザイク状（パッチ状）に分布し，お互いの間で移入や移出が見られるような複数の個体群全体を**メタ個体群**という。

　このようなメタ個体群では，各個体群は大きく変動しても，メタ個体群全体では比較的変動が少なく安定している。メタ個体群を構成する個体群は，次の①，②の2つのタイプの個体群が入り混じっており，メタ個体群が存続するためには，①＞②である必要がある。

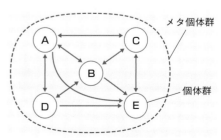

図7．メタ個体群のモデル

① 個体数の減少する率より出生する率が上回る個体群

② 個体数の減少する率が出生する率を上回る個体群

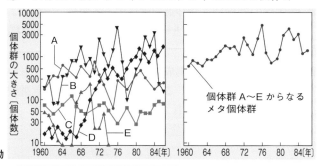

個体群 A〜E からなる
メタ個体群

図8. 個体群とメタ個体群の変動

ポイント　メタ個体群…各個体群の集まった大きな個体群。
個体数の変動は小さい。

⑥ 個体群の季節変動

■ **ある湖の個体群の季節的変動**　ある湖の個体群の季
節的な変動と環境条件の変化を調べると次のようになる。

①**春**　水温が上昇し，光量が増加して植物プランクトンが
増殖する。植物プランクトンが栄養塩類を利用するため，
表層の栄養塩類はやがて減少する。

②**夏**　表層の水温は高く，下層の水温は低いので，水の上
下の対流は起こらず，表層の栄養塩類が少なくなったま
まで，植物プランクトンの繁殖は頭打ちになる。

③**秋**　表層の水温が下がると水の対流が始まり，栄養塩類
が表層に運ばれて植物プランクトンが増加する。しかし
気温の低下で，やがて植物プランクトンは減少する。

④**冬**　表層の水温は低く，下層の水温は高いため，水の対
流がさかんで，表層の栄養塩類は増加する。しかし，低
温のため植物プランクトンは増殖できない。

○6. **対流**は，液体などが循環し
て高温部から低温部へ熱を伝える
現象。表層が下層より低温になっ
て密度が高くなると，表層の水は
下降し，下層の水は上昇する。

○7. 水の対流が起きているとき
の，下層から表層へ上昇する水の
流れを**湧昇流**（湧昇）という。秋や
冬には，湧昇流によって栄養塩類
が湖の表層へ運ばれる。

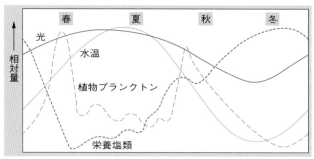

図9. 湖の生態系の季節変動

重要実験 ウキクサの個体群の成長

個体群の成長曲線がどういう形になるかを押さえよう。

方法

1. 腰高の直径9cmのペトリ皿に水を約200mL入れ、ハイポネックス(液体肥料)を1滴加える。
2. **1**のペトリ皿の中にウキクサを4個体(8葉状体)加えペトリ皿にふたをする。
3. 水を張ったバット皿の中に**2**のペトリ皿を入れて、日当たりの良い場所に置く。
4. 3日ごとに葉状体の数を数えて、気温・水温と合わせて記録する。実験中、ペトリ皿の水が減ったら補充するようにしながら、30日間続ける。

[参考] ウキクサは水面を浮遊する緑色の一年草で、日本全土に分布する。葉と茎が融合した葉状体とその裏面から出る5〜11本の根からなる。ウキクサは、ふつう2つの葉状体で1個体となっているので、葉状体の増加をウキクサ個体群の成長とみなして考えることができる。

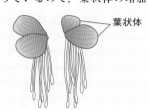

葉状体

結果

●実験は5月〜6月にかけて行った。実験期間中の気温は14〜27℃であり、葉状体数と水温については、結果は下の表のようになった。葉状体数の変化をグラフに示すと、右の図のようになった。

日数	0	3	6	9	12	15
葉状体数	8	10	21	52	87	240
水温	22.0	14.0	20.2	25.2	27.0	26.1

日数	18	21	24	27	30
葉状体数	584	854	902	922	925
水温	25.4	26.2	25.3	25.7	26.2

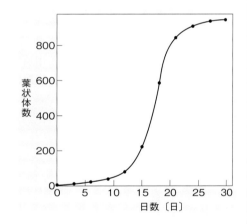

考察

1. 葉状体数はどのようなふえ方をするといえるか。
→ S字状の曲線を描いて増加する。

2. 増加率が最も高いのは何日目と何日目の間か。
→ 12〜15日目の間

3. 実験結果から、このペトリ皿ではウキクサの葉状体数の上限はどの程度と考えられるか。また、その個体群密度を何というか。
→ 葉状体数が925前後でほぼ一定の個体群密度に達する。これを環境収容力という。

4. 個体数ではなく、葉状体数で数えたのはなぜか。
→ 無性生殖で葉状体をふやした後分裂するため、分裂前と分裂後のどちらの状態でも数える数値が同じになるため。

2 個体群内の関係

■ 個体群内の個体間には，いろいろな関係が存在する。

1 種内競争と縄張り

☼ **1. 種内競争の2つのタイプ**
①**共倒れ型**　競争の結果，どの個体も成長が悪くなり共倒れとなる。
②**競り合い型**　一部の個体が競争に勝って生育し，他の個体は負けて生育できなくなり，個体群密度が安定する。

■ **競争（種内競争）**　動物では，生活場所・食物・繁殖（配偶者）など，植物では日光・水・土地・養分などをめぐって競争が起こる。これを**種内競争**という。

■ **縄張り**　動物の個体や群れが一定の空間を占有して，同種の他の個体や他の群れを近づけない場合，占有する一定の空間を**縄張り**（テリトリー）という。縄張りの習性は，魚類・鳥類・哺乳類・昆虫などで見られ，食物や繁殖場所の確保のために行われる。　例 アユ

■ **縄張りの利益とコスト**　縄張りが大きければ確保できる食物や配偶相手の数（利益）も増えるが，侵入する他個体の排除に要する労力（コスト）も増す（⇨図11）。そのため，縄張りは両者の差が最大となる大きさとなることが多い。

☼ **2. アユの縄張り**
アユは川底の石についた藻類を食物とし，これを独占しようとする習性がある。**友釣り**はこれを利用した釣りの方法である。

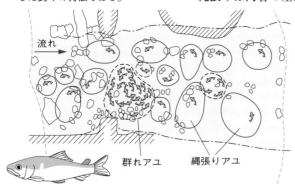

図10. アユの縄張り

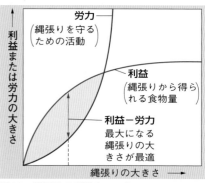

図11. 縄張りの利益とコスト

2 群れと順位

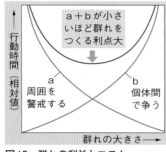

図12. 群れの利益とコスト

■ **群れ**　同種の動物どうしが集まって，統一的な行動をとる集団を**群れ**という。

■ **群れをつくる利点とコスト**　群れには，敵に対する警戒・防衛・食物発見・繁殖などの能力や効率が向上して各個体の負担が軽減される利点がある。ただし，群れが大きくなると個体間の競争に費やす時間（コスト）が増す。これらの合計が最小となる群れの大きさが最も適切となる。

■ **順位制**　個体群内での個体の優劣関係を順位といい，順位の成立によって個体間の無益な争いがさけられ，群れの安定が保たれることを順位制という。

■ **順位行動の例**　ニワトリのつつき行動（上位が下位をつつく），ニホンザルのマウンティング（上位が下位の後ろからまたがる）・毛づくろい（下位が上位に対して行う）

■ **つがい関係**　ゾウアザラシのように，1匹の雄と多数の雌からなる群れを**ハレム**といい，こうしたつがい関係を**一夫多妻**という。ハレムをもつ雄は子を残しやすく，ハレムに入れない雄が子を残すことは少ない。

■ **共同繁殖**　オナガやバンなどの鳥類では，親以外の個体が**ヘルパー**として子育てに参加する。ヘルパーは親が数年前に産卵した子で，自分の弟や妹の世話をしている。このようなヘルパーが関与する繁殖形式を**共同繁殖**という。

個体		つつく相手
（上位） A	B C D E F G
↑ B	C D E F G
C	D F G
D	E F G
（下位） E	C☆3 F G
F	G
G	

図13.　ニワトリのつつきの順位

☆3. C，D，Eは3すくみの関係性（CはDに対して，DはEに対して，EはCに対してそれぞれ優位）である。

③ 社会性昆虫と情報伝達

■ **社会性昆虫**　ミツバチ・アリ・シロアリなどは**社会性昆虫**と呼ばれ，高度に組織化された集団（**コロニー**）を形成する。社会性昆虫は，生殖を行う個体は少数に限られ，大部分の個体は生殖能力のない労働個体（**ワーカー**）になるといった**分業（カースト制）**が大きな特徴である。

☆4. 女王物質は，女王バチが分泌するフェロモンの一種であり，働きバチの卵巣の成熟を抑制する。

☆5. ロイヤルゼリーは，女王バチへの分化を促す物質である。

図14.　シロアリとミツバチのカースト

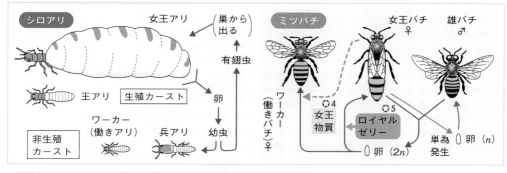

社会性昆虫…カースト制で高度に組織化された集団（コロニー）を形成する昆虫。

■ **社会性昆虫の情報伝達**　ミツバチでは，餌場（えさば）を見つけて巣に帰ってきた働きバチは，独特のダンスで餌場までの方向と距離を仲間に知らせる。

　また，昆虫や魚類などでは**フェロモン**（⇒p.183）を分泌して同種個体とコミュニケーションするものがある。

☆6. ミツバチのダンス
ミツバチのダンスは餌場までの距離が近いと速い（時間あたりの回数が多い）円形ダンスになり，遠いと遅い8の字ダンスになる。餌場への方角は，太陽の方角を基準にした8の字の直進部分の向きで表し，太陽の方角にあるときには鉛直上方に直進する（⇒p.184）。

3 種間の関係

■ 生物の相互作用には個体群内の関係だけでなく，異種の個体群との間にもいろいろな関係（種間関係）が存在する。

1 競争（種間競争）

■ **種間競争** よく似た生活様式をもち，食物や生活空間などの生活要求が共通する生物種どうしでは，その要求をめぐって**種間競争**が起こる（⇨図15のB）。

■ **種間競争の勝敗** 競争に負けた方は絶滅することが多いが，どちらが競争に勝つかは環境条件に左右されることが多い。また，生活要求が異なる生物種どうしは共存できる（⇨図15のC）。

■ **植物の種間競争** 植物でも，同じ場所で生えたものどうしの間では，生活要求，特に光をめぐる種間競争が起こる。

[例] マメ科植物のヤエナリをソバと混植すると，背丈が早く高く成長するソバがヤエナリの上部を覆うため，ヤエナリは単独で植えたときよりも葉の量が減少する。

> **ポイント** 生活要求が共通すると，種間競争が起こる。

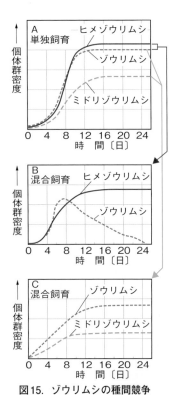

図15. ゾウリムシの種間競争

2 被食者-捕食者の関係

■ **被食者-捕食者相互関係** ライオンとシマウマのように「食う-食われる」の関係にある動物の関係は，**被食者-捕食者相互関係**という。このとき食べる方を**捕食者**，食べられる方を**被食者**という。

■ **食物連鎖** 生物群集内の「被食者-捕食者」の一連のつながりを**食物連鎖**という。

[例]（陸上の食物連鎖の例）エノコログサ ⟶ バッタ ⟶ カマキリ ⟶ カエル ⟶ ヘビ ⟶ タカ

■ **被食者-捕食者の個体数の変動** 動物群集では，被食者の個体数が増加すると捕食者の個体数も増加し，被食者が減少すると捕食者は食物不足のためやがて減少する，このように，自然界では被食者と捕食者の個体数は周期的に変動する。

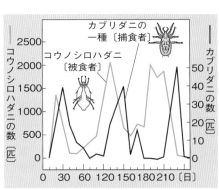

図16. 被食者-捕食者の個体数の変化

③ 共生・寄生

■ **共生** 異種の生物が一緒に生活することによって、片方あるいは両方が利益を受け、相手に害を及ぼさない場合を共生という。(以下、利益を＋、不利益を−で示す)

①**相利共生** 両者が互いに利益を受ける。

　　例 アリ(＋)とアリマキ(＋)

②**片利共生** 片方のみが利益を受ける。

　　例 コバンザメ(＋)と大形魚、カクレウオ(＋)とナマコ

■ **寄生** 一方だけが利益を受け他方が不利益になる場合を**寄生**という。寄生するほうを**寄生者**、される方を**宿主**という。　例 カイチュウ(＋)とヒト(−)

■ **間接効果** 捕食・競争・共生などの相互関係が、該当する２種類以外の生物の影響を受けて変化する場合を**間接効果**という。　例 パンジーはアブラムシ(アリマキ)による食害を受けるが、アブラムシの天敵であるテントウムシがいると食害が減少する。

■ **捕食者がもたらす共存** イガイとフジツボは**競争関係**にあるため**競争的排除**が起こり、共存できずにフジツボが排除される。しかし、両者の共通の捕食者であるヒトデがいると、競争的排除が起こらず、フジツボも共存できる。

> **ポイント**
> 共生…どちらも害なし(一方または両方に利益)。
> 寄生…一方(寄生者)に利益、他方(宿主)に不利益。
> 間接効果…他の生物により相互関係が変化すること。

④ 共存と生態的地位

■ **生態的地位** 生物群集の中で生活資源をめぐる種間関係によって、それぞれの種が占める立場が決まっている。この立場を**生態的地位(ニッチ)**という。

■ **生態的同位種** 異なる地域に住む生物群集を比較したとき、同じ生態的地位を占める種を**生態的同位種**という。
例 アルマジロ(南米)とセンザンコウ(アフリカ)

■ **すみわけ** 同じ地域にすむ異なる種類の生物が、それぞれ異なる生活の場所をもって共存することを**すみわけ**という。　例 カゲロウの幼虫(➡図19)、ヤマメとイワナ

■ **食物の分割** 食物を違えることで同じ地域にニッチの近い複数の種が共存できる。　例 ヒメウとカワウ

✿1. 寄生の種類
　外部寄生…宿主の外部につく。
　　ノミ、シラミ、ダニ、ヒル
　内部寄生…宿主の体内にすみつく。カイチュウ、サナダムシ

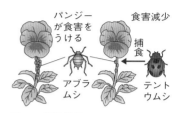
図17. 間接効果

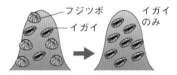

図18. 捕食者(ヒトデ)による共存

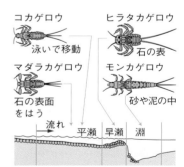
図19. カゲロウの幼虫のすみわけ

✿2. 渓流域の魚であるヤマメとイワナは、同じ流域に生息するときにはイワナは水温の低い上流側、ヤマメは水温の高い下流側にすみわける。

4 生態系と物質生産

■ 生物基礎で生態系について学習したが，生態系の構造や物質の移動，物質生産について詳しく学習しよう。

1 生態系の構造

■ **生態系の構造**　ある地域で生活するすべての生物群集とそれを取り巻く非生物的環境を合わせて**生態系**という。

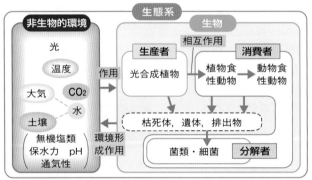

図20. 生態系の構造

生態系を構成する生物群集は，生態系内での役割に応じて，**生産者**と**消費者**に分けられる。また，消費者の一部は生態系内での役割に着目して，**分解者**と呼ばれることもある。

①**生産者**　緑色植物や藻類[1]，化学合成細菌[2]など，光合成や化学合成によって，無機物から有機物をつくる能力をもつ独立栄養生物を**生産者**という。

②**消費者**　生産者がつくった有機物を直接または間接的に取り込んで栄養源とし，これを分解してエネルギーを得る従属栄養生物を**消費者**という。消費者は植物食性の**一次消費者**，一次消費者を捕食する動物食性の**二次消費者**，さらにそれらを捕食する**三次消費者**などに分けられる。三次以上の高次の消費者を**高次消費者**という。高次消費者はすぐ下の段階の消費者を捕食するだけでなく，一次や二次の消費者を食物とすることもある。

③**分解者**　細菌および菌類などのように，生産者の枯死体や消費者の遺体・排出物などを分解してエネルギーを得る従属栄養生物を**分解者**ということがある。分解者は有機物を無機物に変えて生態系にもどす役割を担う。消費者は，生産者がつくった有機物を分解して無機物に変えるので，消費者の一部が分解者であるともいえる。

✿1. 藻類（⇨ p.50）
光合成をする生物のうち，陸上植物を除いたものを藻類という。植物プランクトンの多くや，コンブやワカメなどの海藻も藻類に含まれる。

✿2. 炭酸同化のうち，無機化合物を酸化するときのエネルギーを利用して行うものを**化学合成**という。また，化学合成を行う細菌を**化学合成細菌**という（⇨ p.104）。

ポイント
　生態系…生物群集＋非生物的環境
　生物群集…生産者＋消費者（分解者）

② 食物連鎖と生態ピラミッド

■ **食物連鎖** 食われるもの(被食者)と食うもの(捕食者)の関係は，生産者から高次消費者まで一連のつながりを見せるので，これを**食物連鎖**という。実際の食物連鎖は複雑な網目状に結ばれており，これを**食物網**という。

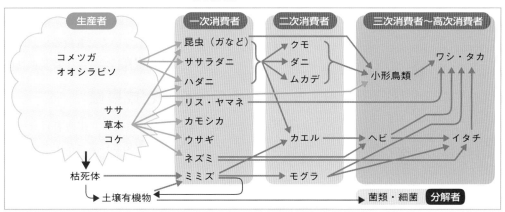

図21. 森林に見られる食物網

> **ポイント**
> 食物連鎖は複雑に関連しあっている＝**食物網**

■ **生態ピラミッド** 生産者から始まる食物連鎖の各段階を**栄養段階**という。各栄養段階の値を順に積み重ねたグラフを**生態ピラミッド**といい，次の3つがある。通常はどれも，栄養段階が上になるほど少なくなる。

- 個体数ピラミッド…各栄養段階を個体数で比較。
- 生物量ピラミッド…生物量(個体の重量×個体数)で比較。
- 生産力ピラミッド…一定期間の生物生産量で比較(➡ p.235)。

❖3. 逆ピラミッド
個体数ピラミッドは寄生関係などでは大小が逆転する場合がある。
例 樹木とその葉を食べる昆虫

❖4. 生産力とは，単位時間・単位面積あたりの生産量をエネルギー量で示したもの。

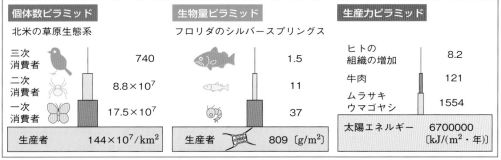

図22. 3種類の生態ピラミッド

> **ポイント**
> 生態ピラミッド…個体数ピラミッド・生物量ピラミッド・生産力ピラミッド

5 生態系の物質収支

緑色植物などの生産者は，太陽の光エネルギーを利用して光合成を行い，無機物である大気中のCO_2を固定して有機物（$C_6H_{12}O_6$など）を合成している。これを生態系における**物質生産**という。この有機物を，食物連鎖を通じて生物群集の各栄養段階が消費していく。各段階における物質の出入り，すなわち物質の収支について学習しよう。

1 生産者の生産量と成長量

光合成によって生産された有機物は，生産者自身の呼吸や，消費者による被食，落枝や枯死によって失われ，残りが生産者（の個体群）の成長に回される。

現存量 一定の面積内に存在する生物量（生体量）を，その重量やエネルギー量で示したものを**現存量**という。

総生産量 一定の面積（あるいは空間）内で，一定の期間に光合成で生産される有機物の量を**総生産量**という。

純生産量 総生産量から生産者自身の呼吸量を引いたものを**純生産量**といい，見かけの光合成量に相当する。[1]

> **純生産量＝総生産量－呼吸量**

生産者の成長量 生産者が物質生産している間にも，枯死や落枝（枯死量），一次消費者による被食（被食量）[2]で一部が失われていく。したがって，純生産量から枯死量と被食量を減じたものが生産者の**成長量**となる。

> **成長量＝純生産量－（枯死量＋被食量）**

❂1. 各栄養段階の呼吸量は，熱エネルギーとして生態系外に放出されるエネルギー量（⇒ p.234）またはそれに相当する有機物の量である。

❂2. 枯死量は，植物の一部（枝・葉・幹など）が枯れ落ちたり，一部の個体が死んだりして失われる量。この枯死量は分解者の呼吸に使用される。

最初の現存量				
↓時間 t				
	成長量	枯死量	被食量	呼吸量

時間 t 後の現存量 ←――――― 純生産量 ―――――→
←―――――――― 総生産量 ――――――――→

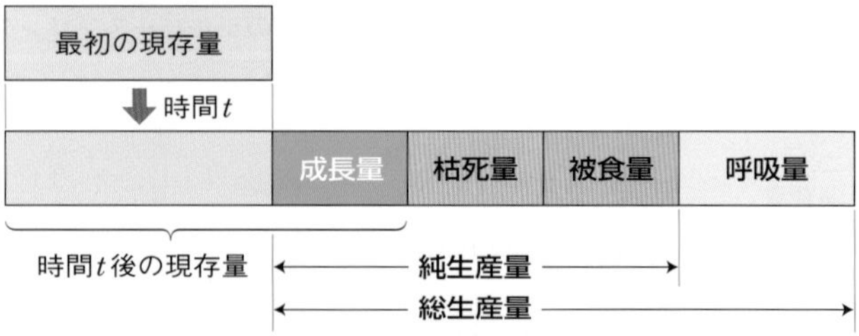

図23. 生産者の現存量と一定時間後の現存量の関係

> **ポイント**
> 純生産量＝総生産量－呼吸量
> 成長量＝純生産量－（枯死量＋被食量）

② 消費者の物質収支

■ 消費者は生産者を摂食したり，下位の消費者を捕食したりして生活している。消費者の生産量，成長量は次のようになる。

■ **同化量** 消費者の**同化量**は，摂食量から不消化排出物の量を減じたもので，生産者の総生産量に相当する。

$$同化量＝摂食量－不消化排出量$$

■ **生産量** 消費者の**生産量**は同化量から呼吸による消費量を減じたもので，生産者の純生産量に相当する。

$$生産量＝同化量－呼吸量$$

■ **成長量** 消費者の成長量は生産量から，死滅量と上位の栄養段階に捕食される量，すなわち被食量を減じたものとなる。生産者と同様に考えればよい。

$$成長量＝生産量－（被食量＋死滅量）$$
$$＝同化量－（被食量＋死滅量＋呼吸量）$$

☢3. 消費者の不消化排出物は分解者の呼吸に利用される。

ポイント
〔消費者の同化量，成長量〕
同化量＝摂食量－不消化排出量
　　　　　⇨ 植物の総生産量に相当
　生産量＝同化量－呼吸量
　　　　　⇨ 植物の純生産量に相当
　成長量＝同化量－（被食量＋死滅量＋呼吸量）

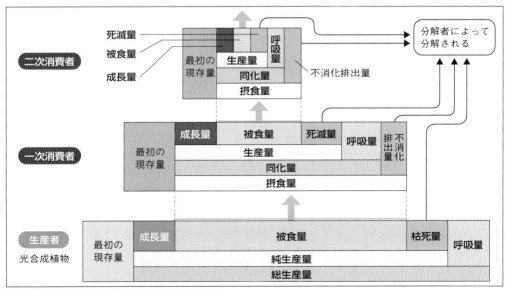

図24．生態系における各栄養段階の物質収支

■ **バイオームの純生産量** 面積あたりの純生産量は，バイオームの種類によって異なる。一般的に，森林で大きく，砂漠やツンドラで小さい。海洋の生産量は面積あたりでは低いが，全体では陸地全体の半分程度に及ぶ。

■ **農耕地の純生産量** 手入れの行き届いた農耕地では，品種改良や施肥(せひ)の結果，物質生産量は草原にくらべてかなり高い。農耕地全体でも，純生産量を現存量で割った値が大きいことは特徴的である(⇒表2)。

❀4. 純生産量を比較すると，草原では平均7.3t/年であるのに対して，日本の水田で栽培されるイネでは12～18t/年，ハワイ島のサトウキビでは34t/年。

表2. 世界の主要な生態系の生産量

生態系	面積 〔10^6km^2〕	現存量（乾燥重量）		純生産量（年間）		純生産量 / 現存量
		世界全体 〔10^9t〕	単位面積あたりの平均値 〔kg/m^2〕	世界全体 〔10^9t/年〕	単位面積あたりの平均値 〔kg/m^2/年〕	
陸地全体	149	1837	12.3	115	0.77	0.06
荒原	50	18.5	0.4	2.8	0.06	0.15
草原	24	74	3.1	18.9	0.79	0.25
農耕地	14	14	1.0	9.1	0.65	0.65
森林	57	1700	29.8	79.7	1.40	0.05
湖沼・河川・湿地	4	30.1	7.5	4.5	1.13	0.15
海洋	361	3.9	0.01	55	0.15	14.1
地球全体	510	1841	3.6	170	0.33	0.09

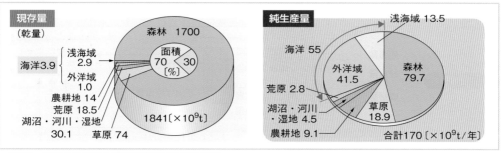

図25. 地球上の主要生態系の現存量と純生産量

④ **水界での物質生産**

■ 水界(海洋や湖など)では，光量が水深とともに減少するため，植物プランクトンの光合成は上層に集中する。この部分を**生産層**という。水界の純生産量は，光合成を行うプランクトンが陸上植物と比べはるかに小形で，その生息密度も低いため，陸上のバイオームよりもかなり小さい。

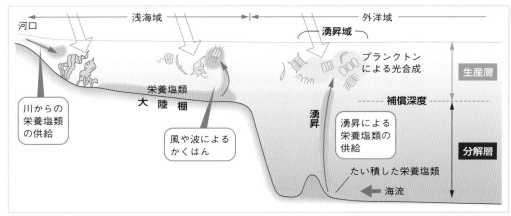

図26. 海洋の有機物生産

■ **補償深度**　植物プランクトンの純生産量が０となる深さを補償深度といい，これより深い層は従属栄養生物による有機物の分解が中心となるので**分解層**という。

 〔水界の階層構造と物質生産〕
　生産層：植物プランクトンが光合成をする。
　補償深度：「純生産量＝０」の深度
　分解層：細菌類により有機物が分解される。

■ **富栄養と貧栄養**　植物プランクトンは条件が揃えば非常に速く増殖（物質生産）するが，水界の大部分は植物やプランクトンの生育に必要な窒素，リンなどの**栄養塩類**が少ない**貧栄養**状態である。これに対して栄養塩類が多い状態を**富栄養**という。海洋で盛んに物質生産が行われるのは海底から栄養塩類の供給がある**大陸棚**や**湧昇域**に限られる。

♻ 5. 補償深度は，富栄養湖では１～２ｍ，外洋では最大100ｍ程度である。富栄養湖は浮遊物やプランクトンが多く，透明度が低い。

♻ 6. 純生産量が０ということは分解層では酸素の供給がないということでもある。

♻ 7. 熱帯多雨林は現存量が大きく，総生産量も暖温帯林の2.4倍だが，呼吸量も大きいため純生産量では，1.3倍程度にしかならない。成長量はむしろ暖温帯林の方が熱帯多雨林よりも高くなる。

⑤ 森林の成長と生産量

■ **幼齢林と高齢林**　幼齢林では，総生産量の大部分は成長に回るが，高齢林では，根・幹などの呼吸量が増加するため，純生産量に回る割合が少なくなり成長速度は低下する（⇒図27）。

■ **熱帯林と暖温帯林**　熱帯林は総生産量が大きいが，呼吸量も大きくなるため，純生産量は，他の温帯などの森林と似たような値となる。

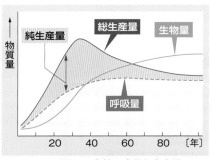

図27. 森林の成長と生産量

 森林の種類による純生産量の違いは少ない。
熱帯林は総生産量が大きいが呼吸量も大きい。

6 生態系とエネルギーの移動

■ 植物は，太陽の**光エネルギー**を光合成によって有機物の**化学エネルギー**として取り込み，有機物は生態系内を移動する。エネルギーはどのように移動するのだろうか。

1 生態系におけるエネルギーの移動

■ **エネルギーの移動**　植物などの生産者が光合成で取り入れた太陽の**光エネルギー**は，有機物の中の**化学エネルギー**となり，食物連鎖を通じて生態系内を移動する。

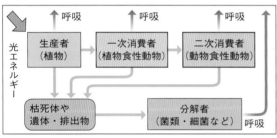

■ **熱エネルギー**　食物連鎖に伴って移動した化学エネルギーは，各栄養段階の呼吸によって**熱エネルギー**として放出される。また，各段階で生じた枯死体や遺体・排出物などは，細菌や菌類などの**分解者**の呼吸によって，やはり**熱エネルギー**として生態系外に放出される。

図28. 生態系内のエネルギーの流れ

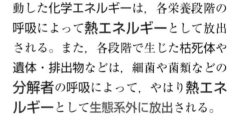

ポイント
エネルギーは物質循環に伴って生態系内を移動。
最後は熱エネルギーとして生態系外に放出。

2 エネルギー効率

図29. 栄養段階とエネルギー移動

■ 下の図は各栄養段階とエネルギーの移動を示している。

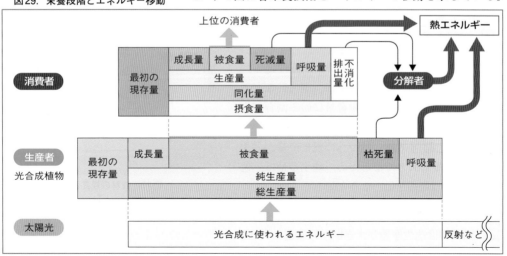

■ **エネルギー効率**　各栄養段階で，前の段階のエネルギーのうち，どのくらいのエネルギーをその段階で利用しているかの割合を示したものを**エネルギー効率**という。

■ **生産者のエネルギー効率**　次の式で示される。

エネルギー効率〔％〕＝
$$\frac{総生産量}{生態系に入射した光のエネルギー量} \times 100$$

例 森林：2〜4％，草原：1〜2％，
地球全体の平均（海洋を含む）：0.1〜0.3％

■ **消費者のエネルギー効率**　消費者のエネルギー効率は次の式で示され，高次の消費者ほど高くなる。[1]

エネルギー効率〔％〕＝
$$\frac{その栄養段階の同化量}{1つ前の栄養段階の同化量（総生産量）} \times 100$$

例 一次消費者：約10％，二次消費者：約20％

 エネルギー効率…前の栄養段階のエネルギーのうち，どのくらいのエネルギーをその段階で利用しているかの割合。栄養段階が高くなるほど高くなる。

---

③ 栄養段階ごとに利用可能なエネルギー

■ **生産力ピラミッド**　各栄養段階のもつエネルギーの10％が食物連鎖を通じて次の栄養段階に移動すると仮定してエネルギーの移動を推定してみよう。

生産者である緑色植物のもつエネルギー量を1とすると，一次消費者（植物食性動物）にはその10％が移動するので，

$$1 \times \frac{10}{100} = 0.1$$

動物食性動物の二次消費者では，$0.1 \times \frac{10}{100} = 0.01$

三次消費者では，$0.01 \times \frac{10}{100} = 0.001$ となる。

これをグラフ化すると図30のような形となる。これを**生産力ピラミッド**という。したがって，栄養段階が無限に積み上がることはない。

 生産力ピラミッド…各栄養段階がもつエネルギー量を積み上げたもの。上位の栄養段階ほど激減する。

○1. 一次消費者は，おもに炭水化物を食物として取り入れ，脂肪やタンパク質などの体物質をつくっている。二次消費者以上の消費者は，脂肪やタンパク質などに濃縮された状態のエネルギーを摂取しているので，一般的にエネルギー効率は高くなる。

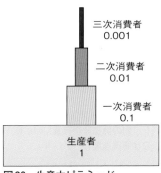

図30. **生産力ピラミッド**
（ある浅い池）

三次消費者
0.001

二次消費者
0.01

一次消費者
0.1

生産者
1

7 物質の循環

■ 生物の活動に伴い，炭素，窒素，水といった物質は生物と非生物的環境との間を移動し，循環している。これを**物質循環**という。それに伴って起こる**エネルギーの流れ**と合わせて学ぼう。

1 炭素の循環

■ **炭素の取り込み**　生体を構成する炭素Cは，もともと大気や海水中の二酸化炭素（CO_2）である。これが緑色植物や植物プランクトンなどの生産者による光合成によって生体に取り込まれて有機物に変えられる。

■ **炭素の循環経路**　生産者の**光合成**によって生体に取り込まれたCは有機物となり，食物連鎖を通じてしだいに高次の栄養段階へと移行する。そして最終的には生産者や消費者の**呼吸**によって分解されたり，植物の枯死体や動物の遺体・排出物が分解者の**呼吸**によって分解されたりして，CO_2となって非生物的環境に放出される。一部は化石燃料や石灰岩としてこの循環の外に閉じ込められる。

◆1. 地表全体には約 $4.3×10^{13}$t の炭素が，二酸化炭素・メタン・炭酸塩・有機物などとして存在する。その約93％は海洋，約5％は陸上，約2％は空気中（約0.04％含まれる）に存在している。

◆2. 化石燃料
石炭や石油，天然ガスなど，大昔の生物の遺体が地中に堆積し，燃料として使える状態になったものを化石燃料という。

◆3. 石灰岩
石灰岩は水に溶けていた炭酸カルシウムが沈殿してできるほか，サンゴや貝類などの殻が堆積することで生成される。

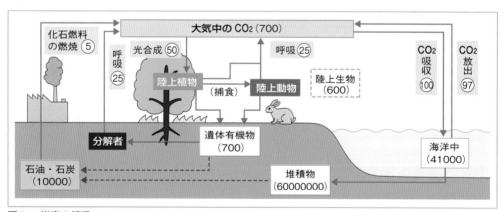

図31. 炭素の循環
（　）内の数値は現存量〔$×10^9$t〕，
〇は循環速度〔$×10^9$t/年〕

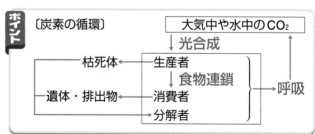

② 窒素の循環

■ 窒素固定 光合成植物のほとんどは，大気の体積の約80%を占める窒素 N_2 を直接利用できない。シアノバクテリア類や，アゾトバクター・クロストリジウム・根粒菌などの**窒素固定細菌**は，N_2 を植物が取り込むことができるアンモニウム塩に還元する**窒素固定**を行う。

■ 硝化 土中のアンモニウム塩（NH_4^+）は**亜硝酸菌**によって亜硝酸塩（NO_2^-）に，亜硝酸塩は**硝酸菌**によって硝酸塩（NO_3^-）に酸化される。これらの作用を**硝化**という。

■ 窒素同化 土中の NH_4^+ や NO_3^- は，菌類や光合成植物に吸収され，有機酸と結合して生体を構成するアミノ酸やタンパク質・核酸・ATP・クロロフィルなどの有機窒素化合物になる。これを**窒素同化**という。

■ 窒素の循環経路 窒素同化によって有機窒素化合物となった窒素は食物連鎖を通じて高次の栄養段階（消費者）に移行する。枯死体や遺体・排出物中の有機窒素化合物は分解者に分解され，NH_4^+ となる。土壌中には，硝酸塩を N_2 に変えて空気中に放出（**脱窒**）する**脱窒素細菌**もいる。

☼ 4. 根粒菌はマメ科植物と共生して窒素固定を行う。

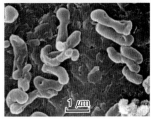

図32. 亜硝酸菌（上）と硝酸菌（下）
硝化を行うこれらの菌を**硝化菌（硝化細菌）**という。

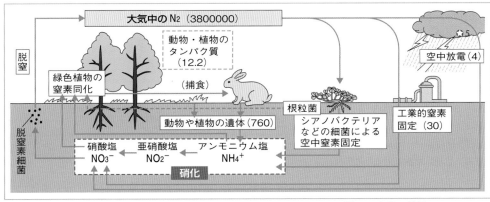

図33. 窒素の循環
（　）内の数値は現存量〔$\times 10^9$ t〕

☼ 5. 雷が発生すると空中放電のエネルギーによって，大気中の窒素から無機窒素化合物ができる。

〔窒素の循環〕

大気中の N_2
脱窒↑↓窒素固定（根粒菌など）
NH_4^+ アンモニウム塩
↓硝化（亜硝酸菌・硝酸菌）
NO_3^- 硝酸塩
↓窒素同化（光合成植物）
アミノ酸など有機窒素化合物 —食物連鎖→ 死亡・排出
（分解者）

8 生態系と生物多様性

■ 地球上には多様な生物が多様な環境で生息している。**生物多様性**についてどのような問題が生じているのだろうか。

1 3段階で考える生物多様性

■ **生物多様性**　生物多様性は，生態系多様性，種多様性，遺伝的多様性の3つの視点で考えられる。

①**生態系多様性**　地球上には多様な生態系があり，これを**生態系多様性**という。

　例　森林(熱帯多雨林・亜熱帯多雨林・照葉樹林・夏緑樹林・針葉樹林)，草原(サバンナ・ステップ)，荒原(砂漠・ツンドラ)，水界(湖沼・河川・海洋)など

②**種多様性**　生態系に多様な個体群が含まれていることを**種多様性**という。一般的に，熱帯多雨林のように一部の種のみが優占していない生態系では種多様性が高い。

③**遺伝的多様性**　同種の生物の間に見られる遺伝子構成の違いを**遺伝的多様性**という。遺伝的多様性が高い個体群ほど環境変化に対する適応力が高い。

> **ポイント** 生物多様性には，生態系多様性，種多様性，遺伝的多様性の3つがある。

図34. 3段階の生物多様性

�‍1. 自然状態が外部からの力で乱され，生物に影響が出ることを攪乱という。

2 攪乱と生物多様性

■ **攪乱**（かくらん）　生物多様性を減少させる要因として，**攪乱**がある。攪乱には次の2つがある。

・**自然攪乱**…火山噴火・台風・火災・干ばつ・地震による地すべりなど，自然現象による攪乱。

・**人為攪乱**…森林伐採（ばっさい）・焼畑（やきはた），過放牧・外来生物（⇨p.239）の移入など，人間生活が生態系に影響を及ぼす攪乱。

■ **中規模攪乱説**　大規模な攪乱では生態系は破壊されてしまうが，中規模の攪乱は，逆に種の多様性を増し，生態系の維持に働くことが多い。これを**中規模攪乱説**という。

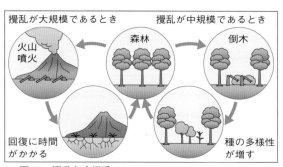

攪乱が大規模であるとき　　攪乱が中規模であるとき

火山噴火　　森林　　倒木

回復に時間がかかる　　種の多様性が増す

図35. 攪乱と生態系

③ 生物多様性を減少させる要因

■ **絶滅**　生物種が子孫を残せずに消滅することを**絶滅**といい，さまざまな要因が考えられる。日本では環境省が絶滅のおそれのある**絶滅危惧種**のリストを作成している[2]。

■ **分断化と孤立化**　生息地が道路・宅地などで分断されることを**分断化**という。分断化の結果，他の同種の個体群と切り離された状態になることを**孤立化**という。孤立化した個体群（**局所個体群**）では，近親交配などによって遺伝的多様性が失われ，環境変化や感染症に対する抵抗力が低下する[3]。また，出生率も低下する。

■ **絶滅の渦**　いったん個体数が減少した個体群は，遺伝的多様性がさらに低下して，回復不可能な**絶滅の渦**に巻き込まれることが多い。

■ **外来生物の侵入**　意図的かどうかを問わず，人間活動によって本来の生息場所から別の場所に移り，そこに定着した生物を**外来生物**という。在来生物[4]は外来生物に対する防御のしくみがないことが多く，外来生物により在来生物が一気に駆逐され絶滅することがある。また，外来生物が在来生物と交配可能な場合，両者の交配が進み，在来生物固有の遺伝的多様性に影響を与える場合がある。

■ **特定外来生物**　環境省は，日本の生態系や人体・産業に被害を及ぼす外来生物を**特定外来生物**[5]に指定し，飼育・販売・運搬を原則禁止にしている（外来生物法）。

■ **地球温暖化**　地球の温暖化によって，熱帯性の生物種の生息域が拡大しており，同時に，高山や寒冷な地方に生息する生物種は減少し，なかには絶滅する生物種もある。

④ 保護・復元への取り組み

■ **緑の回廊計画**　国有林を中心に保護区をつくり，保護区どうしをつないで野生動物の移動を可能にする計画がある。これを緑の回廊計画という。

■ **生物多様性条約**　世界規模での国際的な会議が開かれており，生物多様性の維持を目的とした**生物多様性条約**が結ばれている。

■ **生物多様性の復元**　トキやコウノトリなどの野生絶滅種で人工繁殖などによる野生復帰の取り組みがなされている。

✿2. レッドデータブック
絶滅危惧種を絶滅の危険度ごとにリストにまとめたものを**レッドリスト**といい，それらに生息状況などの解説を加えて本にしたものをレッドデータブックという。
- **絶滅種**　ニホンオオカミ，ニホンカワウソなど
- **絶滅危惧種**　アマミノクロウサギ，イリオモテヤマネコなど
- **準絶滅危惧種**　ホンドオコジョ，ツシマテンなど

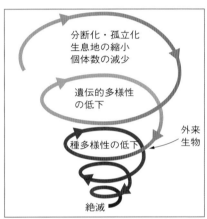

図36. 絶滅の渦

✿3. 近交弱勢
血縁の近い個体どうしが交配することを近親交配という。近親交配の状態が続くと，通常は表現型として現れにくい有害な潜性遺伝子が現れる確率が上がり，個体の生存率が低下することがある。この現象を近交弱勢という。

✿4. 在来生物（在来種）
もともとその地域に生息していた生物を在来生物という。

✿5. 特定外来生物の例
タイワンザル，アカゲザル，ヌートリア，ジャワマングース，アライグマ，ウシガエル

■ **生態系サービス**　人間が生態系から受けるさまざまな恩恵をまとめて**生態系サービス**という。生態系サービスを持続的に受けるためには生態系を保全していく必要がある。

表3．生態系サービスの分類の例

生態系サービス	供給サービス	食料品や木材，医療品，水などが生態系から得られる恩恵
	調整サービス	生態系による気候や洪水の調節，病気や害虫の制御など
	文化的サービス	生態系を利用してレジャー活動やレクリエーションを行える恩恵
	基盤サービス	生態系による土壌の形成，二酸化炭素の吸収など

■ **環境アセスメント**　開発を行う際，その開発によって生態系に及ぼされる影響を事前に調査することを**環境アセスメント（環境影響評価）**という。

■ **SDGs**　SDGsはSustainable Development Goalsの略で，日本語では「**持続可能な開発目標**」という。2030年までの間に達成を目指す国際目標である。取り組む課題は，貧困の解消，格差の是正，気候変動への緊急対応，持続可能な消費と生産，平和と正義の推進など多岐にわたる。

■ **里山の減少**　人里とその周辺にある農地や草地・ため池・雑木林などがまとまった一帯を**里山**という。里山の環境は，多様な生物が生息できるように維持されてきた。しかし，人間の生活様式が変化し，里山が管理されなくなったため，極相林へと遷移が進行し，林床が暗くなり多様性は低下している。

■ **湿地の保全**　干潟や湿原などの湿地は，湿地特有の多様な水生生物や，それらを捕食する鳥類が多数生息しており，水質浄化に寄与している。ラムサール条約では，湿地の保全・再生とワイズユース（賢明な利用），交流・学習などを目標としている。

○6．日本の里山では，森林で薪や炭の材料を採ったり，肥料にする落ち葉を集めたりすることなどの人間活動が適度な攪乱となり，林内が明るく生物多様性の高い陽樹林が維持されてきた。

○7．日本では戦後，干拓や埋め立てなどで干潟の4割が消失した。

> **ポイント**
> 〔環境の保護・復元への取り組み〕
> ・生物多様性条約や環境アセスメント，SDGsなどの制定
> ・里山や湿地などの保全

重要実験　外来生物の調査と観察

身のまわりにどのような特定外来生物がいるか調べてみよう。

方法

1. 特定外来生物とはどのような生物か，また，特定外来生物について決められていることを調べる。
2. インターネットを利用して，環境省のHP
https://www.env.go.jp/nature/intro/2outline/manual.html
にアクセスし，特定外来生物同定マニュアルで各生物の写真や同定方法を調べる。
3. 調査対象をカダヤシとして，環境省のHPの同定マニュアルから該当する項目を調べる。
4. 野外調査を行い，特定外来生物同定マニュアルと対比しながら種の同定を行う。

結果

1. 特定外来生物は，人命・生態系・農林水産業などに被害を与えるおそれのある外来生物として，環境省が指定した生物。特定外来生物は，生きている個体の運搬・保管・飼育が原則禁止されている。

2. 特定外来生物は，魚類については次のような生物が指定されていることがわかった。

名称	特徴など
ブルーギル	全長25cmほど。えらぶたの後端に青みがかった突出部。体側に7〜10本の暗色横帯。北アメリカ原産。
オオクチバス（ブラックバス）	全長30〜50cm。口が大きい。体側から背に不規則な暗色斑点の列。北アメリカ原産。
カダヤシ	全長は雄で3cm，雌で5cmほど。比較的汚濁や塩分に強い。卵胎生。北アメリカ原産。

3. ［カダヤシとメダカの見分け方］
カダヤシは尻びれの基底が短く，雄では変形して細長い交尾器となっている（メダカでは尻びれの基底が長い）。
また，カダヤシの頭部から背びれまでは丸味がある（メダカではほぼ水平）。

カダヤシ（雌）　背びれ　尻びれ
カダヤシ（雄）　背びれ　交尾器　丸い
メダカ　背びれ　尻びれ　垂直

4. 調査地点では，カダヤシのほか，ギンブナ，ドジョウが観察された。メダカは採集されなかった。

考察

1. 特定外来生物であるカダヤシがその場所に定着できたのはなぜか。
→雑食性で卵胎生であるため特別な食物や産卵場所を必要とせず，水質汚染などが進んだ環境でも生存できたから。

2. 河川や湖沼へのカダヤシの侵入により，本来の生態系にどのような攪乱が起きているか。
→在来生物であるメダカと生態的地位（ニッチ）が重なる部分もあるため，メダカの生存をおびやかす。

1 ☐ 同じ地域で互いに関係をもちながら生息する個体群の集まりを何という？

2 ☐ 単位面積あたりの個体数を何という？

3 ☐ 2の変化が個体群の成長や個体の発育や形態に影響を及ぼすことを何という？

4 ☐ 3により，同種の形態や行動様式に著しい違いが生じる現象を何という？

5 ☐ 個体群を構成する個体数が増加する過程を示したグラフを何という？

6 ☐ ある条件における個体群密度の上限を何という？

7 ☐ 植物を異なる密度で栽培しても，単位面積あたりの収量がほぼ一定になることを何という？

8 ☐ 卵や種子から寿命に至るまでの各時期における生存数をグラフ化したものを何という？

9 ☐ 個体群を構成する個体を年齢で分けて積み上げたグラフを何という？

10 ☐ 動物の個体が，同種の他個体に対して占有する一定の空間を何という？

11 ☐ カースト制で役割を分担した血縁者どうしの集団で生活する昆虫を何という？

12 ☐ 異種の生物間で，食物や生活空間などをめぐって起こる競争を何という？

13 ☐ 異種の動物の関係で，一方に利益があり他方には利益も害もない場合を何という？

14 ☐ 生物群集の中で，ある種の生物が示す食物や生活場所・生活様式などの立場を何という？

15 ☐ 生産者の純生産量を求めるには，総生産量から何を引く？

16 ☐ 消費者の同化量から呼吸量，被食量，死滅量を引いたものを何という？

17 ☐ ある栄養段階の生物がもつエネルギーの何％が次の段階に伝わるか示したものを何という？

18 ☐ 3つの生物多様性とは何か？

19 ☐ 自然現象や人間の活動によって生態系が破壊され，生物に影響が出ることを何という？

20 ☐ 個体数の減少した生物種が，急激に絶滅への道をたどることを何という？

21 ☐ 絶滅危惧種のリストをまとめ，生息状況などの解説を加えて本にしたものを何という？

22 ☐ 人間活動の結果，他の地域から入り込んで定着した生物を何という？

23 ☐ 世界的規模で，生物多様性の保全を目的につくられた条約を何という？

解答

1. 生物群集[群集]
2. 個体群密度
3. 密度効果
4. 相変異
5. (個体群の)成長曲線
6. 環境収容力
7. 最終収量一定の法則

8. 生存曲線
9. 年齢ピラミッド
10. 縄張り[テリトリー]
11. 社会性昆虫
12. 種間競争
13. (片利)共生
14. 生態的地位[ニッチ]

15. 呼吸量
16. 成長量
17. エネルギー効率
18. 生態系多様性，種多様性，遺伝的多様性
19. 撹乱[かく乱]
20. 絶滅の渦

21. レッドデータブック
22. 外来生物
23. 生物多様性条約

定期テスト予想問題 解答→ p.263~265

1 個体群の成長

下のグラフは，キイロショウジョウバエを牛乳
びんで飼育したときの成虫数と時間(日数)との
関係を示したものである。

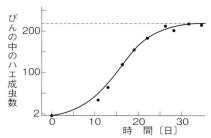

(1) このような個体数の増加を示したグラフ
を何というか。

(2) 30日目以降成虫数はほとんど変化してい
ないので，この牛乳びんの中の飼育環境では
個体群密度に上限があると考えられる。これ
を何というか。

(3) この飼育実験において(2)を決める要因例
を2つ答えよ。

(4) ワタリバッタでは，個体群密度が高いと
きと低いときで個体の形態にまとまった変化
が見られるが，このような変化を何というか。

(5) (4)で生じるワタリバッタの緑色・褐色で
はねの小さな個体，黒色・褐色ではねの大き
な個体をそれぞれ何というか。

2 生存曲線

下のグラフは，カレイ，ガン，ヒツジの出生時
個体数を1000としたときの生存曲線をそれぞ
れ示したものである。

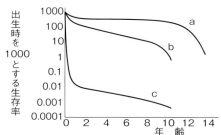

(1) 図中のa，b，cの生存曲線をそれぞれ
何型というか。次のア～ウから選べ。
  ア 早死型   イ 平均型   ウ 晩死型

(2) 産卵(子)数は少ないが親による保護が手
厚い動物の生存曲線はa～cのどのグラフに
該当するか。

(3) a，b，cは，それぞれどの動物の生存
曲線を示したものか。動物名を答えよ。

(4) アリの生存曲線はa～cのどれに近いか。

3 生物の相互作用

生物の相互関係について，各問いに答えよ。

(1) 次の①～④の文で示した同種個体間の関
係に関する用語を答えよ。
  ① 同種の動物が集まってつくる統一的集団。
  ② 個体間の優劣関係を固定して無用な争い
  を防ぐしくみ。
  ③ 同種他個体を排除して食物や生活場所，
  繁殖場所を独占する。
  ④ 社会性昆虫が形成する，役割を分担し高
  度に組織化された血縁者集団。

(2) 次の①～③の文で示した異種個体間の関
係をそれぞれ何というか。
  ① クマノミがイソギンチャクの間に隠れた。
  ② アリとアブラムシが同じ草の茎にいた。
  ③ イワナとヤマメは上流と下流に生活の場
  を違えることで同じ川に共存する。

4 生態系

生態系の中で生物群集は，その役割によって，
生産者(a)，消費者，分解者(e)に分けられ，消費
者はさらに一次消費者(b)，二次消費者(c)，三次
消費者(d)などに分けられる。

(1) 生産者から消費者につながる食物連鎖の
各段階を何というか。

(2) 次のア～オは，それぞれa～eのどれに
相当するか。

ア　菌類　　　　イ　植物食性動物
ウ　緑色植物　　エ　小形動物食性動物
オ　大形動物食性動物

(3)　次の①～③の動物は，それぞれa～eの
どれに相当するか。
①　イネ　　②　カエル　　③　イナゴ

(4)　生態系においてa～dの通常の現存量は
どのような関係にあるか。a～dの記号と不
等号（<）を使って示せ。

5　生態系と物質収支

下の図は，ある生態系の各栄養段階における有
機化合物の収支を示したものである。

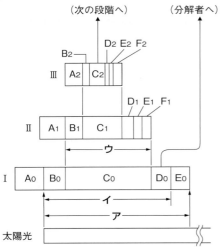

(1)　図のⅠ～Ⅲに属する生物集団をそれぞれ
何というか。
(2)　図中のC，Eで示される記号はそれぞれ
何を示しているか。
(3)　生産者の純生産量は，図のア～ウのうち
どれか。
(4)　図中の記号（C_0を含む）を使って一次消費
者の成長量を示す式をつくれ。
(5)　D_0のほかで分解者に移行する有機物をす
べて示せ。

6　生態系におけるエネルギーの流れ

下の図は，生態系におけるエネルギーの移動を
示したものである。各問いに答えよ。

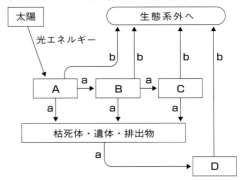

(1)　太陽の光エネルギーを生態系の中に取り
込むのは，生物のどのような活動か。
(2)　図中のA～Dに適する生態系の段階を次
のア～エから選べ。
ア　一次消費者　　　イ　二次消費者
ウ　分解者　　　　　エ　生産者
(3)　図中のA～Dに該当する生物を次のア～
エから選べ。
ア　動物食性動物　　　イ　植物食性動物
ウ　緑色植物　　　　　エ　菌類・細菌
(4)　Dに該当する生物の例を2つ答えよ。
(5)　図中のa，bはそれぞれどのような状態
のエネルギーの移動を示しているか。
(6)　bを放出する生物の活動を何というか。
(7)　ある湖沼に照射した太陽の光エネルギー
の量を50万J/(cm^2・年)，Aが取り入れたエ
ネルギーの量を1000 J/(cm^2・年)，Bが取り
入れたエネルギーの量を110 J/(cm^2・年)と
すると，A，Bのエネルギー効率はそれぞれ
何%か。
(8)　一般的に，エネルギー効率は栄養段階が
高くなるにしたがってどうなるか。

7　物質の循環

物質の循環について説明した下のア～エから，

正しいものを1つ選べ。

ア 炭素循環において，植物と動物のうち，大気中の炭素を取り込むのは植物のみである。

イ 炭素循環において，生物の遺体有機物を分解しているのは生産者である。

ウ 窒素循環において，大気中の窒素をアンモニウム塩に還元する作用を窒素同化という。

エ 窒素循環において，窒素は大気と植物との間で直接やりとりされている。

⑧ 森林の物質生産

下の図は，あるブナ林の年齢と総生産量・純生産量・呼吸量の関係を示したものである。各問いに答えよ。

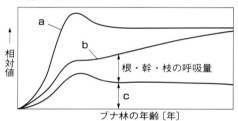

ブナ林の年齢〔年〕

(1) 3つの曲線は，それぞれ総生産量，総呼吸量，葉の呼吸量のいずれかを示している。総生産量を示しているグラフはどれか。

(2) 純生産量を示す式を，a～cの記号を使って答えよ。

(3) 森林の年齢とともに，この森林の純生産量はどのように変化しているか。

(4) (3)の理由を説明せよ。

⑨ 生物多様性

生物多様性について，各問いに答えよ。

(1) 生物多様性は，ふつう遺伝的多様性，種多様性，生態系多様性の3つの段階に分けて考えることができる。次の①～③は，それぞれどの生物多様性について説明したものか。

　① 地球上には，荒原・草原・森林・湖沼・干潟・海洋などのさまざまな環境がある。

　② この地球上には，約190万以上の種類の動植物が生息している。

　③ 同種の生物でも，DNAの塩基配列が異なっていることが多い。

(2) 次のア～オは，生態系多様性とそれに影響を与える要因について説明したものである。適当でないと考えられるものをすべて選べ。

ア 大噴火・台風などで大規模な生態系の攪乱が起こると，生態系の多様性の回復に時間はかかるが，多様性は飛躍的に増す。

イ 小規模な攪乱が起こっても，生態系はもとの状態にもどるため，多様性を増す要因とはならない。

ウ 中規模な攪乱が起こると，生態系のバランスは保たれ，生物多様性も維持されることが多い。

エ 外来生物が侵入すると，種が増加するため，生態系の多様性は増す場合が多い。

オ 森林の伐採のような人為的な行為は，火山の噴火や風水害などとは異なり，生態系の攪乱につながらない。

⑩ 絶滅を加速する要因

生物種の絶滅を加速する要因について説明した下のア～オから，正しいものをすべて選べ。

ア 開発などで，野生生物の生息地の分断化が起こると，個体群は局所個体群となって個体数の減少につながることが多い。

イ 局所個体群が分断化されて離れ離れの状態になることを個体群の孤立化という。

ウ 局所個体群では，個体数が減少するため性比が偏ったり近親交配が起こったりして，出生率の低下が起こる。また，遺伝的多様性が低下する。

エ 個体数が減少し始めた局所個体群は絶滅の渦に巻き込まれることが多い。

オ 外来生物の増加は生態系の種多様性を高め，絶滅を遅らせる効果がある。

⭐トキの野生復帰への取り組み

●ニッポニア・ニッポン　国が行う生態系保護の取り組みはいろいろあるが，その1つに，絶滅したニッポニア・ニッポンの復活へ向けた取り組みがある。ニッポニア・ニッポン(*Nipponia nippon*)というのは，トキ(朱鷺)の学名である。トキは脊椎動物門，鳥綱，ペリカン目，トキ科(➡p.45)に属し，その学名に示されるように，日本を象徴する鳥である。

●**トキの特徴**　体長約75cm，翼を開いたときの幅は130cmに達する大形の鳥類で，**顔は朱色の皮膚が露出**し，くちばしはやや下側に湾曲している。**全身はほぼ白色**で，**翼の下面は朱色がかったピンク色(朱鷺色)**である。トキは，くちばしの触覚が発達していて，水田の泥の中にくちばしをさし込みドジョウ・カエル・サワガニなどを捕食する。ふつう十数羽の群れで行動し，繁殖期はつがいまたは単独で行動する。4月上旬に，直径60cm程度の巣を木の上などにつくり，3〜4個の卵を

トキ

産む。雌雄で交代しながら約1か月抱卵するとひながふ化する。繁殖期には，黒色の皮膚脱落物を自分の羽に塗りつけるので，頸頭部・翼・背は灰黒色となる。

●**絶滅**　19世紀前半までは，東北地方や日本海側で広く見られたありふれた鳥であったが，羽毛や羽根を取る目的で乱獲され激減した。1934年に天然記念物に指定され，いろいろと保護が試みられたが，日本産トキは，2003年に最後の1羽の「キン」が死んで**絶滅**した。

●**トキ保護センター**　1967年，佐渡島に**トキ保護センター**が開設され，日本産トキの全頭捕獲を行って人工繁殖を試みたが失敗した。そこで，1999年，日本のトキとDNAの塩基配列の差は0.06％程度(個体間の差異の程度)しかなく，生物学的には同一種と考えられる中国産トキを中国から1つがい譲り受け，また，それ以降も数つがいを中国から借りて人工繁殖を試みてきた。2023年現在までで，181羽までふやすことに成功している。

●**分散飼育と放鳥**　飼育頭数の増加に伴い，鳥インフルエンザなどの感染症による全滅を防ぐため，日本の数か所で**分散飼育**されるようになってきている。また，トキを自然界にもどす取り組みとして，2008年佐渡で**試験放鳥**が始まり，2023年までに28回，合計475羽放鳥された。2022年末現在野生下での生息数は推定545羽であり，うち推定382羽は野生生まれの個体である。

●**iPS細胞によるトキの再生**　2012年，国立環境研究所で，日本産トキの最後の1羽であるキンの冷凍保存された皮膚組織の細胞を使って，iPS細胞(人工多能性細胞➡p.148, 162)をつくり，純粋な日本産トキ復活への取り組みが始まっている。

1編 生物の進化と分類

1章 生物の起源と進化 ……… p.41

(1) a…46，b…ミラー
(2) 二酸化炭素，水蒸気，窒素
(3) 化学進化

考え方 (1) アメリカのミラーは原始地球の大気の成分をメタン・アンモニア・水素・水蒸気と考え，これらの混合気体をガラス容器に入れて，この中で空中放電を行った結果，アミノ酸が生成することを確かめた。
(2) 現在では原始地球の大気は二酸化炭素，水蒸気，窒素で構成されていたと考えられている。これらの成分を実験装置に入れた場合でも同様にアミノ酸などができることもわかっている。

a…硫化水素，b…水，
c…ストロマトライト，d…酸素
e…鉄[鉄イオン]，f…原核，g…真核

考え方 最初の生物は，従属栄養の嫌気性細菌と考えられている。海洋中の有機物が減少すると，H_2Sから生じる水素 H と光エネルギーを使ってCO_2を還元し，栄養分となる有機物を合成する独立栄養の光合成細菌が出現した。また，物質を酸化する際に生じるエネルギーでCO_2を還元し，有機物を合成する化学合成細菌も出現した。やがて，無尽蔵に存在するH_2Oの水素を使ってCO_2を還元する酸素発生型の光合成を行うシアノバクテリアが出現した。

a…新生代　　b…先カンブリア時代
c…中生代　　d…古生代

考え方 先カンブリア時代（b）は，約46億年前～約5億4000万年前を指す地質時代であり，この時代には，シアノバクテリアの出現（約27億年前）や真核生物の出現（約20億年前）が見られた。
古生代（d）は，約5億4000万年前～約2億5000万年前を指す地質時代であり，この時代には，カンブリア紀の大爆発（古生代初期）や，オゾン層の形成（古生代オルドビス紀）およびそれに伴う植物や動物の陸上進出が見られた。
中生代（c）は，約2億5000万年前～約6600万年前を指す地質時代であり，この時代には哺乳類が出現し，恐竜類や裸子植物の繁栄が見られた。
新生代（a）は，約6600万年前の恐竜やアンモナイトなどの大量絶滅以降の地質時代であり，この時代には，被子植物や哺乳類の繁栄，人類の出現が見られた。

(1) イ，ウ
(2) イ，ウ，エ，カ

考え方 (1) フレームシフトは挿入（イ）や欠失（ウ）でコドンの読み枠がずれて起こる。
(2) 異数体は染色体数が$2n \pm a$になった個体，倍数体は$3n$，$4n$，$6n$などの倍数になった個体であり，いずれも染色体数が異なっている。

(1) a→c→e→b→d→g→f→h
(2) b…第二分裂前期，e…第一分裂後期，
　　f…第二分裂終期
(3) ①…二価染色体，②…紡錘糸，③…紡錘体

考え方 a は第一分裂前期，b は第二分裂前期，c は第一分裂中期，d は第二分裂中期，e は第一分裂後期，f は第二分裂終期，g は第二分裂後期，h は生殖細胞である。b は非常に短い。

(1) *AaBb*　**(2)** *AB* : *Ab* : *aB* : *ab*＝4 : 1 : 1 : 4
(3) 〔*AB*〕:〔*Ab*〕:〔*aB*〕:〔*ab*〕＝66 : 9 : 9 : 16
(4) 〔*AB*〕:〔*ab*〕＝3 : 1

考え方 **(1)** 連鎖している遺伝子は常にともにあるので，Pの*AABB*がつくる配偶子の遺伝子型は*AB*，*aabb*がつくる配偶子の遺伝子型は*ab*であり，その交配でできるF₁は*AaBb*となる。
(2) 組換え価が20％であるから，組換えを起こさない80％はPから受け継いだ組み合わせ（*AB*，*ab*）のままで，組換えを起こした20％では，遺伝子型は*Ab*と*aB*となる。
(3) F₂は，次のようにゴバン目法で求める。

	4 *AB*	*Ab*	*aB*	4 *ab*
4 *AB*	16 *AABB*	4 *AABb*	4 *AaBB*	16 *AaBb*
Ab	4 *AABb*	*AAbb*	*AaBb*	4 *Aabb*
aB	4 *AaBB*	*AaBb*	*aaBB*	4 *aaBb*
4 *ab*	16 *AaBb*	4 *Aabb*	4 *aaBb*	16 *aabb*

(4) *AB*と*ab*が完全連鎖であるとき，遺伝子型*AABB*と*aabb*を両親とするF₁はすべて*AaBb*となり，このF₁がつくる配偶子の遺伝子型は，*AB* : *ab*＝1 : 1である。よって，F₂をゴバン目法で求めると次のようになる。

	AB	*ab*
AB	*AABB*	*AaBb*
ab	*AaBb*	*aabb*

F₂の遺伝子型の分離比は，
AABB : *AaBb* : *aabb*＝1 : 2 : 1であるため，その表現型の分離比は，〔*AB*〕:〔*ab*〕＝3 : 1となる。

⑦
(1) *A*…0.6，*a*…0.4
(2) *A*…0.6，*a*…0.4
(3) ハーディ・ワインベルグの法則
(4) 生物集団において外部との個体の移入・移出がない，個体ごとの生存能力に差がない［自然選択が働かない］。

考え方 **(1)** *A*の頻度…$0.4 + \left(0.4 \times \dfrac{1}{2}\right) = 0.6$，
*a*の頻度…$\left(0.4 \times \dfrac{1}{2}\right) + 0.2 = 0.4$
(2) $(0.6A + 0.4a)^2$
$= 0.36AA + 0.48Aa + 0.16aa$
*A*の頻度…$0.36 + \left(0.48 \times \dfrac{1}{2}\right) = 0.6$，
*a*の頻度…$\left(0.48 \times \dfrac{1}{2}\right) + 0.16 = 0.4$
1代後も*A*と*a*の遺伝子頻度は同じであった。

⑧
(1) 適応進化
(2) ①エ，d　②イ，c　③ウ，b
　　　④ア，a

考え方 **(2)** ①ハナカマキリはランの花と色や形の見分けがつかないほど似ており，捕食者や餌となる生物に見つかりにくくなり，生存に有利に働いている。これを擬態という。
②トドは雌をめぐる雄どうしの争いによって勝ち残った雄のみが雌と交尾する。そのため，争いに有利なからだの大きな雄に自然選択が働く。これを性選択という。
③ランの一種が距を長くすると，口器の長いスズメガのみが花の蜜を独占でき，ランはスズメガに効率よく花粉を運搬してもらえる。このように複数の種が相互に影響を与えながら進化する。これを共進化という。
④オオシモフリエダシャクはガの一種で，野生型の明色型と突然変異型の暗色型がいる。白い地衣類におおわれた樹木の幹では明色型が保護色となり，生存に有利なため個体数が多かった。しかし，工場からの煤煙により幹が黒くなると，暗色型が保護色となり，生存に有利なため個体数が増加した。これを工業暗化という。

⑨
a…突然変異，　b…自然選択，
c…遺伝的浮動，　d…地理的，
e…生殖的，　f…種分化［大進化］

生物の系統と進化 ……… **p.63**

2章

 ①

ウ

考え方 **ア**は，生物における遺伝子の本体は
DNAであるため，誤りである。
イは，生物におけるエネルギーの通貨はATP
であるため，誤りである。
エは，からだの構造と生命活動の単位は細胞で
あるため，誤りである。

②

(1) ア…人為分類，イ…系統分類
(2) ①種，②リンネ，③二名，
 ④動物，⑤綱，⑥科
(3) 自然状態での交配が可能で，繁殖力のあ
 る子孫をつくることができる集団
(4) ウ…和名，エ…学名

考え方 文中のイヌの分類階級の最後の2つは
種と亜種である。イヌ（イエイヌ）はタイリクオ
オカミの亜種とされている。
(3) 種は共通した形態的・生理的特徴をもつ集
団で，実際には同種の個体差とするか別種と判
断するか難しい例も少なくないが，交配によっ
て繁殖力のある子孫をつくることができるかど
うかが最も確実な基準とされる。

 ③

(1) A…カンガルー，B…イヌ，
 C…イモリ，D…サメ
(2) a…8，b…10.5，c…2.5，
 d…12.5，e…5.25
(3) 約2億8250万年前

考え方 (2) 表1より，アミノ酸配列の違いが最
も少ないのは，ヒトとイヌである。この2種
の共通祖先から分岐したのち変化したアミノ酸
の数は，$\frac{16}{2} = 8$（a）となる。

残りの生物で，ヒトもしくはイヌとのアミノ
酸配列の違いが最も少ないのは，カンガルーで
ある。ヒトとカンガルー，イヌとカンガルーと
のアミノ酸配列の違いの平均は，$\frac{19+23}{2} = 21$
となる。この3種の共通祖先からカンガルー
が分岐したのち変化したアミノ酸配列の数は，
$\frac{21}{2} = 10.5$（b）となる。
よって，$c = b - a = 10.5 - 8 = 2.5$ となる。
残りの生物で，ヒト，イヌ，カンガルーの3
種の生物とのアミノ酸配列の違いが最も少ない
のは，イモリである。イモリと3種の生物と
のアミノ酸配列の違いの平均は，$\frac{44+46+48}{3}$
$= 46$ となる。この4種の共通祖先からイモリ
が分岐したのち変化したアミノ酸配列の数は，
$\frac{46}{2} = 23$ となる。よって，$d = 23 - b = 23 - 10.5$
$= 12.5$ となる。
残りのサメについても同様に求めると，サメ
とその他4種の生物とのアミノ酸配列の違い
の平均は，$\frac{53+57+55+61}{4} = 56.5$ となる。こ
の5種の共通祖先からサメが分岐したのち変
化したアミノ酸配列の数は，$\frac{56.5}{2} = 28.25$ とな
る。よって，$e = 28.25 - 23 = 5.25$ となる。
(3) (2)よりヒトとイヌのアミノ酸の数の違いは
8であるため，ヒトとイヌが約8000万年前に
共通祖先から分岐したことから，アミノ酸1
つが置換するのに要する時間は，
$\frac{8000万年前}{8} = 1000万年前$であることがわかる。
ヒトとサメのアミノ酸の数の違いは28.25であ
るため，ヒトとサメが共通の祖先から分岐した
のは，1000万年前×28.25＝2.825億年前であ
ると考えられる。

④

(1) A…細菌[バクテリア]ドメイン，
B…アーキア[古細菌]ドメイン，
C…真核生物ドメイン
(2) 3ドメイン説
(3) ア…A，イ…B，ウ…C，エ…C，オ…C，
カ…C，キ…A

⑤

(1) 細菌　　(2) a，b，c，e，f，g
(3) アーキア[古細菌]　　(4) d，h
(5) c　　(6) d　　(7) g　　(8) b
(9) e　　(10) f

考え方 (1) 原核生物のうちアーキア(古細菌)の
細胞壁は糖やタンパク質などが主成分で，ペプ
チドグリカンを含まない。
(2) a～hの原核生物のうち，細菌は，乳酸菌
(a)，緑色硫黄細菌(b)，コレラ菌(c)，ユレ
モ(e)，クロストリジウム(f)，硝酸菌(g)と
なる。
(4) a～hの原核生物のうち，アーキアは，好
熱菌(d)，好塩菌(h)となる。

⑥

(1) 原生動物　　(2) a，e，f
(3) c　　(4) h　　(5) d

考え方 (2) a～hの原生生物のうち，原生動物
は，アメーバ(a)，ゾウリムシ(e)，トリパノ
ソーマ(f)となる。

⑦

(1) ア，エ　　(2) ア

考え方 (1) イは，菌類は胞子によって個体をふ
やすため，誤りである。
ウは，菌類はすべて従属栄養生物であるため，
誤りである。
(2) イのケカビは接合菌類，ウのシメジは担子
菌類である。

⑧

(1) b…単子葉，c…裸子，d…シダ
(2) A…被子植物，B…種子植物，
C…維管束植物
(3) クロロフィルaとクロロフィルb
(4) e，f，g　　(5) a，b　　(6) a，b

考え方 胚珠が子房に囲まれた被子植物には双
子葉類と単子葉類がある。この被子植物と裸子
植物はいずれも種子で繁殖するので種子植物と
いう。種子植物とシダ植物は陸上生活によく適
応して維管束をもつので維管束植物という。

⑨

(1) a…海綿動物，b…刺胞動物，
c…扁形動物，d…輪形動物，
e…環形動物，f…軟体動物，
g…線形動物，h…節足動物，
i…棘皮動物，j…原索動物，
k…脊椎動物
(2) vi…冠輪動物，vii…脱皮動物
(3) ①b，②i，③a，④f，⑤j，
⑥h，⑦k，⑧f，⑨e

考え方 発生段階で胚葉をつくらないのは海綿
動物，胚葉は分化するが二胚葉性なのが刺胞動
物，それ以外は三胚葉性で，原口が口になる旧
口動物のうち，トロコフォア幼生を経て成長す
る冠輪動物が扁形動物・輪形動物・環形動物・
軟体動物，脱皮して成長する脱皮動物が線形動
物・節足動物である。また，原口が肛門になる
新口動物のうち，脊索をつくらないのが棘皮動
物，脊索をつくり脊椎をつくらないのが原索動
物，脊椎をつくるのが脊椎動物である。

⑩
(1) ①親指が他の指と向かい合う[拇指対向
性をもつ]。
②1対の眼が前方に向かってついており，
立体視できる視野が広い。
(2) ①脳の容量が大きい。
②おとがいがある。
③前肢は短く，後肢は長い。
④骨盤は横に広く，内臓を下から支える
形になっている。
(3) イ→ア→エ→ウ　　(4) イ

[考え方] (1) 霊長類の指は拇指対向性が特徴で，
ほかの哺乳類の爪がかぎ爪であるのに対して平
爪をもつことと合わせて木の枝を握ったり物を
つまんだりするのに適している。また，眼は顔
の正面についていて立体視できる範囲が広く，
樹上生活で木から木へと空間を移動する上で距
離を測るのに重要な形質といえる。
(2) ヒトと類人猿との一番根本的な違いは直立
二足歩行で，頭部は首の骨が下から支える形に
なったため首の筋肉が少なくてすむようになり，
脳が大きく発達することが可能になった。おと
がいとは，下あごの先が前に突き出た部分のこ
と。前肢のこぶしを地面につけて「ナックルウ
ォーク」で歩く類人猿は後肢に比べ前肢が長く
なっているが，直立二足歩行をするヒトでは前
肢が短くなり，後肢が非常に大きく発達してい
る。

2編
生命現象と物質

1章　細胞と分子 ………………… p.89

❶
(1) 植物細胞
(2) a…細胞膜，b…ゴルジ体，
c…粗面小胞体，d…リボソーム，
e…中心体，f…ミトコンドリア，
g…滑面小胞体，h…細胞骨格，
i…細胞壁，j…液胞，
k…原形質連絡，l…葉緑体
(3) ①d，②c

[考え方] (1) Aは細胞壁をもつので植物細胞，B
は細胞壁がなく，中心体が見られるので動物細
胞である。
(2) dのリボソームが表面に多数付着したcは
粗面小胞体，リボソームが付着していないgは
滑面小胞体である。また，hは細胞骨格を示し
ており，細胞壁に開いた穴のようなkは原形質
連絡を示している。

❷
(1) ミトコンドリア
(2) ゴルジ体
(3) リソソーム
(4) 葉緑体
(5) 小胞体[粗面小胞体]

[考え方] (2)(5) タンパク質合成の場であるリボ
ソームを多数表面に付着したのが粗面小胞体で，
合成されたタンパク質は粗面小胞体を通って移
動し，ゴルジ体で濃縮されて，小胞で包まれて
細胞外に分泌される。
(3) リソソームには，消化酵素が含まれており，
細胞内消化に関係する。

ャネルと担体による輸送は，濃度勾配にしたが
った受動輸送である。それに対して，dのナト
リウムポンプは，ATPのエネルギーを使って
濃度勾配に逆らった輸送を行い，その輸送を能
動輸送という。

(1) a…イ，b…オ，c…ウ，
　　d…ア，e…エ
(2) a　　(3) d　　(4) b，c　　(5) ウ

考え方 (2) 小さな分子も通さないほど細胞を密
着させた結合を密着結合といい，消化管の上皮
細胞などで見られる。
(3) 動物細胞では，dの中が中空となったギャ
ップ結合で結合され，ここを通って低分子物質
やイオンが細胞間を移動する。
(4) カドヘリンが関係するのはbの接着結合と
cのデスモソームであり，接着結合では細胞骨
格のアクチンフィラメントと結合し，デスモ
ソームでは中間径フィラメントと結合している。
(5) 最も強固な結合はcのデスモソームであり，
鉄板どうしを接合するリベット(鋲)のような働
きをしている。

(1) A…アクチンフィラメント，B…微小管，
　　C…中間径フィラメント
(2) ①B，②A，③A，④B
(3) C

考え方 (1)(2) アクチンフィラメントは，球状タ
ンパク質のアクチンが連なった繊維からなり，
アメーバ運動，筋収縮などに関係する。
　微小管はチューブリンの繊維が13本集まっ
てできた中空の管で，繊毛・鞭毛中にも存在し，
紡錘糸も微小管からなる。
(3) 中間径フィラメントは繊維状タンパク質の
束で，最も強度があり細胞や核の形を保つ働き
をする。

---

③
(1) a…リン脂質，b…タンパク質
(2) 流動モザイクモデル　　(3) ○の部分
(4) 選択的透過性　　(5) 受動輸送
(6) 能動輸送

考え方 (1) 生体膜は，リン脂質の二重層からで
きている。
(4) 生体膜をO_2のような小さな分子は透過する
が，極性分子の水やアミノ酸は透過しない。透
過する物質を選ぶ性質を選択的透過性という。

④
(1) アミノ酸
(2) a…アミノ基，b…カルボキシ基
(3) 20種類
(4) ペプチド結合

考え方 (3) タンパク質を構成するアミノ酸は
20種類あり，それぞれ側鎖(Rの部分)が異なる。
(4) 隣り合うアミノ酸の一方のアミノ基と他方
のカルボキシ基から水1分子がとれてできる
結合を，ペプチド結合という。

⑤
(1) ① αヘリックス構造，
　　② βシート構造
(2) フォールディング

⑥
(1) イオンチャネル　　(2) アクアポリン
(3) 担体　　(4) ナトリウムポンプ
(5) a，b，c

考え方 細胞膜には輸送タンパク質と呼ばれる
膜タンパク質がある。イオンや水など決まった
ものを通すゲートのような輸送タンパク質をチ
ャネル(a，b)といい，グルコースやアミノ酸
などの比較的小さい有機物を運ぶエスカレー
ターのような輸送タンパク質を担体という。チ

⑨

(1) 最適温度

(2) 最適温度より高い温度では酵素タンパク質の立体構造が変わり，酵素は失活するため。

(3) 最適pH

(4) 酵素の立体構造が変化して失活するか酵素作用が低下するため。

(5) 基質濃度が高くなるにしたがって，酵素と基質の出合う度合いが高くなるため。

(6) すべての酵素が常に基質と結合して働いている状態になるため。

考え方 (2) 最適温度以下では，一般の化学反応と同様に，温度が高いほど速く進行する。

 ⑩

(1) 補酵素

(2) 補酵素は比較的熱に強く煮沸しても変化しないが，タンパク質の部分は熱に弱いので変性して失活するため。

考え方 補酵素は比較的熱に強いので100℃くらいでは変化しないことが多い。しかし，ほとんどのタンパク質は40℃以上の温度では急激に変性を始めて失活する。

⑪

(1) アロステリック酵素

(2) X…活性部位，Y…アロステリック部位

(3) アロステリック効果

(4) フィードバック調節

(5) フィードバック阻害

(6) 必要以上に最終産物をつくらないですむ。

考え方 (1)(2) 基質と結合する活性部位以外に，他の物質と結合する部位(アロステリック部位)をもつ酵素をアロステリック酵素という。

(4)(5) 最終産物が初期の酵素反応を支配して最終産物の量を調節するようなしくみをフィードバック調節といい，アロステリック酵素の場合にはフィードバック阻害によって最終産物の量を調節している。

 2章 代謝とエネルギー ……… p.110

1

(1) 同化　　(2) 異化　　(3) ATP

(4) 高エネルギーリン酸結合

(5) ア，イ，ウ

考え方 (1)(2) 生体内で起こる化学反応全体を代謝といい，同化と異化がある。同化の代表は光合成と窒素同化，異化の代表は呼吸と発酵である。

2

(1) A…解糖系，B…クエン酸回路，C…電子伝達系

(2) a…ピルビン酸，b…アセチルCoA，c…クエン酸，d…二酸化炭素，e…酸素，f…水

(3) マトリックス…B，細胞質基質…A

(4) 2分子

(5) 最大34分子，酸化的リン酸化

(6) 脱水素酵素

(7) $C_6H_{12}O_6 + 6H_2O + 6O_2 \longrightarrow 6CO_2 + 12H_2O$

考え方 (2) グルコースは解糖系でピルビン酸にまで変化し，bを経てクエン酸回路へと進んでいく。bは，ピルビン酸から脱炭酸酵素の働きで二酸化炭素が奪われたC_2化合物のアセチルCoAである。

(4)(5) 解糖系やクエン酸回路では，基質レベルのリン酸化によってそれぞれ2ATPが生成し，電子伝達系では酸化的リン酸化によって最大34ATPが生成する。

(6) NAD^+(ニコチンアミド アデニン ジヌクレオチド)やFAD(フラビン アデニン ジヌクレオチド)は脱水素酵素の補助因子であり，代謝においてH^+を運ぶ役割を果たしている。なお，光合成で同様の働きをしている補酵素はNADP(ニコチンアミド アデニン ジヌクレオチド リン酸)である。

(7) 呼吸の反応ではATPも合成されるが，ここでは化学反応式を問われているので，矢印の左右で同じ種類の原子が同数ずつあるようにする。

③

(1) ツンベルク管
(2) 酸素を除去するため。
(3) コハク酸脱水素酵素によってコハク酸から脱水素された水素を，メチレンブルーが受け取って還元型のメチレンブルーとなったため。
(4) 再び青色になる。
(5) 空気中の酸素が，還元型のメチレンブルーから水素を奪うため。

考え方 (3)(4) 指示薬に用いているメチレンブルー(青色)は，還元されると還元型のメチレンブルー(無色)となり，再び酸化されると青色のメチレンブルーにもどる性質がある。
(5) 酸素はメチレンブルーよりも酸化力が強く，水素と結びつきやすい。そのため，還元型のメチレンブルーがもつ水素を奪う働きをする。

④

(1) a…オ，b…イ，c…ウ，d…エ，e…ア
(2) 受動輸送
(3) 酸化的リン酸化

考え方 (2) fはATP合成酵素であり，水素イオンH^+の流れをエネルギーに変える水力発電所の発電機のような働きでATPを生産している。このときのH^+の流れは，電子伝達系のタンパク質複合体がマトリックスから膜間にH^+をくみ出した結果生じる濃度勾配にしたがったもので，受動輸送が起きている。
(3) 膜間(外膜と内膜の間)の側は水素イオン(c)が多くなっており，マトリックス側へATP合成酵素を通って水素イオンが流れ出ている。このように，水素イオンの流れのエネルギーを使って，ATP合成酵素はATPを合成する。これを酸化的リン酸化という。

⑤

(1) タンパク質
(2) b…アンモニア，c…グリセリン，d…脂肪酸　(3) 脱アミノ反応

考え方 (1) タンパク質はアミノ酸がペプチド結合によって多数つながってできている。タンパク質は消化の過程でアミノ酸となる。
(2)(3) アミノ酸は脱アミノ反応でアンモニアと有機酸となる。アンモニアは有害物質なので肝臓で尿素に変えられ，尿中に含まれて排出される。有機酸はクエン酸回路などで利用される。
　また，脂肪は消化の過程で脂肪酸とモノグリセリド(グリセリンに脂肪酸が1分子結合したもの)に分解される。細胞内でグリセリンは解糖系に入って分解され，脂肪酸はβ酸化などによりアセチルCoAとなってクエン酸回路に入る。

⑥

(1) 二酸化炭素　　(2) エタノール
(3) $C_6H_{12}O_6 \longrightarrow 2C_2H_6O + 2CO_2$
(4) アルコール発酵

考え方 酵母は菌類に属する真核生物で，酸素がある条件下では酸素を利用して呼吸を行うが，無酸素条件下ではアルコール発酵を行う。アルコール発酵では，グルコース(1分子)を基質としてエタノールと二酸化炭素に分解し，ATP(2分子)を生産する。
(3) 化学反応式が問われているので，ATPは含めない。

⑦

(1) ①光化学系Ⅱ，②光化学系Ⅰ，
　　③カルビン回路
(2) a…エ，b…ウ，c…イ，d…オ，e…キ
(3) $6CO_2 + 12H_2O \longrightarrow C_6H_{12}O_6 + 6H_2O + 6O_2$

考え方 (2) 光合成では，光化学系Ⅱで水が分解されて電子(e^-)，H^+，O_2が生じる。

③編 遺伝情報の発現と発生

1章 遺伝情報と形質発現 … p.129

(1) リン酸, 糖[デオキシリボース]
(2) アデニン, チミン, グアニン, シトシン
(3) 二重らせん構造
(4) 水素結合

考え方 **(1)** 核酸を構成する単位はヌクレオチドと呼ばれ, DNA も RNA もその構成要素は塩基・糖・リン酸である。ただし, DNA の糖がデオキシリボース, RNA の糖がリボースである点は異なっている。
(3)(4) DNA の 2 本のヌクレオチド鎖は, 相補的な塩基どうし(A と T, G と C)が水素結合によりつながった二重らせん構造をしている。

②

(1) A…リーディング鎖, B…ラギング鎖
(2) a…DNA ヘリカーゼ,
　b…DNA ポリメラーゼ,
　c…DNA リガーゼ
(3) 岡崎フラグメント
(4) ①3′, ②5′
(5) 右　　**(6)** 左

考え方 **(1)(2)(3)** DNA の複製時には二重らせん構造をほどく必要がある。その働きをするのが DNA ヘリカーゼという酵素である。ほどけた鎖が鋳型となって, 相補的な塩基対をもつ新しい鎖が複製される。このとき, ほどけていく方向に連続的に複製される A をリーディング鎖といい, 他方の B をラギング鎖という。
　DNA ポリメラーゼ(DNA 合成酵素)は, ヌクレオチド鎖を 5′→3′ 方向にしか伸長できないので, リーディング鎖では連続的に伸長する

ことができるが, ラギング鎖では不連続的に複製が行われる。ラギング鎖では岡崎フラグメントと呼ばれる短い塩基対で 5′→3′ 方向に複製し, この DNA 断片を DNA リガーゼが接着して DNA 鎖としている。

③

①×, ②×, ③○, ④×

考え方 RNA のヌクレオチドの糖はリボースである。また, RNA のヌクレオチドの塩基はアデニン(A), ウラシル(U), グアニン(G), シトシン(C)の 4 種類であり, DNA におけるチミン(T)はウラシル(U)に相当する。

④

(1) A…転写, B…スプライシング, C…翻訳
(2) a…DNA, b…mRNA, c…リボソーム,
　d…tRNA, e…アミノ酸
(3) RNA ポリメラーゼ[RNA 合成酵素]
(4) イントロン

考え方 **(1)(4)** 真核生物では, 転写は核内で, 翻訳は細胞質で行われる。DNA の遺伝情報を転写してできた RNA は, スプライシングの過程を経て, イントロンの部分が取り除かれてはじめて mRNA となる。
(3) RNA を合成する酵素は RNA ポリメラーゼ(RNA 合成酵素)である。RNA ポリメラーゼは図では左方向に転写を進めている。

(1) a…DNA, b…mRNA,
　c…RNA ポリメラーゼ[RNA 合成酵素],
　d…リボソーム
(2) P　　**(3)** X
(4) イ, エ
(5) AUGACUCAAGGU
(6) 4 個

考え方 (2) b のmRNAは右から左に向かうにつれて長くなっているので，この方向に転写が進んでいることがわかる。

(3) 合成中のタンパク質は下から上に向かうにつれて長くなっているので，この方向に翻訳が進んでいることがわかる。

(4) 核をもたない原核生物では，合成中のmRNAにリボソームが結合し，転写と並行して翻訳が行われる。また，原核生物ではスプライシングの過程はなく，イントロンはない。

(5) DNAを転写してできるmRNAの塩基配列なので，DNAとRNAの相補性から，それぞれの塩基をA→U，T→A，G→C，C→Gと変換すればよい。

(6) コドンはmRNAの連続する3つの塩基配列であるから，12 ÷ 3 = 4

6

(1) コドン
(2) UGUとGUGの一方がシステイン，他方がバリンを決定するコドンである。
　　UUG，UGU，GUUのうちそれぞれ1つがロイシン，システイン，バリンの1つずつを決定するコドンである。
　　GGU，GUG，UGGのうちそれぞれ1つがグリシン，バリン，トリプトファンの1つずつを決定するコドンである。
(3) UGUがシステインを，GUGがバリンを決定するコドンである。

考え方 実験1〜3で決定されるアミノ酸とトリプレットの共通部分を調べると，1と2でUGUとシステイン，バリンが共通するが，1と3よりGUGとバリンが対応することがわかるため，残るシステインがUGUと対応することがわかる。

(1) a…調節遺伝子，b…プロモーター，c…オペレーター
(2) RNAポリメラーゼ[RNA合成酵素]
(3) リプレッサー[調節タンパク質]
(4) 負の調節

考え方 調節遺伝子は酵素遺伝子群とは離れた領域にあり，常に転写され，調節タンパク質であるリプレッサー(抑制因子)を合成している。ラクトースがない環境では，リプレッサーはオペレーターに付着してRNAポリメラーゼ(RNA合成酵素)が酵素遺伝子群の塩基配列を転写するのを妨げる。そのためラクトースを分解する酵素が合成されない。そこで，このような調節を負の調節という。

　ラクトースがある環境では，ラクトースがリプレッサーと結合して，リプレッサーがオペレーターに付着できなくなる。その結果，酵素遺伝子群が転写されてβガラクトシダーゼなどが合成される。βガラクトシダーゼは，ラクトースをガラクトースとグルコースに分解する。このようにしてできたグルコースを呼吸の基質として利用する。

2 **動物の発生と遺伝子発現** … p.159

 1

(1) ④→③→⑥→②→⑤→①

(2) a…受精膜, b…胞胚腔, c…割球,
   d…繊毛, e…内胚葉,
   f…外胚葉,
   g…中胚葉[二次間充織],
   h…原腸, i…原口

(3) イ   (4) 右図

(5) 胞胚期

考え方 (1) ①はプルテウス幼生, ②は胞胚, ③
は8細胞期, ④は受精卵, ⑤は原腸胚, ⑥は
桑実胚である。なお, 桑実胚はクワの実に似て
いることからこの名がある。

(3) ウニのような等黄卵では, 原腸の陥入は植
物極で起こる。

(5) ウニでは, 胞胚期になると繊毛ができ, 受
精膜の中で回転運動をするようになる。そして,
ふ化酵素の働きで受精膜の一部が溶かされて,
ふ化し, 海水中を浮遊するようになる。

 **2**

(1) ③→②→④→①→⑤→⑥

(2) a…神経板, b…胞胚腔, c…原腸,
   d…外胚葉, e…中胚葉, f…胞胚腔,
   g…内胚葉, h…原口, i…神経管,
   j…脊索, k…体節,
   l…腎節, m…腸管,
   n…側板

(3) ウ   (4) 右図

(5) 尾芽胚期   (6) 中胚葉

考え方 (3) 端黄卵では, 原腸の陥入は赤道面よ
りもやや植物極よりの所で起こる。

(5) 尾芽胚期を過ぎる頃になると, ふ化し, 自
分でえさをとって独立生活をするようになる。

(6) カエルの体腔は, 側板をつくる中胚葉で包
まれている。

 3

(1) b…腸管・内,
   c…側板・中,
   d…腎節・中,
   e…体節・中,
   f…脊索・中,
   g…神経管・外,
   h…表皮・外

(2) 図A

(3) ア…e, イ…e, ウ…d, エ…c,
   オ…c, カ…b, キ…c, ク…a,
   ケ…h, コ…g

(4) ①b, ②e, ③b, ④h, ⑤b

考え方 図Aは尾芽胚の横断面図。図Bは成体
のカエルの断面図である。

(1) 図Aのhの表皮やgの神経管は外胚葉起源。
cの側板, dの腎節, eの体節, fの脊索は中
胚葉起源。bの腸管は内胚葉起源である。

(3) 図Bのアは脊椎骨, イは筋肉, ウは腎臓,
エは腸間膜, オは腹膜, カは消化管の上皮, キ
は消化管の筋肉, クは体腔, ケは表皮, コは脊
髄を示している。

(4) 腸の上皮は腸管から, 皮膚の真皮は体節か
ら, 肝臓や肺は腸管の一部から, 眼の水晶体は
表皮からそれぞれ分化する。眼の水晶体は形成
体としても働き, 表皮から角膜を誘導する。

 4

(1) 局所生体染色法

(2) 原基分布図[予定運命図]

(3) a…イ, b…オ, c…ア, d…エ,
   e…カ, f…ウ

(4) 後期原腸胚…aとb
   後期神経胚…a

考え方 (4) 後期原腸胚では神経域と表皮域が胚
を包んでいるが, 後期神経胚になると, 神経域
は神経管として陥入しているため, 表皮域だけ
が胚を包んでいる。

⑤

(1) 移植先の運命にしたがい表皮になる。

(2) シュペーマン

(3) ①a, ⑥b

(4) 二次胚

(5) ウ

(6) 原口背唇部

考え方 (1)(2) 胞胚〜原腸胚初期の胚の予定神経域を予定表皮域に移植すると，移植片はまわりと同じ表皮になり，逆に表皮域を神経域に移植すると神経になる。このような実験を交換移植実験といい，シュペーマンが初めて行った。

(3) 図Aの①は神経域，②は表皮域，③は側板域と内胚葉域，④と⑤は内胚葉域，⑥は脊索域を示している。また，図Bのaは将来神経板となる部分，bは将来脊索となる中胚葉，cは原腸，dは表皮となる外胚葉，eは消失する胞胚腔，fは内胚葉，gは腹側の表皮となる外胚葉，hは原口から陥入してできた中胚葉を示している。

(4) 図Cの大きな胚を一次胚，一次胚の右下の腹部にできた小さな胚を二次胚という。アとエは体節，イは腸管，ウは脊索，オは神経管を示している。

(5)(6) ⑥の原口背唇部は外胚葉から神経管を誘導し，自らは脊索を中心とした中胚葉性器官に分化する。

⑥

① 脊索　② 神経管　③ 眼杯　④ 網膜
⑤ 水晶体　⑥ 角膜

⑦

(1) 中胚葉　(2) 中胚葉誘導　(3) 神経
(4) 神経誘導　(5) 形成体［オーガナイザー］

考え方 (1)(2) Cの内胚葉があるとAの部分から中胚葉も形成される（中胚葉誘導）。

(3)(4) 原口背唇部の中胚葉は接する外胚葉を神経に誘導する働きがある。これを神経誘導といい，このように，ある器官から次の組織や器官を誘導する働きをもつ部分を形成体（オーガナイザー）という。

⑧

(1) ビコイドタンパク質，ナノスタンパク質
(2) ビコイドタンパク質

考え方 (1) ビコイドmRNAはビコイドタンパク質を，ナノスmRNAはナノスタンパク質を合成する。

(2) ビコイドタンパク質は卵の前端方向，ナノスタンパク質は後端方向を決めるのに働く。

⑨

(1) ES細胞
(2) 拒絶反応が起こる。
(3) iPS細胞
(4) 山中伸弥

考え方 (1) 哺乳類の胚盤胞（胞胚）の内部細胞塊は分化の多能性をもっているので，これをES細胞（胚性幹細胞）という。

(2) ES細胞は他人の細胞であるため，これからつくった臓器を移植すると拒絶反応が起こる。

(3)(4) 京都大学の山中伸弥教授は，皮膚の細胞に4つの遺伝子を導入して細胞の初期化に成功し，分化の多能性をもつ細胞（iPS細胞）を作成した。この業績によって，山中教授は2012年にノーベル医学・生理学賞を受賞した。

⑩

(1) アポトーシス
(2) 壊死［ネクローシス］

考え方 (1) アポトーシスは，プログラムされた細胞死で，DNAが断片化することによって細胞が小さくなって断片化して死ぬ。

(2) 壊死(ネクローシス)は，細胞が物理的な破壊や化学的な損傷，栄養や酸素の不足などによって起こる細胞死で，細胞膜が破れて細胞内容物が流出する。

 ⑪

(1) プラスミド
(2) ベクター
(3) 制限酵素
(4) DNAリガーゼ

⑫

(1) a…PCR[ポリメラーゼ連鎖反応]
　　d…プライマー
　　f…DNAポリメラーゼ[DNA合成酵素]
(2) オ
(3) 1024倍
(4) 普通のDNAポリメラーゼは最適温度が
　　約37℃であるが，PCR法で用いるDNA
　　ポリメラーゼは95℃でも失活しにくい点

考え方 (3) 1サイクルでDNA量は2倍に増幅されるため，10サイクルでは$2^{10} = 1024$倍に増幅される。
(4) PCR法で用いられているDNAポリメラーゼは，温泉などに生息する好熱菌から取り出したものであり，95℃の高温でも失活しにくい。

 ⑬

イ

考え方 アのノックインは，細胞内の遺伝子に外部から遺伝子断片を挿入したり，もとの塩基配列と置換したりすることで目的の遺伝子を発現させる技術である。
ウのノックダウンは，遺伝子のDNAは操作せずに，mRNAを壊したり翻訳を阻害したりすることで目的の遺伝子の発現量を減少させる技術である。

 4編
生物の環境応答

1章 動物の反応と行動 …… p.191

❶

(1) ア…適，イ…感覚
(2) ①d・あ，②b・い，③a・お，
　　④e・お，⑤f・え

考え方 (2) 前庭は重力の変化(からだの傾き)を，半規管は加速度(からだの回転)を受容する。両者とも大脳で生じる感覚は平衡覚。味覚芽では液体に溶けた化学物質を受容する。

❷

(1) a…虹彩，b…毛様体，c…水晶体，
　　d…ガラス体，e…角膜，f…網膜
(2) ア，盲斑
(3) g…錐体細胞，h…桿体細胞，
　　光の波長を受容できる細胞…錐体細胞
(4) 黄斑　　　(5) a
(6) h，(しくみ)桿体細胞の感度が上昇する
　　ことによって，弱い光でも感じることが
　　できるようになる。

考え方 (6) 桿体細胞の中にはロドプシンと呼ばれる視物質があり，光が当たるとロドプシンが分解し，そのとき放出されるエネルギーによって細胞が興奮する。暗い所では，ロドプシンが合成されて光に対する感受性が高まり，弱い光でも見えるようになる(暗順応)。

❸

(1) a…外耳道，b…鼓膜，c…耳小骨，
　　d…半規管，e…前庭，f…うずまき管，
　　g…耳管[エウスタキオ管]

(2) ①外耳・イ, ②中耳・エ,
　　③内耳・ア・ウ
(3) d…イ, e…エ
(4) f　　(5) h…コルチ器, i…基底膜

考え方 (2)(5) 外耳は音波の状態で伝わり, 外耳
道で反響することにより音波は拡大される。中
耳の鼓膜で音波は機械振動に変換され, 耳小骨
でその振動はテコの原理で拡大される。内耳で
は, 前庭階と鼓室階に入っている外リンパ液の
波として伝わり, 波は基底膜を上下させ, コル
チ器で電気信号に変換される。
(3) 半規管は重力加速度(からだの回転方向)を
受容する。また, 前庭は重力の変化(からだの
傾き)を受容する。これらの興奮は大脳に伝え
られ, 平衡覚を生じる。

④
(1) ニューロン[神経細胞]　　(2) イ
(3) a…樹状突起, b…細胞体, c…軸索,
　　d…髄鞘, e…神経鞘, f…有髄神経繊維
(4) アセチルコリン

考え方 (2)髄鞘がある神経繊維を有髄神経繊維
といい, 髄鞘がない神経繊維を無髄神経繊維と
いう。有髄神経繊維にはランビエ絞輪があるが,
無髄神経繊維にはない。

⑤
①負[−], ②静止, ③正[＋], ④活動,
⑤興奮, ⑥活動, ⑦興奮の伝導,
⑧シナプス, ⑨興奮の伝達

⑥
(1) a…大脳, b…間脳, c…脳下垂体,
　　d…中脳, e…小脳, f…延髄, g…脊髄
(2) 脳梁
(3) ①b, ②e, ③f, ④a, ⑤g

考え方 bの間脳は, 視床とその下のほうにあ
る視床下部からなる。視床下部が体温調節, 血
糖値調節などの中枢として働く。

⑦
(1) ①感覚神経, ②脊髄神経節, ③背根,
　　④腹根, ⑤交感神経節, ⑥交感神経,
　　⑦運動神経
(2) A…白質, B…灰白質,
　　細胞体が集合した部分…B
(3) (a)✕, (b)〇, (c)〇, (d)✕
(4) 反射[脊髄反射]

考え方 (3) 興奮は, 受容器→脊髄→効果器の方
向で伝わる。神経を切断しても, 効果器に接続
する側を刺激した場合には効果器は反応する。

⑧
a…筋繊維[筋細胞], b…筋原繊維,
c…明帯, d…暗帯, e…Z膜,
f…サルコメア[筋節]

⑨
(1) 太陽コンパス
(2) a…円形, b…8の字
(3) 南西

考え方 (1) 太陽を使って定位する場合を太陽コ
ンパスという。ほかにも, 地磁気を使う地磁気
コンパス, 星座を使う星座コンパスがある。
(2) 餌場が近いときは円形ダンス, 遠いときは
8の字ダンスをする。
(3) 巣箱の鉛直方向を太陽の方向とみなし, 太
陽の方向と餌場のなす角＝鉛直上方とダンスの
直進方向のなす角で示している。問題では, 正
午なので太陽は真南にある。これが鉛直上方と
なる。したがって, 真南から右に45°の方向に
餌場があることになるので, 南西方向である。

(1) 固定的動作パターン
(2) かぎ刺激
(3) 下腹部が赤いこと。
(4) ①攻撃行動，②求愛行動
(5) 下腹部がふくらんでいること。
(6) 生得的行動

考え方 固定的動作パターンのきっかけとなる
ような刺激をかぎ刺激という。イトヨの雄は繁
殖期になると下腹部が赤色(婚姻色)になり，雌
は卵で下腹部がふくらむ。雄に対する攻撃行動
は下腹部が赤いこと，雌に対する求愛行動は下
腹部がふくらんでいることがかぎ刺激となる。

(1) 反射［えら引っ込め反射］
(2) ②慣れ，③脱慣れ，④鋭敏化
(3) ①生得的行動，②習得的行動，
　　③習得的行動，④習得的行動

考え方 (1) これをえら引っ込め反射という。
(3) 本文②〜④の行動は，生後獲得した行動(経
験により変化した行動)であるので習得的行動
という。

 植物の環境応答 …………… p.213

①

(1) a…花粉母細胞，
　　c…花粉四分子，
　　d…花粉，
　　e…胚のう母細胞，
　　g…胚のう細胞，
　　k…花粉管，
　　l…精細胞，
　　m…花粉管核，
　　n…珠皮，
　　o…反足細胞，
　　p…極核，
　　q…中央細胞，
　　r…卵細胞，
　　s…助細胞，
　　t…胚のう
(2) lとq，lとr
(3) 重複受精
(4) 8個
(5) a…複相[$2n$]，
　　c…単相[n]，
　　q…複相[$2n$]

考え方 (2) 精細胞(l)の1つはrの卵細胞と受精
して受精卵($2n$)となる。もう1つの精細胞は
中央細胞(q)と受精した後，分裂をくり返して胚
乳($3n$)となる。
(4) 1個の花粉母細胞(a)から4個の花粉(d)がで
き，また，1個の花粉から2個の精細胞ができ
る。したがって，4×2=8〔個〕。
(5) aは減数分裂前であるから複相($2n$)，cは
減数分裂後であるから単相(n)，qはnの核を
2つもつから複相($2n$)である。

②

a…果皮・$2n$，b…種皮・$2n$，
c…胚乳・$3n$，d…子葉・$2n$，
e…幼芽・$2n$，f…胚軸・$2n$，
g…幼根・$2n$，h…胚・$2n$

考え方 aの果皮は子房に由来する果肉である。

③

(1) レタスでは，赤色光が発芽を促進し，遠
　　赤色光が抑制する。また，最後に照射さ
　　れた光の種類によって発芽の有無が決め
　　られる。
(2) イ，ウ
(3) フィトクロム，P_R型

考え方 (1) ①〜⑤のうち，種子が発芽するのは
最後に当てた光がR（赤色光）のときだけ。
(2) カボチャとケイトウは，光によって発芽が
抑制される暗発芽種子である。

④

(1) ①イ，②エ，③イ，④イ，⑤イ，⑥ウ，
　　⑦ア，⑧エ
(2) （正の）光屈性
(3) 水溶性の物質
(4) 先端部から基部方向にしか移動しない移
　　動極性をもった物質。
(5) インドール酢酸［オーキシン］
(6) 左から光が幼葉鞘の先端部に当たると，
　　オーキシンは右側で濃度が高くなり，右
　　側の下方に移動して右側の成長を促進す
　　る。その結果，左側よりも右側の成長量が
　　大きくなり，左側に屈曲する［正の光屈性］。

考え方 オーキシンは幼葉鞘の先端部でつくら
れ，光が当たると光の反対側に移動して成長を
促進することから考える。

⑤

(1) (a)・ア
(2) (c)・ー
(3) (b)・イ
(4) (a)・ウ
(5) (a)・エ

⑥

(1) ①$10^{-12}$，②$10^{-9}$，③$10^{-8}$，④$10^{-3}$，
　　⑤促進，⑥抑制，⑦負，⑧正
(2) 根
(3) インドール酢酸
(4) 側芽は頂芽よりもオーキシンに対する感
　　受性が高い。頂芽があると，そこでつく
　　られたオーキシンが下方に移動し，側芽
　　の成長を抑制する濃度となる。そのため，
　　頂芽があると側芽は成長しない。
(5) イ，エ

考え方 (2) 低い濃度で成長が促進される根のほ
うが感受性が高い。
(5) 種子の休眠の誘導はアブシシン酸の働きで，
気孔を閉じるのもアブシシン酸の働き。

⑦

(1) アブシシン酸
(2) ジベレリン
(3) エチレン

⑧

(1) ホメオティック遺伝子
(2) **A**…めしべ→おしべ→めしべ，
　　B…がく→めしべ，
　　C…がく→花弁→がく

考え方 (1) 花の構造を決めるのは調節遺伝子の
1つであるホメオティック遺伝子である。
(2) （**A**を欠いた場合）**A**はがくを決める遺伝子
なので，これを欠くとがくはできない。**C**と**B**

が働いた部分にはおしべ，中央部のCのみが働く部分にはめしべができる。最も外側では，遺伝子Aのかわりにcが働き，めしべができる。
(Bを欠いた場合)B遺伝子はA遺伝子とともに働くと花弁，C遺伝子とともに働くとおしべをつくる。したがって，B遺伝子を欠くと，Aが働いた部分にはがく，Cが働いた部分にはめしべができる。
(Cを欠いた場合)C遺伝子はめしべをつくる働きをし，B遺伝子とともに働くとおしべをつくる。したがって，Aのみが働いた最も外側の部分にはがく，AとBが働いた部分には花弁ができる。中央部では遺伝子CのかわりにAが働き，がくができる。

⑨
(1) 限界暗期
(2) 光中断
(3) ①長日処理，②短日処理

⑩
(1) 成長した葉
(2) 環状除皮・師管を除去するため。
(3) 師管
(4) ア，オ

考え方 (1) 実験b〜eから，成長した葉で日長を受容していることがわかる。植物によっては，若い葉でも受容するが，ここでは，実験結果をもとに考える。
(3) hで環状除皮をした先の枝では花芽を形成しないことから，師管を通って移動することがわかる。
(4) ホウレンソウとアブラナは長日植物，トマトは中性植物である。

5編
生態と環境

1章 個体群と生物群集 ……… p.243

①
(1) (個体群の)成長曲線
(2) 環境収容力
(3) 生活空間の不足，食物の不足，排出物の増加などのうち2つ
(4) 相変異
(5) 緑色・褐色…孤独相，
　　黒色・褐色…群生相

考え方 個体群密度が増加して生活空間が減少したり，餌不足が起こったり，排出物が増加したりすると，個体数の増加が抑えられたり，形質が変化したり(相変異)する。これを密度効果という。

②
(1) a…ウ，b…イ，c…ア
(2) a
(3) a…ヒツジ，b…ガン，c…カレイ
(4) a

考え方 生存曲線ではグラフの縦軸が対数目盛りになっている点に注意する。
(4) ミツバチやアリなどの社会性昆虫では卵・幼虫・蛹のときは巣の中でワーカー(働きバチや働きアリ)が手厚く世話をするので，幼い時期の死亡率は低い。

③
(1) ①群れ　　②順位制
　　③縄張り[テリトリー]　　④コロニー
(2) ①片利共生　②相利共生　③すみわけ

考え方 (2) ①クマノミは外敵に襲われたときイソギンチャクの中に隠れる。クマノミはほかの

魚と体表の粘膜の性質が異なり，イソギンチャクによる刺胞の攻撃を受けない。もっぱらクマノミの側のみが利益を受けるので片利共生。
②アリはアブラムシ（アリマキ）をテントウムシの幼虫などの捕食者から守り，アブラムシは尾部から分泌される蜜をアリに与える相利共生。

(1) 栄養段階
(2) ア…e，イ…b，ウ…a，エ…c，
　　オ…d
(3) ①a，②c，③b
(4) d＜c＜b＜a

考え方 (4) 被食者が非常に速く増殖する場合（植物プランクトンと動物プランクトンの関係において見られる）では一時的に捕食者のほうが多くなることもあるが，生体量は通常，栄養段階が上になるほど少なくなる。

⑤

(1) Ⅰ…生産者，Ⅱ…一次消費者，
　　Ⅲ…二次消費者
(2) C…被食量，E…呼吸量　　　(3) イ
(4) $C_0-(C_1+D_1+E_1+F_1)$
(5) D_1，F_1，D_2，F_2

考え方 (2) C_0，C_1，C_2 は上の栄養段階に移行しているので被食量と判断する。また，Aは光合成にかかわらないので最初の現存量。Dは分解者に移行するので枯死量・死滅量。Fは消費者のみに見られるので不消化排出量。EはⅠ～Ⅲのすべてに含まれ，生産者の光合成に関係するが，純生産量には含まれないから呼吸量。残るBは，成長量である。
(3) アは総生産量，総生産量－E_0のイは生産者の純生産量（E_0 は呼吸量）である。また，これは成長量＋被食量＋枯死量でも示される。
(4) 一次消費者の成長量は，同化量－（被食量＋死滅量＋呼吸量）である。この同化量は摂食量－不消化排出量であることから考える。

⑥

(1) 光合成
(2) A…エ，B…ア，C…イ，D…ウ
(3) A…ウ，B…イ，C…ア，D…エ
(4) アオカビ，放線菌など
(5) a…化学エネルギー，b…熱エネルギー
(6) 呼吸
(7) A…0.2％，B…11％
(8) 高くなる。

考え方 (5)(6) 光合成によって，太陽の光エネルギーは，有機物（食物）の中の化学エネルギーとなって生態系内を移動し，生物の呼吸によって熱エネルギーとして生態系外に放出される。
(7) 生産者のエネルギー効率は次のとおり。

$$\frac{総生産量}{入射した太陽の光エネルギー量}\times100$$

$$=\frac{1000}{500000}\times100=0.2（％）$$

一次消費者のエネルギー効率は次のとおり。

$$\frac{その栄養段階の同化量}{生産者の総生産量}\times100$$

$$=\frac{110}{1000}\times100=11（％）$$

(8) 植物より動物のほうがタンパク質や脂肪など利用しやすい有機物の割合が高くなるので，高次の栄養段階ほどエネルギー効率は高くなる。

ア

考え方 イは，炭素循環において，生物の遺体有機物を分解しているのは分解者であるため，誤りである。
ウは，窒素循環において，大気中の窒素をアンモニウム塩に還元する作用は窒素固定であるため，誤りである。
エは，窒素循環において，大気中の窒素は，シアノバクテリア類やアゾトバクター，クロストリジウム，根粒菌などの窒素固定細菌によってアンモニウム塩に還元されてから植物に取り込まれるため，誤りである。

8

(1) a

(2) a−b

(3) 減少している。

(4) 森林の年齢とともに根・幹・枝の呼吸量
がふえるので，純生産量にまわる割合が
減少するため。

考え方 (1)(2) 葉の呼吸量cと根・幹・枝の呼吸
量を加えたものが総呼吸量である。総呼吸量に
純生産量を加えたものがaの総生産量となる。
(3)(4) 純生産量は，根・幹・枝などの成長に伴っ
て減少する。

 9

(1) ①生態系多様性，②種多様性，
③遺伝的多様性

(2) ア，エ，オ

考え方 (2) ア…大規模な攪乱(かくらん)では生態系が破壊
され，著しく多様性を失うので誤り。
エ…外来生物が定着すると，在来生物が駆逐(くちく)さ
れて生態系の多様性を減少させる要因となる場
合があるので誤り。
オ…森林伐採(ばっさい)も生態系を攪乱させることがある
ので誤り。

10

ア，イ，ウ，エ

考え方 オ…外来生物の増加は在来生物の絶滅
を加速する要因となることが多いので誤り。

ホッとタイム の解答

p.43

1	2	3	4	5	6	7	8	9
D	I	N	O	S	A	U	R	E

※dinosaure…フランス語で恐竜のこと。
写真左上から　N…サンゴ，E…恐竜の足跡，
O…恐竜(全身骨格)，S…アンモナイト，
U…マンモスの歯，I…貨幣石，A…三葉虫，
D…ビカリア，R…糞石

p.66

A. 2　　B. 5　　C. 7

D. 6　　E. 3　　F. 4

G. 1　　H. 9　　I. 8

p.131

(RNAの塩基配列)

AUG｜CCU｜CAG｜AGU｜UGU｜CUU｜
ACU｜GGU｜GAA｜UAU｜UAA

(アミノ酸の配列)

(メチオニン)—プロリン—グルタミン—セリン
—システイン—ロイシン—トレオニン
—グリシン—グルタミン酸—チロシン

※RNAの最後のUAAは翻訳の終了を指示する
コドン(終止コドン)で，アミノ酸は指定しな
いため，アミノ酸は10個となる。

p.216

1. エチレン　　　2. アブシシン酸

3. ジベレリン　　4. オーキシン

5. フロリゲン

さくいん

●色数字は中心的に説明してあるページを示す。

□ 編集協力　㈱オルタナプロ　鈴木香織　松本陽一郎
□ 図版作成　㈱オルタナプロ　小倉デザイン事務所　藤立育弘
□ イラスト　ふるはしひろみ
□ 写真提供　OPO/OADIS　京都大学 iPS 細胞研究所　国立環境研究所 珠坪一晃　東洋大学 高品知典　鳥羽水族館
　　　　　　ヤクルト本社中央研究所　文英堂編集部

シグマベスト
高校これでわかる 生物

著　者　文英堂編集部
発行者　益井英郎
印刷所　中村印刷株式会社
発行所　株式会社文英堂
　　　　〒601-8121　京都市南区上鳥羽大物町28
　　　　〒162-0832　東京都新宿区岩戸町17
　　　　(代表)03-3269-4231